U0370218

全国高职高专医药院校"十三五"规划教材

正常人体结构

Zhengchang Renti Jiegou

主　编　张　烨　黄拥军　李泽良
副主编　陈红平　刘启雄　巨国哲
　　　　李本全　王　鹏
编　委　（以姓氏笔画为序）
王　鹏（北华大学医学院）
王本锋（湖北省荣军医院）
巨国哲（宝鸡职业技术学院）
朱秉裙（雅安职业技术学院）
刘启雄（鄂州职业大学）
李本全（雅安职业技术学院）
李龙腾（郑州铁路职业技术学院）
李泽良（顺德职业技术学院）
张　烨（武汉民政职业学院）
张维杰（宝鸡职业技术学院）
陈　慧（雅安职业技术学院）
陈红平（湖北职业技术学院）
徐　静（雅安职业技术学院）
黄拥军（清远职业技术学院）
程志超（雅安职业技术学院）

华中科技大学出版社
http://www.hustp.com
中国·武汉

内 容 简 介

本书是全国高职高专医药院校"十三五"规划教材。

本书按项目化教学的基本要求,全书共分七个项目,内容包括正常人体结构初步认知、运动系统正常结构、内脏、脉管系统正常结构、感觉器正常结构、神经系统正常结构、内分泌系统正常结构。

本书适合高职高专护理、助产、康复治疗技术、药学、医学检验技术及其他相关医学类专业使用。

图书在版编目(CIP)数据

正常人体结构/张烨,黄拥军,李泽良主编.—武汉:华中科技大学出版社,2011.9(2024.9重印)
ISBN 978-7-5609-7177-3

Ⅰ.①正…　Ⅱ.①张…　②黄…　③李…　Ⅲ.①人体结构-高等职业教育-教材　Ⅳ.①R33

中国版本图书馆 CIP 数据核字(2011)第 129347 号

正常人体结构	张　烨　黄拥军　李泽良　主编

策划编辑:罗　伟
责任编辑:罗　伟
封面设计:范翠璇
责任校对:周　娟
责任监印:朱　玢
出版发行:华中科技大学出版社(中国·武汉)　　　电话:(027)81321913
　　　　　武汉市东湖新技术开发区华工科技园　　　邮编:430223
录　　排:华中科技大学惠友文印中心
印　　刷:广东虎彩云印刷有限公司
开　　本:787mm×1092mm　1/16
印　　张:20
字　　数:448 千字
版　　次:2024 年 9 月第 1 版第 12 次印刷
定　　价:76.00 元

全国高职高专医药院校
"十三五"规划教材编委会

总　序

教育部《关于全面提高高等职业教育教学质量的若干意见》中明确指出,高等职业教育必须"以服务为宗旨,以就业为导向,走产学结合的发展道路","把工学结合作为高等职业教育人才培养模式改革的重要切入点,带动专业调整与建设,引导课程设置、教学内容和教学方法改革"。这是新时期我国职业教育发展具有战略意义的指导意见。高等卫生职业教育既具有职业教育的普遍特性,又具有医学教育的特殊性,许多卫生职业院校在大力推进示范性职业院校建设、精品课程建设,发展和完善"校企合作"的办学模式、"工学结合"的人才培养模式,以及"基于工作过程"的课程模式等方面有所创新和突破。高等卫生职业教育发展的形势使得目前使用的教材与新形势下的教学要求不相适应的矛盾日益突出,加强高职高专医学教材建设成为各院校的迫切要求,新一轮教材建设迫在眉睫。

为了顺应高等卫生职业教育教学改革的新形势和新要求,在认真、细致调研的基础上,在教育部高职高专医学类及相关医学类专业教学指导委员会专家和部分高职高专示范院校领导的指导下,我们组织了全国 42 所高职高专医学院校的近 200 位老师编写了这套以工作过程为导向的全国高职高专医药院校"十三五"规划教材。本套教材由我国开设该专业较早、取得显著教学成果的专业示范性院校引领,多所学校广泛参与,其中有副教授及以上职称的老师占 52％,每门课程的主编、副主编均由来自高职高专院校教学一线的主任或学科带头人组成。教材编写过程中,全体主编和参编人员进行了认真的研讨和细致的分工,在教材编写体例和内容上均有所创新,各主编单位高度重视并有力配合教材编写工作,责任编辑和主审专家严谨和忘我地工作,确保了本套教材的编写质量。

本套教材充分体现新一轮教学计划的特色,强调以就业为导向、以能力为本位、贴近学生的原则,体现教材的"三基"(基本知识、基本理论、基本实践技能)及"五性"(思想性、科学性、先进性、启发性和适用性)要求,着重突出以下编写特点:

(1) 紧扣新教学计划和教学大纲,科学、规范,具有鲜明的高职高专特色;

(2) 突出体现"工学结合"的人才培养模式和"基于工作过程"的课程模式;

(3) 适合高职高专医药院校教学实际,突出针对性、适用性和实用性;

(4) 以"必需、够用"为原则,简化基础理论,侧重临床实践与应用;

(5) 紧扣精品课程建设目标,体现教学改革方向;

(6) 紧密围绕后续课程、执业资格标准和工作岗位需求;

(7) 教材内容体系整体优化,基础课程体系和实训课程体系都成系统;

(8) 探索案例式教学方法,倡导主动学习。

　　这套规划教材得到了各学校的大力支持与高度关注,它将为高等卫生职业教育的课程体系改革作出应有的贡献。我们衷心希望这套教材能在相关课程的教学中发挥积极作用,并得到读者的青睐。我们也相信这套教材在使用过程中,通过教学实践的检验和实际问题的解决,不断得到改进、完善和提高。

全国高职高专医药院校"十三五"规划教材
编写委员会

前　言

　　全国高职高专人才培养目标、教育部《关于全面提高高等职业教育教学质量的若干意见》，均提出了要探索"工学结合、校企合作"的人才培养模式，不断推进教学模式和教学方法的改革。"正常人体结构"作为相关医学类专业的公共平台课程，在原来人体解剖学成熟内容的基础上，按照岗位工作中典型的工作过程对解剖学知识的需求，对原有的课程体系进行了序化，根据实际工作设置教学情境，以实现教、学、做一体化。这种尝试对后续各专业课程的改革具有一定的指导意义。

　　"正常人体结构"属于专业基础课程，也是其他相关医学类专业通用的公共平台课程。按照项目化教学的基本要求，全书共设有七个学习项目，内含二十个学习任务、九个综合能力训练，在重点内容方面安排了六个情景设置。本教材具有如下特点：一是体现两个"统一"（医学基础课程及职业技能课程内容与专业岗位需求相统一，编写原则与全国高等职业教育改革工学结合的精神要求相统一）；二是突出三个"打破"（在教学理念上打破了传统的解剖学教学思维，力争体现教学过程与实际工作过程的融合，突出形态学知识的应用和综合能力的培养；在知识体系上打破了传统的章节编排形式，按工作过程对章节重新排序，突出了教学内容在工作过程中的实际应用；在教学方式上打破了传统的学科顺序和按部就班的教学方式，通过项目载体、任务驱动突出了教、学、做一体化的理念）。全书采用彩色印刷，更有利于读者学习和参考。

　　本教材可供全国高职高专医药院校护理、助产、康复治疗技术、药学、医学检验技术专业使用，也可供其他相关医学类专业选用，还可供相关医疗卫生人员参考使用。

　　由于本教材图片较多，为了增强直观的学习效果，在编写过程中，各位编者付出了艰辛的劳动，查阅了大量资料，后期由三位主编通读全书，并由第一主编逐字统稿。在此，特向全书参编作者及其单位的大力支持表示感谢！本教材的编写还得到了华中科技大学同济医学院附属同济医院郭铁成教授和武汉大学中南医院廖维靖教授的指导，在此一并致谢！

　　由于编写时间仓促，教材内容改革尚在探索之中，加上编写能力和水平有限，难免有疏漏和不当之处，恳请同行专家与广大读者批评指正，以便进一步完善和提高。

编　者

目　录

项目一　正常人体结构初步认知
　任务一　初步认识正常人体 /1
　任务二　正常人体细胞和组织结构概述 /8
　　子任务一　细胞的基本结构 /9
　　子任务二　基本组织的概述 /17
项目二　运动系统正常结构
　任务一　骨和骨连结 /21
　　子任务一　骨和骨连结的概述 /22
　　子任务二　躯干骨及其连结 /28
　　子任务三　颅骨及其连结 /36
　　子任务四　四肢骨及其连结 /42
　任务二　肌 /66
　　子任务一　肌的概述 /66
　　子任务二　头颈肌 /69
　　子任务三　躯干肌 /73
　　子任务四　四肢肌 /80
项目三　内脏
　任务一　消化系统正常结构 /95
　　子任务一　消化管 /98
　　子任务二　消化腺 /111
　　子任务三　腹膜 /117
　任务二　呼吸系统正常结构 /124
　　子任务一　呼吸道 /124
　　子任务二　肺 /128
　　子任务三　胸膜及纵隔 /131
　任务三　泌尿系统正常结构 /132
　　子任务一　肾 /132
　　子任务二　输尿管 /137
　　子任务三　膀胱 /138
　　子任务四　尿道 /139

任务四　生殖系统正常结构 /141
　　子任务一　男性生殖系统 /141
　　子任务二　女性生殖系统 /145

项目四　脉管系统正常结构
任务一　心 /155
　　子任务一　心的位置、外形和体表投影 /156
　　子任务二　心腔的形态 /158
　　子任务三　心的传导系统 /160
　　子任务四　心的血管和被膜 /161

任务二　血管系统 /163
　　子任务一　全身血管概述 /163
　　子任务二　肺循环的血管 /164
　　子任务三　体循环的动脉 /165
　　子任务四　体循环的静脉 /177

任务三　淋巴系统 /183
　　子任务一　淋巴管道 /184
　　子任务二　淋巴器官 /186

项目五　感觉器正常结构
任务一　视器 /193
　　子任务一　眼球 /193
　　子任务二　眼副器 /197

任务二　前庭蜗器 /202
　　子任务一　外耳 /202
　　子任务二　中耳 /203
　　子任务三　内耳 /205

项目六　神经系统正常结构
任务一　神经系统的基本知识 /211
　　子任务一　神经系统的组成 /211
　　子任务二　神经组织的基本结构 /212
　　子任务三　神经系统的活动方式 /219
　　子任务四　神经系统的常用术语 /220

任务二　中枢神经系统 /221
　　子任务一　脊髓 /221
　　子任务二　脑 /225
　　子任务三　脑和脊髓的被膜 /239

子任务四　脑脊液及其循环 /242

子任务五　脑和脊髓的血管 /243

任务三　周围神经系统 /255

子任务一　脊神经 /255

子任务二　脑神经 /265

子任务三　内脏神经 /273

项目七　内分泌系统正常结构

任务一　甲状腺 /282

任务二　甲状旁腺 /283

任务三　肾上腺 /284

任务四　垂体 /286

附录　知识、能力、素质要求

中英文对照

参考文献

项目一　正常人体结构初步认知

"正常人体结构"是学习医学及相关专业的一门重要职业基础课程,也是一门形态特征较明显的课程。该学科体系比较古老,主要包括宏观正常人体结构、局部微细组织结构和胚胎发育结构等,本教材主要讲述宏观正常人体结构,链接局部微细组织结构,省略胚胎发育结构。在学习过程中,我们需要做到将对宏观正常人体结构的整体把握与对局部微细组织结构的认知、实践认知与理论分析、知识掌握与能力素质培养等相统一。学好正常人体结构,将为后续职业基础、职业技术课程及临床工作中的实际应用奠定良好基础,并可根据个人的职业发展方向、终身学习的需要而不断深入。

任务一　初步认识正常人体

人体我们并不陌生,但初学者仅停留于对它的表浅认识和生活常识的理解。我们可以通过人体模特、尸体、标本、模型、影像等多种途径初步认识正常人体的形态、结构及位置毗邻关系,形成初步的感性认识。从外观上来看,正常人体结构按照部位大致划分为头、颈(后面为项)、躯干(胸、腹、背、腰、盆和会阴)和四肢(上肢、下肢)等部分(图1-1),每一部分又可以进行细分,这将在后续各项目相关内容中详细介绍。按照结构单位正常人体结构又可以分为细胞、组织、器官和系统,其中细胞和组织属于微观结构,需要借助显微镜、电镜等手段来观察,器官和系统属于宏观结构,可通过肉眼直接观察,并进行分析研究。

 情景设置

正常人体或尸体观摩

选取正常人体或尸体,在教师引导下全面观察正常人体的外观形态和结构,并口述所能知道的正常人体结构名称,观察主要结构之间的位置和毗邻关系,初步辨认正常人体的层次结构,比较尸体(图1-2)、活体人、人体模型之间的形态结构差别。以小组为单位相互指认所能观察到的正常人体结构。在观察尸体的过程中,要注意:①尊重尸体,尸体饱含人类对逝者生命的传统情感,赋予了人类丰富的情感想象,传统的风俗习惯理应得到充分尊重,切忌有猥亵尸体的言行;②尊重科学,观察尸体时要抱着一种科学的

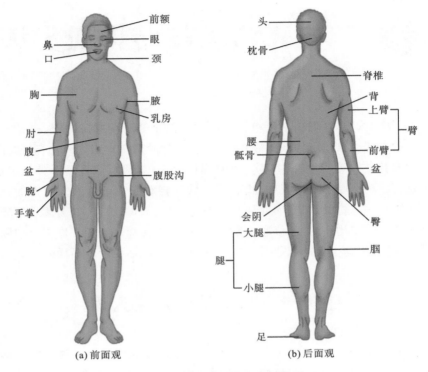

(a) 前面观   (b) 后面观

图 1-1　正常人体结构分部示意图

图 1-2　尸体的外观形态和结构

态度,克服各种封建迷信思想,辩证看待尊重尸体和尊重科学之间的关系;③科学防护,教学用的尸体一般均做了消毒和防腐处理,但在观察过程中,我们要做好科学的自我保护;④充分发挥尸体的教学研究作用,最大限度地发挥尸体的科学研究价值,切忌随意浪费资源,更不可随意丢弃废弃物(可将小型材料制作成标本等,也可集中进行火化处理)。

尸体解剖的基本技术

尸体解剖过程中,涉及十分精细、复杂、科学、规范的操作方法,尸体解剖技术也是一门美学艺术。掌握好尸体解剖技术,对培养临床高超的手术技术具有重要作用。尸体解剖作为一门相对独立的学科,一般由专门的实验技师专修学习,而学术工作者往往也在该技术领域有较高的造诣。在保持相对传统的手工尸体解剖技术的基础上,数字人体技术、多媒体技术、电子显像技术等先进技术的应用,在对人体结构的研究过程中具有更广阔的发展前景。总体来讲,尸体解剖技术的基本步骤涉及尸体的收集、登记、消毒处理,尸体的防腐、固定和保存,尸体解剖的磨刀法、去皮法,结构的显露和修洁,巨型和微型标本的选材与制作,标本的选材、染色和着色方法,血管和其他管道的灌注法,各种标本的选材和处理,美学设计,摄影技术,新发现和异常结构的报告,科研论文、报道的撰写等。

常见局部标本观摩

利用实验室或多媒体技术等,在教师引导下观摩正常人体主要局部标本,同时也可了解标本制作的基本常识。通过对局部标本的观察,加深对正常人体形态结构整体外观的认识。根据形态结构的特性和科学应用领域不同,局部标本可以采用不同的制作和展示方式,可以单个独立标本或者以集中陈列的方式展示。常见的局部标本(图1-3)有固体实体标本、软体实体标本、断层标本、铸型标本、透明标本、塑化标本、浸润标本、陈列标本等,同时也有大量的人体模型可供观察和学习。

常见局部标本制作的分类

通过局部标本的制作,能够更有利于学习者对局部人体结构的认知。局部标本的制作是实践操作技术与美学设计的完美统一。常见的局部标本的制作包括一般骨标本的制作、附着关节囊和韧带的骨标本制作、骨标本的造型、牙标本的制作、软体实体标本的制作、有机玻璃盒的制作、断层标本的制作、铸型标本的制作、电镜扫描管道标本的制

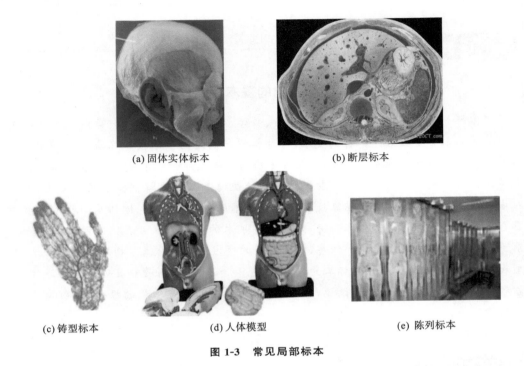

(a) 固体实体标本　　　　　　　　　(b) 断层标本

(c) 铸型标本　　　　　(d) 人体模型　　　　　(e) 陈列标本

图 1-3　常见局部标本

作、透明标本的制作、干燥和半干燥标本的制作、脑标本的制作、脑连脊髓标本的制作、模型的制作等。

 知识链接

正常人体结构的定义和组成

正常人体结构是研究正常人体的形态结构、位置和毗邻关系的科学,也就是传统意义上的人体解剖学。其中,由形态相似、功能相近的细胞借细胞间质结合起来的结构称为组织;由不同的组织构成具有一定形态、承担一定生理功能的结构称为器官,如心、肺、肝、胃等;由若干功能相关的器官结合起来,构成能相对独立完成某一方面连续性生理功能的结构称为系统。人体共有九大系统,包括运动系统、消化系统、呼吸系统、泌尿系统、生殖系统、脉管系统、神经系统、感觉器、内分泌系统等。其中,消化系统、呼吸系统、泌尿系统和生殖系统总称为内脏,缘于构成这四大系统的大部分器官位于胸腔、腹腔、盆腔内,并借一定的管道直接或间接与体外相通。人体由各器官为主构成的九大系统,在神经调节、体液调节和自身调节的共同作用下,能够各自发挥相对独立的功能,同时也能彼此联系、相互协调,共同构成一个完整的人体(图 1-4)。

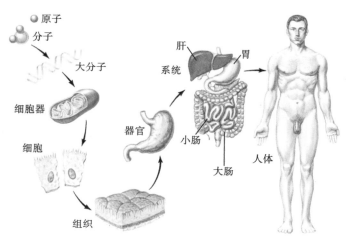

图 1-4　正常人体结构的组成

　　从学科划分上来讲,正常人体结构可以包括人体解剖学、组织学和胚胎发育学等内容。人体解剖学是用工具切割的办法,凭借肉眼观察研究正常人体形态结构的科学,包括系统解剖学、局部解剖学。随着科学技术及临床应用和研究手段的发展,又发展出外科解剖学、X 射线解剖学、断层解剖学、运动解剖学、艺术解剖学等门类。组织学是借用显微镜等技术研究正常人体的细胞、组织和器官的微细结构的科学。随着电子显微镜、放射自显影等先进技术的发展,研究也不断深入,人类的研究水平已从原来的细胞水平发展到亚细胞和分子水平,同时促进了分子生物学、遗传学等科学的发展。胚胎发育学是研究人体在胚胎时期的发生、发育及发展变化规律的科学,主要研究从受精卵形成到胎儿娩出这一阶段的胚胎发育规律。

 知识链接

正常人体结构的常用术语

　　在正常人体结构的学习过程中,为了能够正确地描述各器官的形态和位置,也为了在临床实践、学科交流上统一规范,避免误解,所以正常人体结构规定了标准姿势、方位、轴和面等常用术语(图 1-5)。

一、标准姿势

　　标准姿势又称解剖学姿势,一般为身体直立,两眼平视正前方,上肢自然下垂于躯干两侧,掌心向前,双下肢并拢,足尖向前。在描述人体结构或者临床实践中,无论我们所要描述的对象处于何种位置和状态,均应以标准姿势为依据。

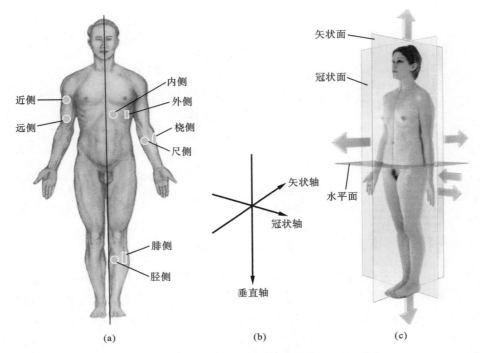

(a)　　　　　　　(b)　　　　　　　(c)

图1-5　正常人体结构的标准姿势、方位、轴和面示意图

二、方位

按照解剖学标准姿势,规定以下常用的方位术语。

1. **上和下**　近头者为上,近足者为下。对于胚胎期胎儿、婴幼儿,则分别表示为头(侧)和尾(侧)。

2. **前和后**　近腹面者为前或腹侧,近背面者为后或背侧。

3. **内侧和外侧**　距正中矢状面近者为内侧,距正中矢状面远者为外侧。四肢、前臂的内侧又称为尺侧,外侧又称为桡侧;小腿的内侧又称为胫侧,外侧又称为腓侧。

4. **内和外**　主要用于对体腔或空腔脏器的位置关系的描述。近内腔者为内,远内腔者为外。

5. **浅和深**　以体表为参照,近体表者为浅,远体表者为深,也可用于对特定脏器的壁内位置点的关系描述。

6. **近(侧)和远(侧)**　相对于四肢与躯干附着点或根部而言,距离近者为近(侧),远者为远(侧),多用于对四肢的描述。

三、轴

在康复评定、治疗甚至在临床医疗工作中,经常会涉及分析关节运动。在标准姿势条件下,人为设置三个相互垂直的轴。

1. **垂直轴**　与人体长轴平行并与水平面垂直的轴,为上下方向。

2. **矢状轴**　前后方向的水平轴,与垂直轴相垂直。

3. **冠状轴**　左右方向的水平轴,分别在不同平面上与垂直轴和矢状轴均垂直,又称额状轴。

四、面

在三个轴的基础上,为了进一步准确描述人体器官等结构的位置,规定了以下三个面。

1. **矢状面**　沿前后方向纵切人体,并将人体分成左、右两部分的纵切面。通过人体正中并将人体分成左、右相等的两部分的矢状面,称为正中矢状面。

2. **冠状面**　沿左右方向纵切人体,并将人体分成前、后两部分的纵切面,又称额状面。

3. **水平面**　垂直于人体长轴横切人体,并将人体分成上、下两部分的面,又称横切面。

在单独描述某一器官的切面时,常以器官的长轴为准,将与其长轴平行的面称为纵切面,与长轴垂直的面称为横切面。

正常人体结构的学习方法

在正常人体结构这门课程中,为了达到较好的学习效果,掌握一定的原则性学习方法是十分重要的。

一、理论和实践相结合

正常人体结构是一门形态型学科,并且是医学专业包括康复医学专业的入门课程,其中涉及专业适应性、复杂的结构名词、偏多的生僻字等,而且部分知识结构是在人体胚胎发育过程中形成的,是实实在在的结构,各知识点之间不一定有很强的联系,所以在学习中,一定要做到和实体标本、模型、图片等实践性载体相结合,通过感性认识再结合教材的理论性介绍,帮助理解。

二、局部和整体相统一

人体结构可分为宏观结构和微观结构,从结构的构成来讲,至少涉及细胞、组织、器官、系统、人体等,而各层次结构又将涉及较多的相对独立的结构,如器官又包括位置、形态、结构等,那么在学习某一个局部结构时,需要和归类的整体结构统一起来认识。否则,可能在深入学习过程中,将不同系统的器官或者不同器官的结构混淆。

三、结构和功能相结合

万事万物包括人体结构,有一定的形态结构必然对应其特定的功能。人体的不同器官、不同系统、不同组织,都因结构上的差别而引导出功能上的不同,正确认识结构和

功能之间的联系和区别,有助于加深对相关知识结构的理解。

四、坚持进化和发展的观点

我们要以进化和发展的观点看待正常人体结构。人类是从低级动物经过长期进化发展而来的,人类个体自身从胚胎发育分化,也处于不断进化发展的过程中。同时,在正常人体的相关结构形态上,也遗留有进化发展的印记,如脊柱椎体自下而上形态逐渐变小、脑的形态自下而上不断分化等。

五、课程与专业相结合

学习该门课程,必须与康复治疗技术专业或所学的专业整体要求相结合。通过认识专业的侧重要求,从而决定课程学习的重点,以利于和后续课程更好地衔接。比如对于康复治疗技术专业来说,从目前及今后发展趋势来看,正常人体结构的学习重点依次是运动系统、神经系统、脉管系统、呼吸系统、内分泌系统及其他系统,性康复领域也值得关注。

六、善于总结归纳个性学习法

在理解、记忆学习的过程中,可以结合自己的学习习惯和特点,及时总结、归纳并摸索出各种各样的学习方法,善于把握知识之间的联系,以帮助记忆,如结合故事、口诀、联想、对比、列表、临床思考等。

 综合能力训练

分组讨论正常人体的主要形态结构和学习方法

(1)在实践教师的指导下,分组讨论并指认正常人体的主要形态结构;谈谈对实验标本、尸体、人体模型等解剖制作技术知识的感受。

(2)浏览教材,分组讨论正常人体结构的学习方法,如口诀法、标本图像形象记忆法、图表归纳总结法、故事抽象法、情景设置记忆法、临床任务驱动法等。

(王本锋)

任务二　正常人体细胞和组织结构概述

正常人体结构大致可划分为宏观结构和微观结构。其中宏观结构如器官、系统、人体,可不借用仪器直接用肉眼观察;微观结构主要是指细胞、组织结构,当然也包括比细胞更微细的结构如分子、亚分子等。本任务主要学习细胞和组织结构。在临床工作包括康复医学工作中,对人体结构和病例的深入分析,往往需要应用组织和细胞结构的相关知识。

子任务一　细胞的基本结构

一、细胞的概述

细胞是人体的形态结构、生理机能和生长发育的基本单位,但不能理解为最小单位。人体像一切其他生物体一样,均是由细胞和存在于细胞之间的细胞间质构成的,但绝不是各类细胞简单地组合。细胞在人体中也不是单个独立的单位,细胞作为机体的一部分,其特定的形态和生理机能都要受到整个人体的统一调节和控制,各细胞之间,细胞与人体的组织、器官、系统之间都有密切的联系,受到人体的神经调节、体液调节和自身调节的作用,并使每个细胞和机体达到结构和功能上的高度统一。人体的各种代谢过程和生理机能的体现,都是在整个机体的协调统一下,以细胞为结构单位进行的。

细胞的形态和机能是密切相关的,人体的细胞形态多样,机能也不尽相同。同时,细胞的形态还与其在人体所处的部位不同有关(图1-6),如神经细胞分布于人体的神经系统中,多呈纤维状,有多个突起,所以具有感受刺激、传导生物电冲动的功能;血液流动在心脏和血管腔中,血细胞多呈球形,在不同生理状态下,还能发生形态上的改变,等等。另外,细胞在形态大小上也不一样,不同类型的细胞其大小差异甚至很显著,大多数细胞直径仅有几微米,最大的卵细胞直径可达 $100 \sim 140 \ \mu m$,一般骨骼肌的长度可达 12 cm 以上,而最长的神经细胞长度可达 1 m 以上。其实在胚胎时期,人体的各种细胞均来自于单一的受精卵细胞,随着胚胎逐步发育、细胞增殖分化,为了适应和执行各种生理机能的需要,才出现了许多不同形态、执行不同机能的细胞,形成了细胞的

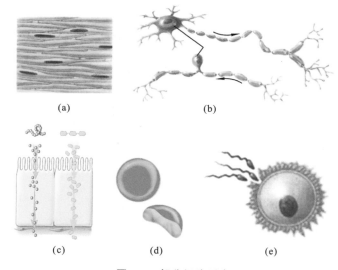

(a)　　　　　　　　　　(b)

(c)　　　(d)　　　(e)

图 1-6　部分细胞形态

分化。

随着科学技术的不断进步,人们对细胞结构的认识也在不断变化。在传统光学显微镜(简称光镜)下,细胞的结构可分为细胞膜、细胞质和细胞核三部分(图1-7,表1-1)。细胞膜一般极薄,包裹在细胞的外周,细胞核多位于细胞的中央或一侧,细胞核与细胞质之间的物质即细胞质。通常细胞质又包含了有形成分(即细胞器和包含物)和无形成分(即基质)。在电子显微镜(简称电镜)应用后,根据细胞内部许多结构类似的细胞膜结构,人们又把细胞分为膜相结构和非膜相结构两部分(表1-2)。

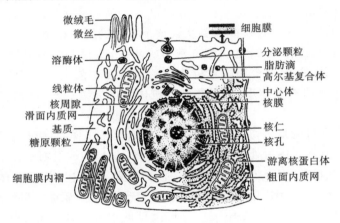

图 1-7　细胞的光镜结构

表 1-1　细胞的光镜结构

一级结构	二级结构	三级结构	四级结构
细胞	细胞膜	细胞质膜或细胞外膜	磷脂双分子层、蛋白质、糖类等
	细胞质	基质	液态,由有机物和无机物构成
		细胞器	线粒体、核糖体、内质网、高尔基复合体、溶酶体、微体、中心体、细胞骨架结构等
		包含物	代谢产物或储存物
	细胞核	核膜	内层和外层核膜、核周隙等
		核仁	RNA、蛋白质等
		核基质	水、蛋白质、无机盐等
		染色质(染色体)	DNA、蛋白质等

表 1-2　细胞的电镜结构

一级结构	二级结构	三级结构	四级结构
细胞	膜相结构	细胞膜（质膜）	磷脂双分子层、蛋白质、糖类等
		线粒体	—
		内质网	—
		高尔基复合体	—
		溶酶体	—
		微体	—
		核膜	内层和外层核膜、核周隙等
	非膜相结构	细胞基质	液态，分为有机物和无机物
		包含物	代谢产物或储存物
		细胞骨架	微丝、微管、中间丝等
		核糖体	
		中心体	—
		核基质	水、蛋白质、无机盐等
		核仁	RNA、蛋白质等
		染色质（染色体）	DNA、蛋白质等

二、细胞的基本结构

（一）细胞膜

细胞膜是胚胎发育时期特殊分化的一层薄膜，包括细胞外膜和细胞内膜两种。其中，存在于细胞外表面的膜称为细胞外膜或细胞质膜；存在于细胞内的各种膜相结构的膜称为细胞内膜或内膜系统。同时，细胞外膜和细胞内膜也统称为生物膜，其化学成分主要是磷脂、蛋白质和糖类等。细胞膜的结构，专家学者们试图用各种方式进行描述和理解，最典型的代表是板层结构学说和液态镶嵌模型学说。

1. 板层结构学说　通过电子显微镜观察，细胞膜呈现两暗层（带）夹一明层（带）的三层板式结构。中间明层是由两层相对排列的磷脂分子构成，其磷脂分子的亲水端朝外与蛋白质分子相接，疏水端则自相对应；内、外两层是由蛋白质分子层构成的，覆盖在磷脂双分子层表面，部分蛋白质分子可以穿插在磷脂双分子层之间（图 1-8）。凡具有这种蛋白质—磷脂—蛋白质三层板层结构的膜，可称为单位膜。

2. 液态镶嵌模型学说　该学说认为，在正常生理条件下，细胞膜的分子结构是以液态的磷脂双分子层为基本架构，其中镶嵌着各种具有不同生理功能的球形蛋白质，也可称其为磷脂—球形蛋白质镶嵌模型。

3. 细胞膜的功能　细胞膜能够维持细胞的一定形态，通过磷脂双分子层相对保证

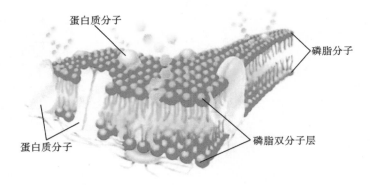

图 1-8　生物膜的分子结构

细胞内物质的稳定性,通过细胞膜可以选择性进行物质交换,而膜上镶嵌的蛋白质分子能充当一定物质的受体,形成受体蛋白,并发挥相应的生理效应。

（二）细胞质

细胞质位于细胞外膜与细胞核之间,是细胞进行新陈代谢和物质合成的重要场所,又称为细胞浆,主要由基质、细胞器和包含物组成。

1. 基质　基质是一种无定形结构的胶状物质,主要由水、无机盐、糖类、脂类和蛋白质等组成。

2. 细胞器　细胞器是指在细胞质内,具有一定形态并执行一定生理机能的有形结构。光镜下可见线粒体、中心体、高尔基复合体等三种,而在电镜下还可见内质网、溶酶体、核糖体、微体、细胞骨架等细胞器。

（1）线粒体:除成熟的红细胞外,线粒体广泛存在于各种细胞的细胞质内,呈颗粒状、线状、杆状或椭圆形。线粒体主要通过过氧化磷酸化作用产生能量,人体细胞生命活动所需的能量 95% 来自线粒体,故线粒体是细胞的供能站(图 1-9)。

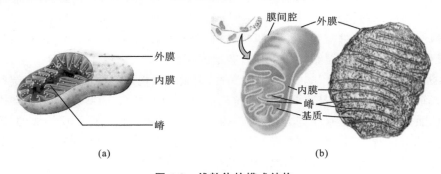

图 1-9　线粒体的模式结构

（2）核糖体:又称核蛋白体,主要由核糖核酸（RNA）和蛋白质构成,在电镜下呈颗粒状。核糖体通过大量附着核糖体形成多聚核糖体,最后达到合成蛋白质的目的。在细胞中,核糖体一般有两种存在形式。一是游离核糖体,游离于细胞质内,主要合成"内源性"蛋白质,供细胞本身的代谢、生长和增殖使用,一般在分化程度低和生长增殖旺盛的肿瘤细胞中,游离核糖体含量较丰富,分布也较均匀;二是附着核糖体(图 1-10),附着于内质网表面,主要合成"输出性"蛋白质,通过胞吐作用,向细胞外输出。

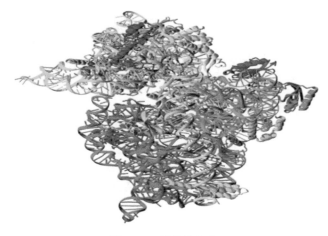

图 1-10　附着核糖体

（3）内质网:由一层单位膜围成的大小不等的管状、泡状、囊状结构,相互连通再形成网状结构。根据其表面有无核糖体附着分为粗面内质网和滑面内质网(图 1-11)。①粗面内质网简称 RER,主要作用为输出核糖体合成的蛋白质;②滑面内质网简称 SER,不具有合成蛋白质的作用,主要参与细胞的糖原、脂类、类固醇激素的合成和分泌。

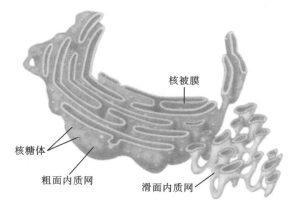

核被膜

核糖体

粗面内质网

滑面内质网

图 1-11　内质网

（4）高尔基复合体:位于细胞核的周边或一侧,由一层单位膜构成(图 1-12)。其主要作用与细胞分泌,溶酶体形成,蛋白质浓缩、加工、分泌等有关。

（5）溶酶体:由高尔基复合体扁平囊泡膨大的末端以芽生的方式分离脱落而成的一层单位膜结构,呈球形、卵圆形,内含多种酸性水解酶,可消化、分解、吞噬、清除细胞内的异物,是细胞内的消化器。

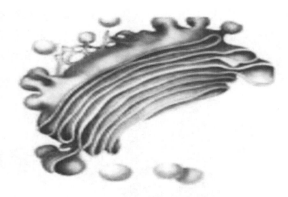

图 1-12　高尔基复合体

（6）微体：又称过氧化氢酶体，为一层单位膜包裹的防毒小体，呈圆形、椭圆形。微体内含过氧化氢酶、过氧化物酶、氧化酶等，可以清除细胞内的过氧化物和过氧化氢，保护细胞。

（7）细胞骨架：由蛋白质纤维构成的网架结构（图 1-13），普遍存在于细胞质中，包括微丝、微管、中间丝和微梁网格。通过细胞骨架，能支撑和维持细胞的外部形态，连接各自分散的细胞器，同时还与细胞附着的稳定性、细胞表面局部的特化运动、细胞膜的整合等功能有关。

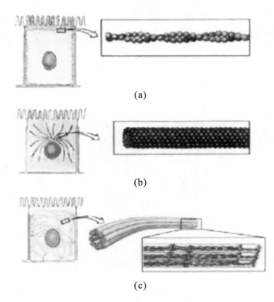

图 1-13　细胞骨架

（8）中心体：常位于细胞核附近，呈球形，由中心粒和中心球构成。中心体（图 1-14）主要参与细胞分裂活动，在细胞进行分裂时，中心粒复制成两对，并借纺锤丝与染色体相连，引导染色体向细胞两极移动。

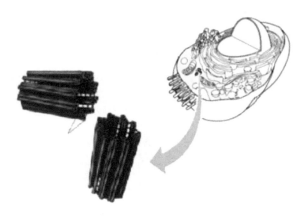

图 1-14 中心体

3. 包含物 包含物不是细胞器,主要是指一些代谢产物或细胞本身储存的物质,如糖原、脂滴等。

（三）细胞核

人体除成熟的红细胞之外,所有细胞都有细胞核。人体细胞的分布和生理机能不同,细胞核在数量、位置、形态等特性上也有不同。一般一个细胞只有一个细胞核,但也有的细胞有两个以上甚至数百个细胞核,如骨骼肌细胞;细胞核的形态多呈圆形、卵圆形,但也有的呈分叶形、马蹄铁形、肾形等;细胞核多位于细胞的中央,但也有位于一侧或边缘的,如脂肪细胞。细胞核的结构包括核膜、核仁、染色质(染色体)和核基质等(图1-15)。

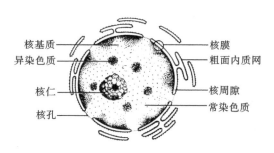

图 1-15 细胞核的电镜结构

1. 核膜 核膜充当了核表面的界膜,由内、外两层单位膜构成,二者之间的腔隙称为核周隙。核膜上有核孔,是细胞核与细胞质之间进行物质交换的通道,并对物质交换具有调控作用。通过核膜保护核内微环境平衡,保证遗传物质稳定性,有利于细胞核各种生理机能的完成。

2. 核仁 光镜下核仁为均质、无包膜、折光性很强的球形小体,一般一个细胞有1～2个核仁,其主要化学成分是核糖核酸、蛋白质、磷脂、酶类,主要作用为合成核糖体,并装配部分核糖体亚单位。

3. 染色质和染色体　染色质和染色体在本质上是同一物质,主要成分是脱氧核糖核酸(DNA)和蛋白质(图 1-16)。在细胞分裂间期,染色质易被碱性染料染成蓝色,呈块状或粒状;着色较深的部分称为常染色质,染色较淡的部分称为异染色质。当细胞进行有丝分裂时,染色质不断集聚、盘曲、缠绕成为具有特定形态结构的染色体。

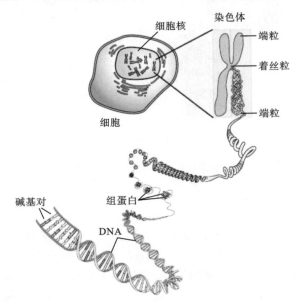

图 1-16　染色体结构

除畸形和变异外,正常人体染色体的数目应是恒定的。人类体细胞有 23 对(46条)染色体,其中 22 对为常染色体,1 对为性染色体(男性表示为 XY,女性表示为 XX)。在遗传学上,通过染色体组型体现染色体数目、大小、形状及其他特征,具有重要的遗传学价值。

4. 核基质　核基质是细胞核内由水、蛋白质、无机盐等组成的黏稠液体的总称。核基质有利于形成核内骨架,并可支持、定位、调整核内结构,完成核内复制功能。

三、细胞增殖概述

人体自胚胎时期开始,由单个受精卵不断发育、增殖、分化,通过细胞生长和分裂增殖的方式使细胞数不断增加。在这一过程中,细胞增殖受到机体精确的自我调节,以适应人体生命活动规律而持续地进行。人类的细胞分裂包括有丝分裂和减数分裂两种,其中体细胞主要通过有丝分裂方式完成增殖,而生殖细胞则通过减数分裂方式完成增殖。

(一)细胞周期

对于连续进行有丝分裂的细胞来讲,从细胞上一次分裂结束开始,到下一次分裂结束时的这个周期过程,称为细胞周期(图 1-17),包括分裂期和分裂间期两个阶段。分裂间期主要完成细胞内部 DNA 的合成,可分为合成前期(G_1 期)、合成期(S 期)和合成后期(G_2期)；分裂期主要以染色体的形成和变化为依据，可分为前期、中期、后期、末期四个时期。在细胞分裂的每个时期，染色质、染色体、基质、中心体、细胞骨架等均在发生规律性的一系列变化。

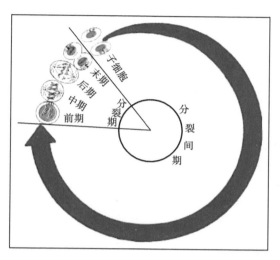

图 1-17　细胞周期示意图

（二）细胞增殖的意义

1. 分裂间期　分裂间期主要是合成 DNA，复制两套遗传信息，为后期细胞分裂奠定基础。

2. 分裂期　分裂期主要是通过染色体的形成、纵裂及向细胞两极移动，最终把两套遗传信息准确无误地均分到两个分子细胞中去，并保证子细胞所携带的遗传信息与母细胞的一致，保持了遗传的稳定性。

子任务二　基本组织的概述

组织是由若干形态相似、功能相近或相关的细胞借细胞间质有机结合在一起构成的。细胞间质是存在于细胞与细胞之间的液态物质的总称，对细胞起着营养、支持和保护的作用。构成某一组织的细胞和细胞间质不同，则在人体相应器官和部位上表现出来的功能也不同。比如神经组织的神经元具有多突起，呈长的纤维状，具有感受刺激、传导冲动并引发生理效应的特点；而假复层纤毛柱状上皮的柱状细胞游离面形成了许多细指状突起，排列规则，能有规律地上下摆动，对呼吸道排出异物具有重要意义。另外，人体不同类型的组织，各自又呈现出相对一致的结构和功能特征，如上皮组织均具有细胞排列紧密、细胞间质相对较少的特征。

人体的基本组织可分为上皮组织、结缔组织、肌组织和神经组织四大类，每一种组织又可分为若干类型（表1-3）。一般来讲，每一类组织在结构和功能上具有大致相同的

表 1-3　人体的基本组织分类

一级分类	二级分类	三级分类	四 级 分 类	共同结构特征
上皮组织	被覆上皮	单层上皮	单层扁平上皮	细胞排列紧密,细胞间质少,细胞有游离面和基底面,具有保护、分泌、吸收和排泄等作用
			单层立方上皮	
			单层柱状上皮	
			假复层纤毛柱状上皮	
		复层上皮	复层扁平上皮	
			变移上皮	
	腺上皮	—	—	均为特殊上皮,具有特殊功能
	感觉上皮	—	—	
结缔组织	半固态结缔组织	固有结缔组织	疏松结缔组织	细胞数量少,种类多,细胞间质丰富,含有基质和纤维,具有连接、支持、营养和保护的作用
			致密结缔组织	
			脂肪组织	
			网状组织	
	固态结缔组织	软骨组织	—	
		骨组织	—	
	液态结缔组织	血液		
肌组织	—	—	骨骼肌组织	细胞呈纤维状,具有收缩功能
	—	—	平滑肌组织	
	—	—	心肌组织	
神经组织	—	—	—	细胞多突起,具有感受电刺激、整合电信息、传导电冲动的作用

特征。上皮组织一般位于器官结构的外表面和内面,细胞种类相对少,形态相对单一,细胞数量多,排列紧密,细胞间质少,具有保护、分泌、吸收和排泄等作用。结缔组织种类较多,固有结缔组织一般位于上皮组织的深面,其中骨组织、血液比较特殊,相对独立存在,狭义的结缔组织通常是指固有结缔组织,其细胞数量相对少,排列稀疏,细胞种类多,细胞间质丰富,含有基质和纤维,具有支持、连接、营养和保护等作用。肌组织多位于结缔组织深面,部分结缔组织结构可以穿插其间,细胞呈细长的纤维状,细胞核的数量、位置不完全相同,但都具有收缩的功能。神经组织几乎分布于全身,调节全身绝大部分结构功能,主要包括神经细胞(神经元)和细胞间质中的神经胶质细胞两部分,根据功能和分布位置不同,也可以采取多种划分方式,其细胞形态多不规则,有突起和膨大的胞体结构。神经组织主要具有形成电冲动、感受电刺激、传导电冲动、整合电信息、调

节生理效应等方面的重要作用。

 **知识拓展**

研究正常人体细胞和组织结构的常用技术

一、光学显微镜技术

最常用的就是光学显微镜技术,光学显微镜(简称光镜)是一种古老又传统的研究工具。人们通常把需要观察的组织制作成薄的组织切片,镜下通过光线投射来观察组织和细胞结构,可将物体放大到 1 500 倍左右。最常用的组织切片是石蜡切片,其制作大致包括取材、固定、脱水、透明、包埋、切片、染色、盖片、封固、烘干等程序。另外还有冷冻切片、涂片、铺片、磨片等技术。

二、电子显微镜技术

电子显微镜简称电镜,以电子发射器代替光源,以电子束代替光线,以电磁透镜代替光学透镜,然后将放大的物像投射到荧光屏上进行观察。在电镜下能看到的结构称为超微结构。常用的电镜有透射电镜和扫描电镜。

三、组织化学和细胞化学技术

组织化学和细胞化学技术是应用物理、化学反应的原理,研究组织和细胞内某种化学物质的分布和数量的技术。常用的有一般的试剂反应定位技术、荧光组织化学技术、免疫细胞化学技术。这些技术不仅用于基础医学研究,在临床疾病诊断、肿瘤显影等方面也发挥着极大的作用。

四、其他

除上述方法外,还有很多其他先进技术应用于形态学研究,如放射自显影技微分光光度测量技术、流式细胞技术、形态计量技术和组织培养技术等。

 项目小结

正常人体结构可以分为宏观结构和微观结构,其中构成人体肉眼可以直接观察,而组织、细胞及细胞内的部分结构需借助才能观察。我们需要分别从宏观和微观两个层面认识人体工作中,能够从微观层次分析病因和机制显得更加的重关影像媒体,我们能够初步认识人体的结构、形态、部的学习奠定基础。同时,学习正常人体结构还应增面等术语的理解,对微观的组织和细胞的基本结

 正常人体结构

本结构、功能，对人体四大基本组织的分类及共同的结构特点也要有初步的认识。在本项目的学习中，还概括性地介绍了一些正常人体结构的标本、切片制作技术，有利于有兴趣的学生拓展视野并深入学习和研究。

 能力检测

1. 请以小组为单位，在标准姿势下，相互指认人体或模型上的主要形态结构并进行简述。

2. 以"液态镶嵌模型学说"为例谈谈自己对细胞膜结构和功能的理解。

3. 结合本项目的学习，简述对人体四大基本组织的初步认识。

（张　烨）

项目二 运动系统正常结构

运动系统是由骨、骨连结和骨骼肌三部分组成的,约占成人体重的 60%,起着运动、支持和保护的作用,全身的骨借助骨连结连成骨骼(图 2-1)。骨骼肌附着于相邻的骨骼表面,在神经系统和其他系统的调节配合下,具有支持、连接、保护和运动的功能。在运动过程中,通过骨骼肌收缩产生运动的动力,骨连结是运动的枢纽,骨起着运动的杠杆作用。所以,骨和骨连结是运动的被动部分,而骨骼肌是运动的主动部分。运动系统的正常结构和运动功能知识,在临床康复评定和治疗中有着重要的地位和作用。

在人体表面,可看到或摸到的由骨或骨骼肌形成的隆起或凹陷,称为体表标志。临床上常利用这些体表标志作为确定深部器官位置、

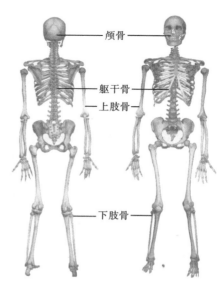

图 2-1　全身骨骼

判断血管和神经走向、选取手术切口部位、针灸取穴和穿刺定位的依据。因此,在学习过程中应结合正常人体,对全身的体表标志进行认真的观察和研究。

任务一　骨和骨连结

情景设置

骨 折 病 案

患者,男性,46 岁。2 年前,无明显诱因开始出现右髋部疼痛,行走后加重,无活动障碍。多处就诊,口服药物治疗,症状稍缓解。1 年前,左髋部活动受限,跛行。到某医院行电子计算机 X 射线断层扫描技术(CT)检查,诊断为双侧股骨头坏死。患者脊柱的生理弯曲存在,双髋部未见明显畸形,叩击痛(+),双侧腹股沟中点压痛(+),"4"字试

验(＋),直腿抬高试验(－),加强试验(－),托马氏征(－),纵向叩击试验(＋)。左侧髋关节上抬 30°、外展 20°、内收 20°、后摆 30°受限。右侧髋关节上抬 60°、外展 45°、内收 30°、后摆 45°受限。双侧踝关节、足趾活动尚可,肢体远端血液循环、感觉正常。左下肢肌力为Ⅲ级,右下肢肌力为Ⅳ级。生理反射存在,病理反射未引出。计算机 X 线成像(CR)检查提示:双侧股骨头变扁,并可见囊状骨质破坏区,髋关节间隙变窄。

该病案中涉及的股骨头、关节结构,运动、生理和病理检查等知识,都将是本任务需要研究和学习的主要内容。

子任务一 骨和骨连结的概述

一、骨的概述

骨是具有生命的器官,每块骨都具有一定的形态和功能,骨上有血管、神经和淋巴管分布,能不断进行新陈代谢,并有修复、改造和再生的能力,同时还有造血和储备钙与磷的作用。成人的骨有 206 块,约占体重的 20%。儿童的骨的数量比成人的多。按照骨在人体上所在的部位,可分为颅骨、躯干骨和四肢骨等(图 2-1)。

(一)骨的形态和分类

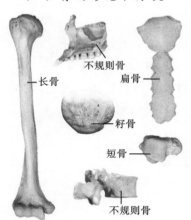

图 2-2 骨的形态

按照骨的形态,骨可分为长骨、短骨、扁骨、不规则骨等类型(图 2-2)。

1. 长骨 长骨呈长管状,分一体两端。骨体位于中部,又称骨干,骨体内有空腔,称为骨髓腔,容纳骨髓。骨的两端膨大,又称骺,骺具有光滑的关节面,被一层薄的关节软骨覆盖。小儿长骨骨干与骺之间有骺软骨,能不断生长并骨化,使骨的长度增长。成人骨干与骺愈合,骨停止增长。长骨主要分布于四肢,在运动中起支持和杠杆作用,如肱骨、股骨等。长骨在骨骼肌的牵引下一般运动幅度较大,范围也比较广。

2. 短骨 短骨近似立方体,多位于承受压力较大而运动较复杂的部位,常成群分布于腕、踝等处,如腕骨和跗骨。短骨具有多个关节面,与相邻的骨构成微动关节,并辅以坚韧的韧带,构成适于支撑的弹性结构。

3. 扁骨 扁骨呈板状,主要构成颅腔、胸腔和盆腔的壁,对腔内器官起保护作用,如顶骨、胸骨、髋骨等。

4. 不规则骨 不规则骨外形不规则,主要分布于躯干、颅底和面部等处,如颞骨、椎骨等。有些不规则骨内有腔洞,称为含气骨,如上颌骨等,它们对发音起共鸣作用,同时可减轻颅骨的重量。

另外,在手、足和膝部的肌腱或韧带内有一些扁圆形小骨,称为籽骨,如髌骨等。这类结构在运动时可改变力的方向,又可减少对肌腱的摩擦。

(二)骨的构造

骨主要由骨质、骨膜和骨髓等构成,并有血管和神经分布(图 2-3)。

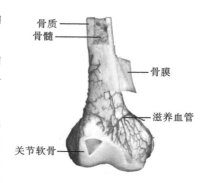

图 2-3　骨的构成

1. 骨质　骨质是骨的主要成分,分为骨密质和骨松质两种。骨密质致密坚硬,抗压性强,分布于骨的表层及长骨的骨干,由紧密排列成层的骨板构成。骨松质结构疏松,呈海绵状,分布于长骨两端和其他骨的内部,由许多纵横交错的骨小梁构成,骨小梁的排列方向与骨所受压力或张力的方向一致。扁骨由内、外两层骨密质中间夹着一层骨松质构成。颅盖骨的骨松质称为板障,内有板障静脉通过。

2. 骨膜　骨膜是被覆于骨内、外面由致密结缔组织构成的纤维膜,分为骨外膜和骨内膜。骨外膜分布于除关节面以外整个骨表面,含有丰富的血管、神经和淋巴管等,对骨的营养、生长和修复具有重要的作用。因此,在骨科手术中应注意保护骨膜,防止发生骨坏死。衬于骨髓腔内面和骨松质腔隙内的是骨内膜,骨内膜含有成骨细胞和破骨细胞,也具有造骨功能。

3. 骨髓　骨髓充填于骨髓腔和骨松质的间隙内,分为红骨髓和黄骨髓两种。红骨髓有造血功能,含有大量不同发育阶段的红细胞和其他幼稚型的血细胞。在胎儿和幼儿时期,全部骨髓都是红骨髓,是重要的造血场所。黄骨髓见于 5 岁以后人体的长骨骨干中,自 5 岁以后,在长骨骨髓腔内的红骨髓逐渐被脂肪组织代替,成为黄骨髓,并失去造血能力,但当大量失血或重度贫血时,一部分黄骨髓仍可能转化为红骨髓恢复造血功能。成人的红骨髓主要分布于长骨的两端以及短骨、扁骨和不规则骨的骨松质内;有些骨终生具有造血能力,如髂骨、肋骨、胸骨、椎骨、肱骨、股骨等。故临床上需要检查骨髓的造血功能时,常选择在髂骨和胸骨等处进行穿刺取样。

(三)骨的化学成分和物理特性

骨由坚硬的结缔组织构成,具有一定的弹性,同时有抗压力,并有同等的抗张力。这些物理特性是由它的化学成分所决定的。骨的化学成分主要是有机质和无机质。有机质主要由骨胶原纤维和黏多糖蛋白质组成,作为成骨的支架,它们使骨具有韧性和弹性。无机质主要是钙盐(磷酸钙和碳酸钙),沉积在胶原纤维之间的基质中,它使骨坚硬,在 X 线下使骨具有良好的显影效果。脱钙骨具有原骨形状,但柔软有弹性,可以弯曲甚至打结,松开后仍可恢复原状;煅烧骨具有原骨形状和硬度,但脆而易碎(图 2-4)。

骨的理化特性可因年龄不同而发生变化。新鲜的成人骨,有机质约占 1/3,无机质约占 2/3,骨十分坚硬且具有一定的弹性和韧性。幼儿骨的有机质含量较多,无机质含量较少,骨的弹性和韧性较大,受外力作用时,易弯曲变形,但不易发生完全性骨折,这

(a)脱钙骨　　　　(b)煅烧骨

图 2-4　脱钙骨与煅烧骨

种骨折称为青枝性骨折。老年人骨的有机质含量减少,无机质含量相对增多,骨的脆性较大,外力作用容易引起骨折,常为粉碎性骨折。

（四）骨的生长和发育

骨大部分发生于胚胎中胚层的间充质,它的发生有两种形式。一种是先产生软骨雏形,再于软骨雏形逐渐被破坏的基础上,由骨组织代替,称为软骨内成骨,如颅底骨、椎骨、肋骨和四肢骨（锁骨和髌骨除外）等;另一种不经过软骨阶段,直接从胚胎中胚层的间充质膜的基础上形成骨组织,称为膜内成骨,如颅盖骨和面颅骨等。以长骨的发育为例,骨干和骺的交界处有一层软骨板,称为骺软骨。骺软骨不断生长、骨化,使骨不断增长,到 17～25 岁时骺软骨才完全骨化、消失,遗留一条骺线。骺软骨在 X 线片上显示为暗影,称为骺线,切勿误认为是骨折。在骨干周围的骨外膜造骨细胞的作用下,也有骨不断生成,使骨干增粗。

二、骨连结的概述

骨连结是骨与骨之间借纤维结缔组织、软骨或骨相连形成的结构。根据骨连结的方式和机能不同,骨连结可分为直接连结和间接连结两种类型。

（一）直接连结

直接连结是骨与骨借致密结缔组织、软骨或骨直接相连,其间没有腔隙。这类骨连结运动幅度小,或完全不能运动。直接连结分为纤维连结、软骨连结和骨性结合。

1. 纤维连结　骨与骨之间借致密结缔组织直接相连称为纤维连结。若两骨间隙很窄,则借薄层致密结缔组织直接相连,称为缝（图 2-5(a)）,如颅骨的冠状缝和人字缝,几乎不能活动;若两骨间隙较宽,则连接两骨的致密结缔组织较长,称为韧带连结（图2-5(b)）,如椎骨棘突之间的韧带,可有较小的活动范围。

2. 软骨连结　骨与骨之间借软骨直接相连称为软骨连结（图 2-5(c)）,多见于幼年时期。随着年龄的增长,到一定年龄时有些软骨可发生骨化,骨与骨之间融合在一起,软骨连结则转变成骨性结合,如骶椎之间的骨性融合、颅骨缝的骨化等。

3. 骨性结合　由软骨连结经骨化演变而成,完全不能活动,如骶椎之间的骨性融合。

（二）间接连结

间接连结又称滑膜关节,简称关节（图 2-5(d)）,是相对骨面间借膜性结缔组织囊相连,且相对骨面间有腔隙。这类骨连结具有较大的活动度,它是骨连结的高级分化形式,也是骨连结的主要方式。

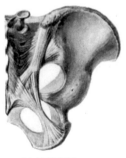

(a) 缝　　　　　　　　　　　(b) 韧带连结

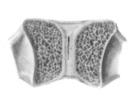

(c) 软骨连结　　　　　　　　　(d) 关节

图 2-5　骨连结的常见类型

1. 关节的基本结构　关节的基本构造包括关节面、关节囊和关节腔三部分(图 2-6)。

(1) 关节面:构成关节各骨的接触面,其形态常为一凸一凹,彼此相互适应,凸面叫关节头,凹面叫关节窝。关节面无骨膜,覆盖有一薄层透明软骨,称为关节软骨,关节软骨表面光滑,可减少关节运动时的摩擦,同时,软骨富有弹性,可减缓运动时的振荡和减轻冲击的作用。

(2) 关节囊:由结缔组织构成的膜性囊,附着于关节面周缘及其附近的骨面,把关节密闭成腔。关节囊分内、外两层。外层为纤维层,由

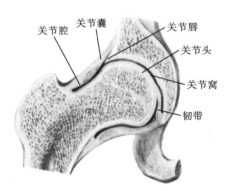

图 2-6　关节的基本结构

致密结缔组织组成,厚而坚韧,两端附着于关节面周缘,并与骨膜相延续。纤维层增厚部分称为韧带,可增强骨与骨之间的连接,并防止关节的过度活动。内层为滑膜层,由疏松结缔组织构成,薄而柔软,内面光滑,有丰富的血管网,可分泌和吸收滑液。滑液为关节软骨、半月板等提供营养物质,并起着润滑作用。滑膜层内衬于纤维层内面及关节内除软骨以外的结构。

(3) 关节腔:关节囊的滑膜层与关节软骨所围成的潜在密闭的腔隙。在正常状态下,关节腔内含少量滑液,有润滑关节、减少摩擦的作用。关节腔内呈负压状态,对维持

关节稳定有一定的作用。

2. 关节的辅助结构　有些关节除具备上述基本结构外,还可有韧带、关节盘和关节唇等辅助结构,以增加关节的稳固性和灵活性(图2-6)。

(1)韧带:由相邻两骨间的纤维膜增厚所形成,分为囊内韧带和囊外韧带。囊内韧带位于关节囊内,有滑膜包绕,如膝关节内的交叉韧带。囊外韧带位于关节囊外,有的由关节囊的局部纤维增厚而成,如髋关节的髂股韧带;有的独立于关节囊以外,不与关节囊相连,如膝关节的腓侧副韧带;有的是关节周围肌腱的延续,如髌韧带。韧带可增强关节的稳固性,也可限制其过度活动。韧带和关节囊分布有丰富的感觉神经,损伤后会感到极为疼痛。

(2)关节盘:垫于两骨关节面之间的纤维软骨板,中央稍薄,周缘略厚,并附着于关节囊内面,它把关节腔分为两个腔,使两个骨关节面更为契合,并增加了关节的运动类型及活动范围。关节盘既增加了关节的稳固性和灵活性,又减少了冲击和震荡。膝关节的关节盘呈半月形,称为半月板。

(3)关节唇:附着于关节窝周围的纤维软骨环,可加深关节窝,增大关节面,增加关节的稳固性,如髋臼唇等。

(4)滑膜襞和滑膜囊:某些关节的滑膜层表面积大于纤维层,滑膜层折叠突入关节腔形成滑膜襞,其内含脂肪和血管,称为滑膜脂垫,在关节运动时,关节腔的形状、容积、压力发生改变,滑膜脂垫可起调节或充填作用,同时也扩大了滑膜的面积,有利于滑液的分泌和吸收。有的关节滑膜呈囊状膨出,充填于肌腱与骨面之间,形成滑膜囊。滑膜囊可减少活动时肌肉与骨面之间的摩擦。

3. 关节的运动形式　关节的运动一般都是围绕一定的运动轴而运动,围绕某一运动轴可产生两种方向相反的运动形式,基本上沿三个互相垂直的轴做三组拮抗性的运动。根据运动轴的方位不同,关节的运动形式可分为以下几种类型。

(1)屈和伸:肢体在矢状面内围绕冠状轴做的运动。运动时,两骨之间的角度发生变化,角度变小时称为屈。相反,角度增大时称为伸。一般来说,关节的屈指的是向腹侧面成角角度变小,而膝关节则相反,小腿向后贴近大腿的运动称为膝关节的屈,反之则称为伸。在足部,将足背提起向小腿前面靠拢称为踝关节的伸,也称背屈;足尖下垂称为踝关节的屈,也称跖屈。

(2)内收和外展:肢体在冠状面内围绕矢状轴做的运动。运动时,骨向正中矢状面靠拢,称为收或内收,反之,远离身体正中矢状面,称展或外展。但手指的内收和外展是以中指为准的靠拢、散开运动,足趾的内收和外展是以第二趾为准的靠拢、散开运动。

(3)旋转:肢体在水平面内围绕垂直轴做的运动。骨的前面转向内侧的运动称为旋内,反之称为旋外。在前臂,桡骨围绕通过桡骨和尺骨的轴线旋转,将手背转向前方,这种运动称为旋前;同理,将手掌转向前方,而手背转向后方的运动,称为旋后。在生活中,以右手为例,松螺丝钉是旋前动作,紧螺丝钉是旋后动作。

(4)环转:肢体围绕冠状轴、矢状轴和垂直轴做的连续的复合运动,即骨的近端做原位转动,远端做圆周运动。运动时整个骨描绘出一个圆锥形的轨迹,这种运动称为环转。能沿两个轴以上运动的关节均可做环转动作,实际上环转即屈、外展、伸和内收的依次连续运动,如肩关节、髋关节、桡腕关节等均可做环转动作。

4. 关节的分类 各种关节的灵活度不同,这与关节的构成和关节面的形状有关。根据关节运动轴的多少、关节面的形状,关节可分为以下几种类型(图2-7)。

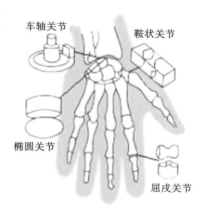

图 2-7 关节的类型

(1) 单轴关节:关节只有一个运动轴,可做一组运动。单轴关节包括车轴关节和屈戍关节。

① 车轴关节:由圆柱形的关节头与凹面的关节窝构成,关节面常位于骨的侧方,骨围绕垂直轴做旋转运动,如桡尺关节和寰枢关节等。

② 屈戍关节:又称滑车关节,关节头呈滑车状,关节窝有嵴,限制着关节的侧向运动。这种关节只能围绕冠状轴做屈、伸运动,如指间关节等。

(2) 双轴关节:有两个互相垂直的运动轴,关节可沿两轴做两组运动。双轴关节包括椭圆关节和鞍状关节。

① 椭圆关节:关节头是椭圆形的,关节窝与关节头相适应,能在冠状轴上做屈、伸和在矢状轴上做内收、外展运动,此外,还可做一定程度的环转运动,如桡腕关节等。

② 鞍状关节:两骨的关节面均呈马鞍状,并做十字交叉接合。关节可做屈、伸、内收、外展运动,也可稍做环转运动,如拇指腕掌关节等。

(3) 多轴关节:有三个互相垂直的运动轴,可做各种方向的运动。多轴关节包括球窝关节和平面关节。

① 球窝关节:球形的关节头较大,关节窝小而浅,不及球面的1/3,关节运动的范围最大,可沿三个相互垂直的运动轴做屈、伸、内收、外展、旋转及环转等运动,如肩关节等。

② 平面关节:关节面接近平面,为大球窝关节的一部分,如肩锁关节等。

一般关节都由两块骨构成,称为单关节,如肩关节。由两块以上的骨所构成的关节,称为复关节,如肘关节。此外,还有一些关节在结构上完全是独立的,但在活动时必须同时进行,这种关节称为联合关节,如两侧的颞下颌关节等。

5. 影响关节活动范围的因素

(1) 关节面的面积差:关节面的面积差影响关节活动范围,面积差越大,关节活动范围越大,如肩关节与髋关节,面积差大的肩关节就比面积差小的髋关节活动范围大得多。

(2) 关节囊的厚薄和松紧度:关节囊薄而松弛的关节,活动范围就大,反之就较小,如膝关节关节囊的前、后壁比两侧薄,膝关节的前后运动就比左右运动的活动范围大。

(3) 关节囊周围韧带的多少和厚薄:关节囊周围的韧带多而厚的关节活动范围比较小,相反,关节囊周围的韧带少而薄的关节活动范围就大得多,如肘关节等。

（4）关节盘的介入：关节盘使关节腔分为两个腔，使两个骨关节面更为契合，且两个关节腔可产生不同的运动，增加了关节的运动类型及活动范围，如膝关节的半月板使得膝关节除做屈、伸运动外，还可以做旋转运动。

（5）关节周围的肌肉和其他软组织的多少及弹性：关节周围的肌肉和其他软组织的弹性越好，关节活动范围就越大，如果肌肉体积过大或关节周围脂肪组织过多，也会限制关节的活动范围。

此外，年龄、性别和生理状态等因素也会影响关节的活动范围。

子任务二　躯干骨及其连结

躯干骨包括椎骨、胸骨和肋骨。它们借骨连结构成脊柱和胸廓。

一、脊柱

脊柱位于躯干后壁的正中，是躯干的中轴，也是支撑人体的重要支柱。成人脊柱由24块椎骨（颈椎7块、胸椎12块、腰椎5块）、1块骶骨、1块尾骨连接而成。脊柱参与构成胸廓、腹后壁和骨盆，具有支持、运动和保护功能。

（一）椎骨

未成年以前，椎骨总数为32～34块，根据其所在位置，由上而下依次分为颈椎7块、胸椎12块、腰椎5块、骶椎5块和尾椎3～5块。成年后，5块骶椎融合为1块骶骨，3～5块尾椎融合为1块尾骨。

1. 椎骨的一般形态　椎骨为不规则骨，每块椎骨均由椎体和椎弓两部分组成，椎弓上有7个突起（图2-8）。

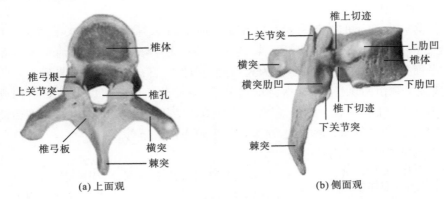

(a) 上面观　　　　　　　　　　　(b) 侧面观

图2-8　椎骨（胸椎）

（1）椎体：位于椎骨的前部，呈短圆柱状，支持体重的主要部分。椎体表面为一层较薄的骨密质，内部为骨松质，椎体承受着头部、上肢和躯干的重量，因此从颈椎到腰椎，椎体面积和体积逐渐增大。椎体在垂直暴力的作用下，易发生压缩性骨折。

（2）椎弓：位于椎体的后方，呈半环形的骨板，两端与椎体相连，共同围成椎孔。全部椎骨的椎孔连接成椎管，椎管内容纳脊髓。椎弓后方较薄的是椎弓板，前面与椎体相连处窄厚的部分，称为椎弓根。椎弓根上、下缘各有一切迹，相邻椎骨的上、下切迹共同围成椎间孔，孔内有血管、脊神经通过。由椎弓板上发出 7 个突起：棘突 1 个，正中向后方突起或向后下方突起；横突 1 对，向两侧突起；上关节突 1 对，从椎弓根和椎弓板结合处向上突起；下关节突 1 对，从椎弓根和椎弓板结合处向下突起。棘突和横突是肌肉和韧带的附着点，相邻椎骨的上关节突、下关节突构成关节。

2. 各部椎骨的主要形态特点

（1）颈椎：椎体较小，呈椭圆形，成年人第 3～7 颈椎椎体上面两侧多有向上的突起，称为椎体钩，它常与上位颈椎相应部位形成钩椎关节（即 Luschka 关节），它的增生可使椎间孔狭窄，压迫脊神经，导致颈椎病。颈椎的椎孔较大，呈三角形。横突有横突孔，这是颈椎最显著的特点，横突孔内有椎动脉和椎静脉通过。横突末端可分为前、后两个结节，特别是第 6 颈椎，前结节肥大，又称颈动脉结节，颈总动脉在其前方经过。棘突较短，第 2～6 颈椎末端分叉。

第 1 颈椎又称寰椎，呈环形（图 2-9）。无椎体、棘突和关节突，分为前弓、后弓和左、右侧块。前弓较短，内面有关节面，称为齿突凹，侧上面有关节凹，下面有关节面；后弓较长，其上面有横行的椎动脉沟，有同名动脉通过，后弓中点略向后方突起，称为后结节；侧面各有一椭圆形的关节面，与颅骨枕髁形成寰枕关节。

第 2 颈椎又称枢椎（图 2-9），椎体上方有齿突，与寰椎的齿突凹形成寰枢关节。枢椎的齿突原为寰椎的椎体，发育过程中脱离寰椎而与枢椎融合。

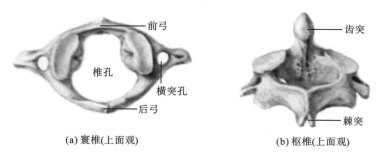

(a) 寰椎(上面观)　　　　　　(b) 枢椎(上面观)

图 2-9　寰椎和枢椎

第 7 颈椎又称隆椎，棘突最长，末端不分叉（图 2-10）。低头时，在颈后正中线上很容易看到和摸到隆椎，隆椎是临床计数椎骨数目和针灸取穴的标志。

（2）胸椎：椎体横断面呈心形，从上向下逐渐增大。椎体两侧的上、下部分各有一个与肋头形成的关节面，分别称上肋凹和下肋凹。横突末端有横突肋凹与肋结节形成的关节。椎孔小而圆。棘突细长，伸向后下方，呈叠瓦状排列。关节突明显，关节面接近冠状方向。

（3）腰椎：椎体粗大，呈蚕豆形（图 2-11）。椎弓发达，椎孔较大呈三角形。棘突呈

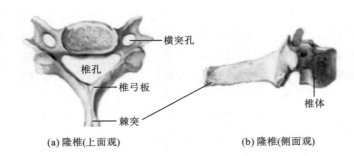

(a) 隆椎(上面观)　　　　　　(b) 隆椎(侧面观)

图 2-10　隆椎

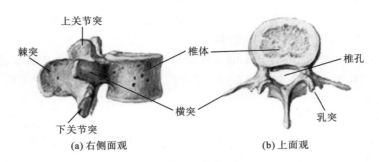

(a) 右侧面观　　　　　　(b) 上面观

图 2-11　腰椎

宽大的板状,几乎水平伸向后方,末端圆钝,且棘突间隙较宽,临床上利用此间隙进行腰椎穿刺术。上关节突、下关节突的关节面接近矢状方向。

(4) 骶骨:由 4～5 块骶椎融合而成,略呈三角骶管裂,分为骶骨底、骶骨体及骶骨尖,有前、后面及两个侧缘(图 2-12)。骶骨底向上,其前缘突出,称为骶骨岬,女性骶骨岬是产科测量骨盆入口大小的重要标志。骶骨尖向下,与尾骨相连。骶骨前面凹向前下,有 4～5 条横线和 4～5 对骶前孔,有骶神经前支和血管通过。骶骨后面凸向后上,有 4～5 对骶后孔,有骶神经后支通过。骶骨中部有骶管,并与骶前孔和骶后孔相通,骶管后下端敞开,称为骶管裂孔。骶管裂孔两侧有明显的突起,称为骶角,临床上以骶角为标志进行骶管

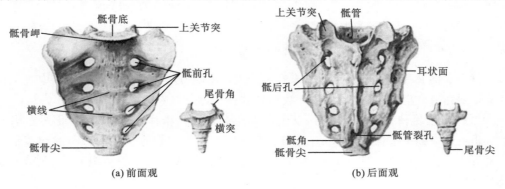

(a) 前面观　　　　　　(b) 后面观

图 2-12　骶骨和尾骨

麻醉。骶骨两侧有关节面,称为耳状面,与髋骨的耳状面相对应,形成骶髂关节。骶骨具有明显的性别差异:男性长而窄,女性短而宽,这是为了适应女性分娩的需要。

(5)尾骨:尾骨由3~5节尾椎退化融合而成。尾骨略呈三角形(图2-12),借软骨和韧带上接骶骨尖,下端游离为尾骨尖。

(二)椎骨的连结

椎骨与椎骨之间借椎间盘、韧带和关节的相连,可分为椎体间连结和椎弓间连结。

1. 椎体间连结 相邻各椎体之间借椎间盘、前纵韧带和后纵韧带相连(图2-13)。

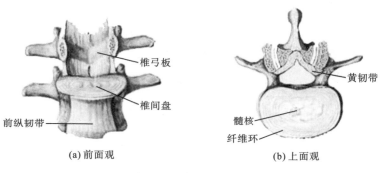

图 2-13 椎体间连结

(1)椎间盘:位于相邻两个椎体之间的纤维软骨盘,由周围部和中央部两部分构成。它的周围部为纤维环,由无数层呈同心圆排列的纤维软骨构成,坚韧而富有弹性,牢固地连接在各椎体的上、下面,保护髓核并限制髓核向周围膨出。它的中央部称为髓核,是柔软而富有弹性的胶状物质,为胚胎时脊索的残留物。椎间盘既坚韧,又富有弹性,承受压力时被压缩,除去压力后又复原,具有"弹性垫"样缓冲作用,并允许脊柱做各个方向上的运动。当脊柱前屈时,椎间盘的前份被挤压变薄,后份增厚;脊柱伸直时又恢复原状。椎间盘的厚度以中胸部最薄,颈部较厚,腰部最厚,所以颈椎、腰椎活动度较大。颈部和腰部的纤维环为前厚后薄,尤其是后外侧部缺乏韧带加强,故当猛力弯腰、过度劳损或暴力撞击时,纤维环容易破裂,髓核向后外侧脱出,突入椎管或椎间孔,压迫脊髓或脊神经,临床上称为椎间盘脱出症。

(2)前纵韧带:位于椎体前面,上至枕骨大孔前缘,下达第1骶椎或第2骶椎,为全身最长的韧带(图2-13,图2-14)。其纤维与椎体及椎间盘牢固连接,坚韧又富有弹性,有限制脊柱过度后伸和椎间盘向前脱出的作用。

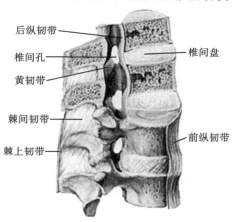

图 2-14 椎弓间连结

（3）后纵韧带：位于椎体后面，窄而坚韧，起于枢椎，并与覆盖枢椎的被膜相连，向下达骶管（图2-14），与椎间盘纤维环及椎体上、下缘紧密连接，而与椎体结合较为疏松，有限制脊柱过度前屈的作用。

2. 椎弓间连结　椎弓间连结主要借助韧带和关节相连（图2-14）。

（1）黄韧带：连接相邻两椎弓板间的短韧带，与椎弓板一起共同构成椎管后壁。黄韧带由黄色的弹性纤维构成，坚韧有弹性，有限制脊柱过度前屈的作用。

（2）棘间韧带：连接相邻棘突的短韧带，前接黄韧带，后接棘上韧带，具有限制脊柱过度前屈的作用。

（3）棘上韧带：连接胸椎、腰椎、骶椎之间各棘突尖的纵韧带，其前方与棘间韧带融合，与棘间韧带都有限制脊柱过度前屈的作用。在颈部，从颈椎棘突尖向后扩展成三角形板状的弹性膜，称为项韧带，起着间隔肌肉的作用，供肌肉附着，向上附着于枕外隆凸，向下达第7颈椎棘突并接续于棘上韧带。

（4）横突间韧带：连接相邻椎骨的横突的韧带。

（5）关节突关节：由相邻椎骨的上关节突和下关节突的关节面构成的联合关节，属于平面关节，只能做轻微滑动，但各椎骨之间的运动总和却很大。

除上述内容以外，还有寰椎侧块上的上关节凹与颅骨的枕髁构成的寰枕关节，属于联合关节，寰枕关节可使头前俯、后仰及进行轻微的左右侧屈运动。寰椎和枢椎之间还有寰枢关节，可使头左右旋转。

（三）脊柱的整体观

成人脊柱长约70 cm，其1/4由椎间盘构成，3/4由椎体构成。因椎间盘有压缩和复原的能力，所以长期静卧与站立时相比，脊柱长度可相差2～3 cm。老人因椎间盘变薄，骨质萎缩，脊柱可变短。脊柱的整体观有前面观、后面观和侧面观（图2-15）。

1. 脊柱前面观　从前面观察脊柱，可见椎体自上而下逐渐增大，第2骶椎最宽，这与椎体的负重逐渐增加有关，自骶骨耳状面以下，由于重力经髋骨传至下肢骨，椎体已无承重意义，体积也逐渐缩小，并可见前纵韧带纵贯脊柱全长。

2. 脊柱后面观　从后面观察脊柱，可见所有椎骨棘突连贯形成纵嵴，位于背部正中线上。颈椎棘突短且分叉，近水平位。胸椎棘突细长，斜向后下方，呈叠瓦状排列（图2-15）。腰椎棘突呈板状，水平位伸向后方，棘突间距离较大。

3. 脊柱侧面观　从侧面观察脊柱，成人脊柱呈轻度"S"形，可见4个生理性弯曲和24个椎间孔。其中，颈曲和腰曲凸向前面，胸曲和骶曲凸向后面（图2-15）。胸曲和骶曲凸向后面，在胚胎时已形成，颈曲和腰曲凸向前面，是在出生后获得的。当婴儿出生后3～5月开始抬头时，出现颈曲，9个月开始坐起至1岁左右开始站立时，出现腰曲。脊柱的这些生理性弯曲增强了脊柱的弹性，对维持人体的重心稳定和减轻震荡有着重要意义，从而对脑和胸腔、腹腔的脏器具有保护作用。而且脊柱的每一个弯曲，都有它的机能意义，颈曲支持头的抬起，腰曲使身体重心呈垂线后移，以维持身体的前后平衡，保持直立姿势，加强稳固性。而胸曲和骶曲凸向后面在一定意义上扩大了胸腔和盆腔的容积。椎间孔呈椭圆形，胸部的椎间孔最小，腰部的最大。

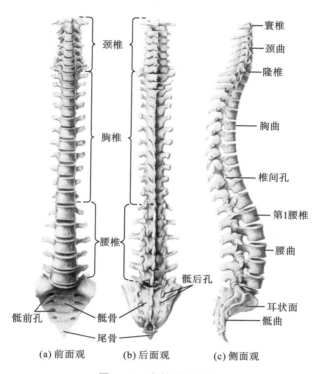

(a)前面观   (b)后面观   (c)侧面观

图 2-15 脊柱的整体观

（四）脊柱的功能

脊柱是人体躯干的支架,上面承接头颅,下面与下肢带骨构成骨盆,具有支持身体,缓冲震荡,保护胸腔、腹腔、盆腔脏器及脑、脊髓的作用。

脊柱还有很大的运动性,虽然相邻两椎骨之间的活动范围有限,但整个脊柱的活动范围较大,可做屈、伸、侧屈、旋转和环转运动。在颈部,颈椎关节突的关节面略呈水平位,关节囊松弛,椎间盘较厚,故屈、伸及旋转运动范围较大。在胸部,胸椎与肋骨相连,椎间盘较薄,关节突的关节面呈冠状位,棘突呈叠瓦状,这些因素限制了胸椎的运动,故其活动范围较小。正常胸椎活动范围为:前屈 $0°\sim30°$,后伸 $0°\sim20°$,左、右侧旋转范围均为 $0°\sim40°$。在腰部,椎间盘最厚,屈、伸运动灵活,关节突的关节面几乎呈矢状位,限制了旋转运动。正常人腰椎活动范围为:前屈 $0°\sim120°$,后伸 $0°\sim30°$,左、右侧屈范围均为 $0°\sim30°$,左、右侧旋转范围均为 $0°\sim45°$。脊柱的颈部、腰部运动灵活且活动范围大,故损伤也多见于颈部、腰部。

二、胸廓

胸廓由 12 块胸椎、12 对肋、1 块胸骨连接而成,具有支持和保护胸腔、腹腔内的脏器,参与呼吸运动等功能。

（一）肋

肋呈弓形，由肋软骨和肋骨构成。第1～7对肋的肋软骨直接和胸骨相连。其中第8～10对肋的肋软骨依次与上位肋软骨相连，形成肋弓，它是重要的体表标志。第11～12对肋前端游离于腹壁肌层中，称为浮肋。

1. 肋骨 肋骨呈细长弓形，属扁骨（图2-16）。肋骨后端稍膨大，称为肋头，与相应胸椎椎体的上、下肋凹相关节。肋头外侧稍细的部分称为肋颈；转向前方的部分称为肋体；肋颈、肋体交界处的后外侧有一粗糙突起，称为肋结节，其上有关节面与胸椎横突的肋凹相关节。肋体长而扁，分为内、外两面和上、下两缘，内面近下缘处有一浅沟，称为肋沟，肋间血管、神经分布于其中，肋体后部分的急转角称为肋角。

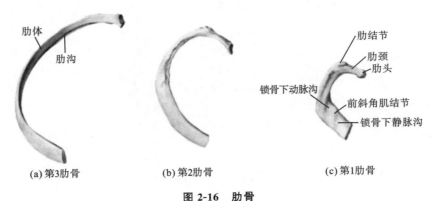

(a) 第3肋骨　　　(b) 第2肋骨　　　(c) 第1肋骨

图 2-16　肋骨

2. 肋软骨 肋软骨位于各肋骨的前端，由透明软骨构成，可终生不骨化。

（二）胸骨

胸骨位于胸前壁正中皮下，全部可在体表摸到（图2-17）。自上而下依次是胸骨柄、胸骨体和剑突三部分。胸骨柄上部宽厚，下部窄薄，上缘有3个凹陷，中间的凹陷称为颈静脉切迹，外侧的凹陷称为锁切迹，与锁骨相关节。胸骨柄的两侧有1对肋切迹，与第1对肋相连接。胸骨柄与胸骨体相连接处微向前凸，称为胸骨角，在体表可摸到。胸骨角的两侧平对第2对肋，这是计数肋的重要标志。胸骨体是长方形的扁骨板，其外侧缘有6对肋切迹，分别与第2～7对肋软骨相关节。剑突较扁薄，形状变化较大，上连胸骨体，下端游离。25岁前，人体的胸骨三部分呈分离状态，由软骨相连接，40岁左右，胸骨三部分完全融合为一体。

（三）胸廓的整体观

胸廓呈上窄下宽、前后略扁的圆锥形，有上、下两个口（图2-18）。胸廓上口较小，由第1胸椎、第1对肋和胸骨柄上缘围成，是颈部与胸腔之间的通道。胸廓下口宽而不整齐，由第12胸椎，第12对肋、第11对肋的前端、肋弓和剑突围成。两侧肋弓在中线相交，构成向下开放的胸骨下角。相邻两肋之间的部分称为肋间隙，共11对。

胸廓的外形和大小，因年龄、性别、健康状况、职业特点等因素不同而有差异。新生

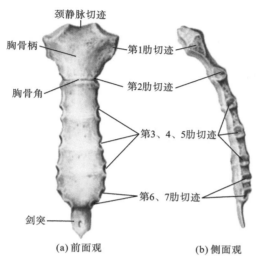

图 2-17　胸骨

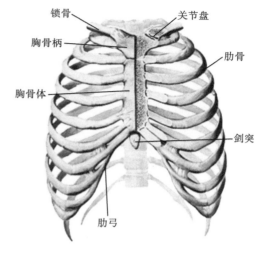

图 2-18　胸廓(前面观)

儿的胸廓近短桶状,老年人的胸廓扁而狭长,女性的胸廓较男性短而圆。佝偻病患儿的胸廓前后径大,胸骨向前突出,形成所谓"鸡胸"。肺气肿患者的胸廓各个径线都增大,形成"桶状胸"。

（四）胸廓的功能

胸廓的功能主要是参与呼吸运动,肋是运动的杠杆,肋椎关节是运动的枢纽。吸气时,在肌肉的作用下,肋的前部提高,肋体向外扩展,同时伴有胸骨上升,胸廓的前后径、横径增加,从而使胸廓的容积增加;呼气时,肋下降恢复至原位,胸廓容积随之减小。除了参与呼吸运动外,胸廓还参与胸壁的构成,具有保护、支持胸腔器官和腹腔器官的重要作用。

三、躯干骨的骨性标志

1. 胸骨角　胸骨角是在胸骨柄下方可摸到的横行隆起。胸骨角的两侧平对第 2 对肋,这是计数肋的重要标志。

2. 颈静脉切迹　颈静脉切迹是胸骨柄上方的凹陷,其两侧为锁骨的胸骨端。

3. 肋弓　肋弓由第 8～10 对肋软骨形成,分为左、右肋弓,居于皮下,剑突两侧。肋弓是临床上触摸肝、脾的重要标志。

4. 第 7 颈椎棘突　低头时在颈根部可摸到,第 7 颈椎棘突是确定椎骨序数和针灸取穴的标志。

5. 骶角　在骶骨背面下端的两侧,可摸到的一对小突起,称为骶角,两个骶角间为骶管裂孔,临床上可由此进行骶管神经阻滞麻醉术。

子任务三　颅骨及其连结

颅位于脊柱上方,由23块颅骨围成(中耳的三对听小骨未计入),除下颌骨和舌骨外,其余颅骨借缝或软骨牢固相连。

一、颅骨的组成

颅骨(图2-19)分为后上部的脑颅骨和前下部的面颅骨,二者以眶上缘和外耳门上缘的连线为分界线。

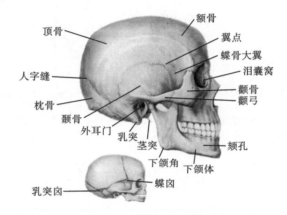

图2-19　颅骨(侧面观)

(一)脑颅骨

脑颅由8块脑颅骨组成,其中不成对的有额骨、筛骨、蝶骨、枕骨,成对的有顶骨、颞骨。它们借缝连接成颅腔,支持和保护脑。颅腔的顶是穹窿形的颅盖,由额骨、枕骨和顶骨构成。颅腔的底由中部的蝶骨、后方的枕骨、两侧的颞骨、前方的额骨和筛骨构成。筛骨只有一小部分参与脑颅,其余构成面颅。

1. 额骨　额骨位于颅的前上方,分为额鳞、眶部和鼻部。额骨内有空腔,称为额窦,开口于鼻腔。

2. 顶骨　顶骨位于颅顶中部两侧,为方形扁骨。

3. 枕骨　枕骨位于颅的后下方,前下部有枕骨大孔,以此孔分为四部分,后为鳞部,前为基底部,两侧为侧部。

(1)枕骨的内面:枕骨大孔的前上方为斜坡,枕骨大孔的前外侧有舌下神经管。在枕骨大孔后方有枕内嵴,向后上方延伸至枕内隆凸,其上方有矢状沟,两侧有横沟。

(2)枕骨的外面:在枕骨大孔两侧有枕骨髁,枕骨大孔前方有隆起的咽结节,枕骨大孔后方有枕外嵴、枕外隆凸,枕外隆凸的两侧有上项线,其下方有与之平行的下项线。

4. 颞骨　颞骨位于颅的两侧(图2-20),分为颞鳞、鼓部和岩部。

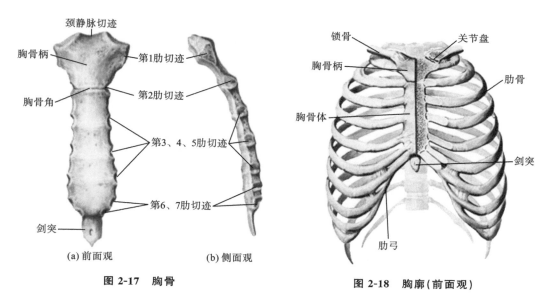

图 2-17　胸骨　　　　　　　　　图 2-18　胸廓(前面观)

儿的胸廓近短桶状,老年人的胸廓扁而狭长,女性的胸廓较男性短而圆。佝偻病患儿的胸廓前后径大,胸骨向前突出,形成所谓"鸡胸"。肺气肿患者的胸廓各个径线都增大,形成"桶状胸"。

（四）胸廓的功能

胸廓的功能主要是参与呼吸运动,肋是运动的杠杆,肋椎关节是运动的枢纽。吸气时,在肌肉的作用下,肋的前部提高,肋体向外扩展,同时伴有胸骨上升,胸廓的前后径、横径增加,从而使胸廓的容积增加;呼气时,肋下降恢复至原位,胸廓容积随之减小。除了参与呼吸运动外,胸廓还参与胸壁的构成,具有保护、支持胸腔器官和腹腔器官的重要作用。

三、躯干骨的骨性标志

1. 胸骨角　胸骨角是在胸骨柄下方可摸到的横行隆起。胸骨角的两侧平对第 2 对肋,这是计数肋的重要标志。

2. 颈静脉切迹　颈静脉切迹是胸骨柄上方的凹陷,其两侧为锁骨的胸骨端。

3. 肋弓　肋弓由第 8～10 对肋软骨形成,分为左、右肋弓,居于皮下,剑突两侧。肋弓是临床上触摸肝、脾的重要标志。

4. 第 7 颈椎棘突　低头时在颈根部可摸到,第 7 颈椎棘突是确定椎骨序数和针灸取穴的标志。

5. 骶角　在骶骨背面下端的两侧,可摸到的一对小突起,称为骶角,两个骶角间为骶管裂孔,临床上可由此进行骶管神经阻滞麻醉术。

子任务三　颅骨及其连结

颅位于脊柱上方,由23块颅骨围成(中耳的三对听小骨未计入),除下颌骨和舌骨外,其余颅骨借缝或软骨牢固相连。

一、颅骨的组成

颅骨(图2-19)分为后上部的脑颅骨和前下部的面颅骨,二者以眶上缘和外耳门上缘的连线为分界线。

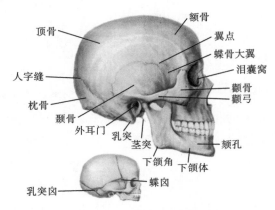

图 2-19　颅骨(侧面观)

(一)脑颅骨

脑颅由8块脑颅骨组成,其中不成对的有额骨、筛骨、蝶骨、枕骨,成对的有顶骨、颞骨。它们借缝连接成颅腔,支持和保护脑。颅腔的顶是穹窿形的颅盖,由额骨、枕骨和顶骨构成。颅腔的底由中部的蝶骨、后方的枕骨、两侧的颞骨、前方的额骨和筛骨构成。筛骨只有一小部分参与脑颅,其余构成面颅。

1. 额骨　额骨位于颅的前上方,分为额鳞、眶部和鼻部。额骨内有空腔,称为额窦,开口于鼻腔。

2. 顶骨　顶骨位于颅顶中部两侧,为方形扁骨。

3. 枕骨　枕骨位于颅的后下方,前下部有枕骨大孔,以此孔分为四部分,后为鳞部,前为基底部,两侧为侧部。

(1)枕骨的内面:枕骨大孔的前上方为斜坡,枕骨大孔的前外侧有舌下神经管。在枕骨大孔后方有枕内嵴,向前上方延伸至枕内隆凸,其上方有矢状沟,两侧有横沟。

(2)枕骨的外面:在枕骨大孔两侧有枕骨髁,枕骨大孔前方有隆起的咽结节,枕骨大孔后方有枕外嵴、枕外隆凸,枕外隆凸的两侧有上项线,其下方有与之平行的下项线。

4. 颞骨　颞骨位于颅的两侧(图2-20),分为颞鳞、鼓部和岩部。

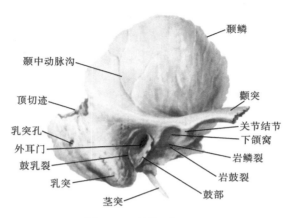

图 2-20　颞骨（外面观）

（1）颞鳞：呈鳞片状，其前下方有颧突，与颧骨的颞突形成颧弓。颧突后下方有下颌窝，下颌窝的前缘隆起，称为关节结节。

（2）鼓部：围绕外耳道前面、下面部分和后面的骨板。

（3）岩部：有三个面，尖端朝向前内侧，前上面中部有一弓状隆起，其外侧为鼓室盖，靠近锥体尖处，有三叉神经压迹；后上面近中央部分有内耳门；下面对向颅底外面，其近中央部有颈动脉管外口，在锥体尖处形成颈动脉管内口，颈动脉管外口的后方为颈静脉窝。颈静脉窝的外侧有细长的茎突和乳突（图 2-20），两者根部有茎乳孔。乳突内有空腔，称为乳突小房，上方较大，称为鼓窦（乳突）。

5. 蝶骨　蝶骨位于颅底中央（图 2-21），形如蝴蝶，分为体部、小翼、大翼和翼突四个部分。

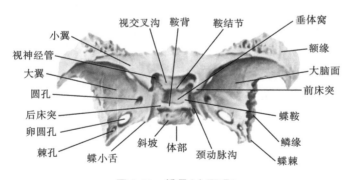

图 2-21　蝶骨（上面观）

（1）体部：位居中央，上面构成颅中窝的中央部，呈马鞍状，称为蝶鞍，中央凹陷处称为垂体窝；体部内有空腔，称为蝶窦，向前开口于鼻腔。

（2）小翼：从体部前上方向左、右平伸，根部有视神经管，两个视神经管内口之间有视交叉沟。

（3）大翼：由体部平伸向两侧，可分三个面。脑面位于颅中窝，眶面朝向眶，颞面向

外、向下。大翼根部由前向后可见圆孔、卵圆孔和棘孔。体部两侧有颈动脉沟。在小翼和大翼之间有眶上裂。

（4）翼突：位于蝶骨下面，由内侧板和外侧板构成，两个板的后部之间有楔形深窝，称为翼突窝，翼突根部有前后方向贯穿的翼管。

6. 筛骨 筛骨位于两眶之间，分为筛板、垂直板和筛骨迷路三部分，呈"巾"字形分布。筛板正中有向上突起的鸡冠，表面有筛孔；垂直板向下伸出，组成鼻中隔；筛骨迷路位于筛板两侧，内有筛窦，筛窦口通向鼻腔。筛骨迷路外侧面组成眶的内侧壁，称为眶板，筛骨迷路的内侧面有上、中鼻甲。

（二）面颅骨

面颅由 15 块面颅骨组成，其中不成对的有犁骨、下颌骨、舌骨，成对的有上颌骨、鼻骨、泪骨、颧骨、腭骨、下鼻甲等。它们形成面部的骨性基础，围成眶、鼻腔和口腔，支持和保护感觉器及消化管、呼吸道的起始部分。

1. 上颌骨 上颌骨位于面部中央，分为一个体和四个突（图 2-22）。

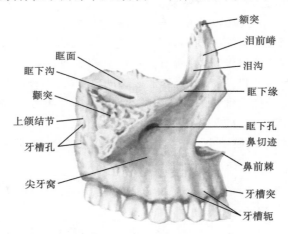

图 2-22　上颌骨（外面观）

上颌骨体内有空腔，称为上颌窦。上颌骨表面分四个面：上面即眶面，内含眶下管，眶下管向后连于眶下沟，向前通眶下孔；后面对向颞下窝，又称颞下面，其下部隆起，称为上颌结节；内侧面又称鼻面，其上有上颌窦开口；前面对向面部，其上有眶下孔。

上颌骨前面的内侧向上伸出额突，向下伸出牙槽突，向外侧伸出颧突，向内侧水平伸出腭突，上颌骨两侧的腭突相连接组成硬腭前部。

2. 下颌骨 下颌骨位于上颌骨下方，分为体和支（图 2-23）。

（1）下颌体呈弓形，下缘光滑，上缘生有牙槽。外面前方正中部向前的隆起称为颏隆凸，第 3 颗牙槽下方处有颏孔。在体的内面中线处有尖锐的颏棘，其下方两侧有二腹肌窝，沿二腹肌窝的上缘有一条斜线，称为下颌舌骨线，下颌舌骨线的内上方和外下方各有一个浅窝，内上方的称为舌下腺窝，外下方的称为下颌下腺窝。

（2）下颌支末端分叉形成前方的冠突和后方的髁突，中间凹陷处称为下颌切迹（图2-23），髁突上端膨大，称为下颌头，其下稍细，称为下颌颈，下颌颈的前面有翼肌凹。在支的内面中央有下颌孔，经下颌管通向颏孔，在下颌孔前方有下颌小舌。支与体的接合部称为下颌角，下颌角的外面有咬肌粗隆，内面有翼肌粗隆。

3. 其他面颅骨 颧骨一对，位于面部两侧；泪骨一对，位于眶内侧壁前部；鼻骨一对，位于上颌骨额突的前内侧；下鼻甲一对，附于上颌骨的鼻面；腭骨一对，位于上颌骨鼻面后部；犁骨一个，组成鼻中隔的后下部；舌骨一个，位于下颌骨体的后下方。

二、颅的整体观

（一）颅顶面观

颅顶各骨间借助缝紧密相连（图2-24）。额骨与两个顶骨之间的缝称为冠状缝；左、右顶骨间的缝称为矢状缝；两个顶骨与枕骨之间的缝称为人字缝。新生儿颅骨尚未完全骨化，骨缝间充满了结缔组织膜，间隙大者称为颅囟。位于矢状缝与冠状缝交界处的称为前囟，呈菱形，较大，出生后1～2岁闭合。位于矢状缝与人字缝交界处的称为后囟，呈三角形，出生后不久闭合。另外还有位于顶骨前下角的蝶囟和顶骨后下角的乳突囟，两者都在出生后不久闭合。

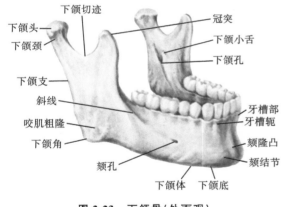

图 2-23 下颌骨（外面观）

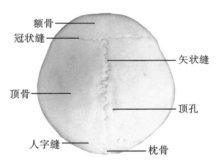

图 2-24 颅（顶面观）

（二）颅底内面观

颅底内面高低不平，呈阶梯状的窝（图2-25），由前向后依次为颅前窝、颅中窝和颅后窝。窝中有很多孔、裂，大多与颅底外面相通。颅前窝最浅，颅后窝最深。

1. 颅前窝 颅前窝由筛板、额骨眶部及蝶骨小翼构成，借筛板上的筛孔通骨性鼻腔。

2. 颅中窝 颅中窝由蝶骨体、大翼和颞骨岩部构成。中央是蝶骨体，上面有垂体窝，垂体窝前外侧有视神经管通入眶。垂体窝和鞍背统称为蝶鞍。蝶鞍两侧的浅沟称为颈动脉沟，此沟后端为破裂孔，颈动脉管内口也开口于此。蝶骨大翼、小翼之间的裂

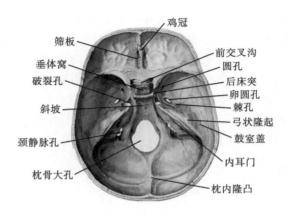

图 2-25 颅底（内面观）

鸡冠
筛板
垂体窝
破裂孔
斜坡
颈静脉孔
枕骨大孔
前交叉沟
圆孔
后床突
卵圆孔
棘孔
弓状隆起
鼓室盖
内耳门
枕内隆凸

隙称为眶上裂。蝶鞍两侧由前内向后外依次为圆孔、卵圆孔和棘孔。

3. 颅后窝 颅后窝由枕骨及颞骨岩部构成。中部有枕骨大孔，枕骨大孔前外侧、颞骨岩部的后面有一卵圆形的孔，称为内耳门（图 2-25），由此向前可伸入内耳道。

（三）颅底外面观

颅底外面高低不平，中部有枕骨大孔，其两侧有椭圆形关节面，为枕髁。在枕髁外侧，枕骨与颞骨岩部交界处有一个不规则的孔，称为颈静脉孔，其前方有颈动脉管外口，后外侧有细长的茎突，茎突根部后方有茎乳孔。乳颧弓根部后方有下颌窝，下颌窝前的横行隆起称为关节结节，两者与下颌骨相关节。

（四）颅侧面观

颅的侧面由额骨、蝶骨、顶骨及颞骨构成（图 2-19），还可见面颅的颧骨和上颌骨、下颌骨。颅侧面的中部有外耳门，外耳门后下方是乳突，前方是颧弓，两者均可在体表摸到。颧弓的内上方为颞窝，下方为颞下窝。颞窝的内侧壁由额骨、顶骨、颞骨、蝶骨四块骨构成，四块骨融合处多数人呈"H"形的缝，称为翼点。翼点是骨壁最薄弱的部位。

（五）颅前面观

颅的前面由额骨及部分面颅骨构成（图 2-26），分为额、眶、骨性鼻腔和鼻旁窦。

1. 额 额为眶以上部分，两侧可见隆起的额结节，额结节下方有与眶上缘平行的弓形隆起，称为眉弓。左、右眉弓间为眉间。

2. 眶 眶为底朝前外侧、尖向后内侧的四面锥体形深腔，容纳视器，眶尖向后内侧经视神经管与颅中窝相通。

3. 骨性鼻腔 骨性鼻腔位于面颅的中央，被骨性鼻中隔分为左、右两半，外侧壁有三片向下弯曲的骨片，由上而下依次为上鼻甲、中鼻甲和下鼻甲。每个鼻甲的下方都有相应的通道，分别称为上鼻道、中鼻道和下鼻道。上鼻甲后上方与蝶骨之间的间隙，称为蝶筛隐窝。中鼻甲后方有蝶腭孔，通向翼腭窝。鼻腔前方的开口称为梨状孔，后方的开口称为鼻后孔，通咽腔。

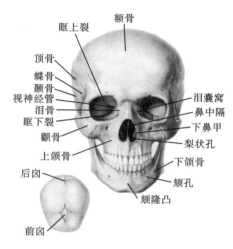

图 2-26 颅（前面观）

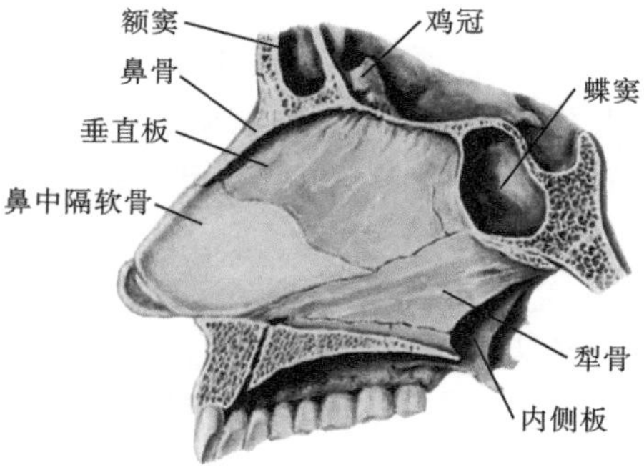

图 2-27 鼻旁窦（侧面观）

4. 鼻旁窦 鼻旁窦是额骨、上颌骨、蝶骨和筛骨内的空的腔隙，位于鼻腔周围并开口于鼻腔（图 2-27）。

（1）额窦：位于眉弓深面，左右各一，窦口向后下方，开口于中鼻道前部。

（2）上颌窦：上颌窦最大，在上颌骨体内。上颌窦顶为眶下壁，底为上颌骨牙槽突，与第 1、2 磨牙及第 2 前磨牙紧邻。窦口高于窦底，故窦内积液时取直立体位不易引流。

（3）蝶窦：在蝶骨体内，被内板隔为左、右两腔，多不对称，向前开口于蝶筛隐窝。

（4）筛窦：呈蜂窝状，位于筛骨迷路内，分为前群、中群、后群筛窦。前群、中群筛窦开口于中鼻道，后群筛窦开口于上鼻道。

三、颅骨的连结

颅骨之间多数以缝或软骨相连，如颅顶各骨间的缝，呈锯齿状，称为齿状缝，包括冠状缝、矢状缝和人字缝。位于颅底部蝶骨和枕骨之间的软骨结合，随着年龄的增长，蝶骨体和枕骨基底部之间的软骨经常骨化，成为骨性结合。只有下颌骨与颞骨之间形成活动的颞下颌关节。

颞下颌关节由下颌骨的下颌头、颞骨的下颌窝和关节结节组成，关节囊较松弛，关节腔内有关节盘（图 2-28）。关节盘将关节腔分为上、下两部分。颞下颌关节属于联动关节，两侧须同时运动。下颌骨可做上提、下降、前移、后退和侧移等运动。张口时，下颌骨下降，下颌头向前移位至关节结节的下方，如果张口（下降运动）过大时，下颌头可滑至关节结节前方而不能复原，造成下颌关节脱位，

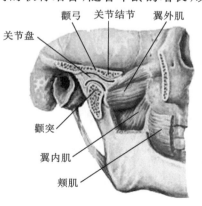

图 2-28 颞下颌关节

正常人体结构

可以向下拉下颌骨,使下颌头越过关节结节回复原位。闭口时,下颌头向后退入下颌窝。

四、新生儿颅的特征及出生后的变化

胎儿时期由于脑及感觉器官发育早,而咀嚼和呼吸器官尤其是鼻旁窦尚不发达,所以,脑颅比面颅大得多。新生儿面颅的体积占全颅的1/8,而成人的为1/4。额结节、顶结节和枕鳞都是骨化中心部位,发育明显,从颅顶观察,新生儿颅呈五角形。额骨正中缝尚未愈合,额窦尚未发育,眉弓及眉间不明显。

新生儿颅顶各骨尚未完全发育,骨缝间充满纤维组织膜,在多骨交接处,间隙的膜较大,称为颅囟。其中,前囟又称额囟,最大,呈菱形,位于矢状缝与冠状缝相接处;后囟又称枕囟,位于矢状缝与人字缝会合处,呈三角形。前囟在出生后1~2岁时闭合,其余各囟都在出生后不久闭合。

五、颅骨的重要骨性标志

1. **枕外隆凸**　枕外隆凸在枕骨后面的正中,是一个明显的骨性隆起。
2. **乳突**　乳突是耳廓后方的锥形隆起,较硬,可摸到。
3. **颧弓**　颧弓是外耳门前方的横行隆起,其中点上方4 cm处即为翼点。
4. **下颌角**　沿下颌骨下缘向后可摸到下颌角,下颌角为一钝角。
5. **下颌头**　下颌头位于外耳门前方,张口时触摸明显。
6. **眶上缘和眶下缘**　两者为眶口上、下的骨性标志,眶上缘内、中1/3交界处有眶上切迹或眶上孔;眶下缘中点的下方有眶下孔,两处均有神经通过。

子任务四　四肢骨及其连结

四肢骨包括上肢骨和下肢骨两个部分。由于人类的直立行走,四肢的功能发生了分化,其形态结构也相应发生了改变。上肢摆脱了支持功能,而成为运动灵活的劳动器官。下肢粗大,骨连结稳固,起支持和移动身体的作用。

一、上肢骨及其连结

上肢骨由上肢带骨和自由上肢骨组成,每侧各有32块骨。

(一)上肢带骨

1. 肩胛骨　肩胛骨位于胸廓的后外侧上方,为三角形的扁骨,介于第2~7肋之间,分为两个面、三个缘和三个角(图2-29)。前面为一个大而浅的窝,称为肩胛下窝;后面上方有一个横位的骨嵴,称为肩胛冈;肩胛冈的外侧端较平宽,称为肩峰,为肩部的最高点;肩胛冈的上、下方各有一个窝,分别称为冈上窝和冈下窝。内侧缘薄而锐利,对向脊柱,又称脊柱缘;外侧缘肥厚,邻近腋窝,又称腋缘;上缘外侧有一个小切迹,称为肩胛

切迹,有肩胛上神经通过,肩胛切迹外侧向前伸出一个曲指状突起,称为喙突。上角在内上方,约对应第2肋;下角约对应第7肋,在体表易于摸到,为计数肋的重要标志;外侧角肥厚,有一个微凹朝外的梨形关节面,称为关节盂,与肱骨头相关节,关节盂的上、下各有一个小隆起,分别称为盂上结节和盂下结节,有肌肉附着。男性和女性肩胛骨的差异较大,一般男性各径线均大于女性的。

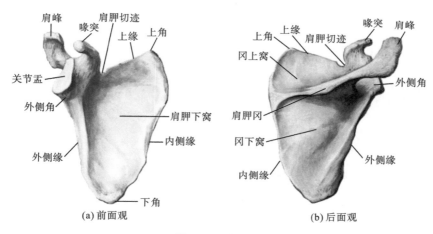

(a) 前面观　　　　　　　　　　　　(b) 后面观

图 2-29　肩胛骨

2. 锁骨　锁骨位于颈部、胸部交界处的前面,略呈"～"形弯曲,全长在体表可摸到(图2-30)。锁骨分为一体和两端,锁骨体的上面光滑,下面粗糙,内侧2/3凸向前,外侧1/3凸向后,锁骨的外、中1/3交界处较细,易发生骨折。锁骨内侧端粗大,称为胸骨端,有关节面与胸骨柄形成胸锁关节。外侧端扁平,称为肩峰端,有关节面与肩峰形成关节。锁骨是上肢骨中唯一与躯干骨构成关节的骨,具有固定上肢,支持肩胛骨,便于上肢灵活运动的作用,同时对其下方的上肢大血管和神经有保护作用。

(二)自由上肢骨

1. 肱骨　肱骨位于臂部,是典型的长骨,分为一体和两端(图2-31)。肱骨的上端膨大,呈半球形,称为肱骨头,与肩胛骨的关节盂构成肩关节。肱骨头周围的环状浅沟称为解剖颈,头外侧的隆起称为大结节,前面的隆起称为小结节,两个结节向下延伸的骨嵴,分别称为大结节嵴和小结节嵴,两嵴间的纵沟称为结节间沟,内有肱二头肌长头腱通过。上端与肱骨体交界处的稍细部位称外科颈,易发生骨折。肱骨体中部外侧有较大的"V"形粗糙面,称为三角肌粗隆,其是三角肌的附着处。在三角肌粗隆的后内侧有一个从外上方斜向外下方的浅沟,称为桡神经沟,有桡神经通过,因此肱骨中段骨折时易损伤此神经。肱骨体内侧近中点处有一个滋养孔,有血管、神经通过。肱骨的下端前后较扁,外侧部前面呈半球形,称为肱骨小头,与桡骨相关节;内侧部称为肱骨滑车,与尺骨相关节。肱骨滑车的前方有一个浅窝,称为冠突窝,肱骨滑车的后上方有一个深窝,称为鹰嘴窝。下端的两侧各有一个突起,分别称为内上髁和外上髁,两者在体表均

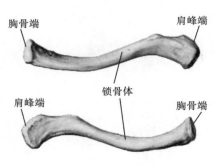

图 2-30　锁骨

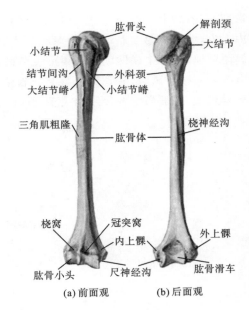

(a) 前面观　　(b) 后面观

图 2-31　肱骨

易摸到,内上髁的后面有尺神经沟,有尺神经通过,肱骨内上髁骨折易损伤尺神经。

  2. 桡骨　桡骨位于前臂外侧部,分为一体和两端(图 2-32)。其上端细小,稍膨大的部分称为桡骨头,桡骨头上面有关节凹,与肱骨小头相关节,桡骨头周围的环状关节面与尺骨桡切迹相关节;桡骨头下方略细处为桡骨颈,其前内侧有桡骨粗隆。桡骨体呈三棱柱形,内侧缘锐利。桡骨下端粗大,向下突出,称为桡骨茎突,是重要的体表标志,

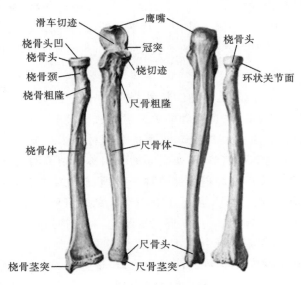

图 2-32　桡骨和尺骨

其内侧可触及桡动脉的搏动。桡骨下端内侧有关节凹,称为尺切迹,与尺骨头相关节,下面有腕关节面,与腕骨形成桡腕关节。

3. 尺骨 尺骨位于前臂的内侧部,分为一体和两端(图 2-32)。上端粗大,其后上方的突起称为鹰嘴;其前下方的突起称为冠突。两个突起之间的半月形关节面称为滑车切迹,与肱骨滑车相关节。在滑车切迹的下外侧有一个小关节面,称为桡切迹,与桡骨头相关节;冠突下方有一个粗糙隆起,称为尺骨粗隆。尺骨体后面全长可被摸到,外侧缘锐利,称为骨间缘,与桡骨体的内侧缘共同构成骨间膜。尺骨下端细小,呈小球状,称为尺骨头,其后内侧有向下的突起,称为尺骨茎突,是腕部重要的体表标志。

4. 手骨 手骨包括腕骨、掌骨和指骨(图 2-33)。

(1)腕骨:共 8 块,均属短骨;排列成远、近两列;由桡侧向尺侧,近侧列依次为手舟骨、月骨、三角骨和豌豆骨,远侧列依次是大多角骨、小多角骨、头状骨和钩骨。

(2)掌骨:共 5 块,属长骨;由桡侧向尺侧依次为第 1 掌骨、第 2 掌骨、第 3 掌骨、第 4 掌骨和第 5 掌骨。

(3)指骨:共 14 块,属长骨;除拇指为 2 块外,其他各指均为 3 块;每指由近侧至远侧分别称为近节指骨、中节指骨和远节指骨。

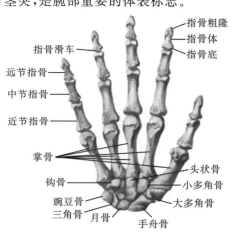

图 2-33 手骨

(三)上肢骨的连结

上肢骨主要通过关节相连。

1. 胸锁关节 胸锁关节是上肢骨与躯干骨之间唯一的关节,由胸骨的锁切迹与锁骨的胸骨端构成(图 2-34)。其关节囊坚韧,并有韧带加强,囊内有关节盘。此关节可使锁骨外侧端向上、下、前、后方向运动及进行旋转和环转运动,但运动幅度较小。

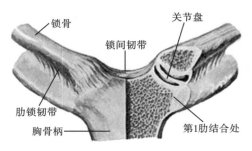

图 2-34 胸锁关节

2. 肩锁关节 肩锁关节由锁骨的肩峰端与肩胛骨的肩峰构成,属于平面微动关节。

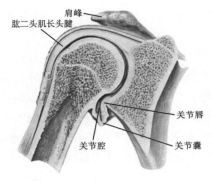

图 2-35　肩关节（冠状切面）

3.肩关节　肩关节由肩胛骨的关节盂和肱骨头构成，是典型的球窝关节（图2-35）。关节盂小而浅，边缘有关节唇；关节头大，关节囊薄而松弛，囊内有肱二头肌长头腱通过；关节囊的前、后和上部都有肌肉或肌腱加强，唯有囊下部无韧带和肌肉加强，最为薄弱，故肩关节脱位时，肱骨头常从下部脱出，脱向前下方。肩关节是人体运动幅度最大、运动形式最多、最灵活的关节，可做屈伸、内收、外展、旋内、旋外和环转运动。肩关节的正常活动范围是：前屈 0°～180°，后伸 0°～50°，外展 0°～180°，旋内和旋外均为 0°～90°。

4.肘关节　肘关节由肱骨的下端和桡骨、尺骨的上端构成（图 2-36）。它包括如下三个关节。①肱桡关节：由肱骨小头与桡骨头构成。②肱尺关节：由肱骨滑车与尺骨的滑车切迹构成。③桡尺近侧关节：由桡骨头与尺骨的桡切迹构成。三个关节包在一个关节囊内，关节囊的前、后部薄而松弛，后部最为薄弱，故肘关节脱位时，常见桡骨、尺骨向后脱位。关节囊两侧壁厚而紧，并有尺侧副韧带和桡侧副韧带加强。此外，环绕在桡骨环状关节面周围的有桡骨环状韧带，可防止桡骨头突出。

肘关节的运动以肱尺关节为主，允许做屈伸运动，尺骨在肱骨滑车上运动，桡骨头在肱骨小头上运动。肘关节屈伸的正常活动范围为 0°～150°。肱骨内、外上髁和尺骨鹰嘴在体表都易触及。当肘关节伸直时，肱骨内、外上髁与尺骨鹰嘴三点位于一条直线上；当肘关节活动角度为 90°时，以上三点的连线组成一个等腰三角形；当肘关节脱位时，以上三点的位置关系便发生改变，但发生肱骨髁上骨折时，三点位置关系不变。

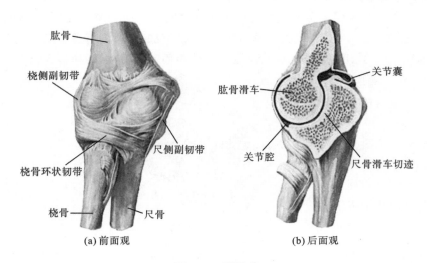

(a) 前面观　　　　　　　　　(b) 后面观

图 2-36　肘关节

5. 前臂骨 前臂的尺骨和桡骨的连接包括桡尺近侧关节、前臂骨间膜、桡尺远侧关节。桡尺近侧关节在肘关节部分已叙述,它和桡尺远侧关节是联合关节,可使前臂做旋前和旋后运动,正常的活动范围是0°～90°。前臂骨间膜是坚韧的致密结缔组织膜,连于桡骨、尺骨体的相对缘。桡尺远侧关节由尺骨头环状关节面构成关节头,由桡骨的尺切迹及自下缘至尺骨茎突根部的关节盘共同构成关节窝。

6. 手关节 手关节(图2-37)包括桡腕关节、腕骨间关节、腕掌关节、掌指关节和指骨间关节等。

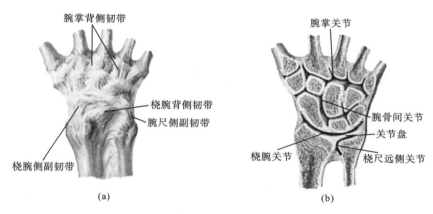

腕掌背侧韧带
腕掌关节
桡腕背侧韧带
腕尺侧副韧带
腕骨间关节
关节盘
桡腕侧副韧带
桡腕关节
桡尺远侧关节

(a)   (b)

图2-37 手关节

(1)桡腕关节:又称腕关节,它是典型的椭圆关节。桡腕关节由手的舟骨、月骨和三角骨的近侧关节面作为关节头,桡骨的腕关节面和尺骨头下方的关节盘作为关节窝而构成。其关节囊松弛,关节的前、后和两侧均有韧带加强,其中掌侧韧带最为坚韧,所以腕的后伸运动受限。桡腕关节可做屈、伸、外展、内收及环转运动,正常人的活动范围是前屈0°～90°,后伸0°～70°,桡侧偏移0°～25°,尺侧偏移0°～55°。

(2)腕骨间关节:为相邻各腕骨构成的关节,可分为近侧列腕骨间关节、远侧列腕骨间关节和两列腕骨之间的腕中关节。各腕骨之间借韧带连结形成一个整体,各关节腔彼此相通,只能做轻微的滑动和转动,属于微动关节。腕骨间关节和桡腕关节的运动通常是一起进行的,并受相同肌肉的作用。

(3)腕掌关节:由远侧列腕骨与5块掌骨底构成。除拇指和小指的腕掌关节外,其余各指的腕掌关节运动范围极小。拇指腕掌关节是由大多角骨与第1掌骨底构成的鞍状关节。腕掌关节的关节囊松弛,运动灵活,可做屈、伸、内收、外展、环转、对掌等运动,正常活动范围是前屈0°～15°,后伸0°～20°,外展0°～70°。对掌运动是指拇指向掌心、拇指尖与其余四指尖掌侧面相接触的运动。这一运动加深了手掌的凹陷,是人类进行握持和精细操作时所必需的主要动作。

(4)掌指关节:共5个,由掌骨头与近节指骨底构成。其关节囊薄而松弛,其前、后有韧带加强,掌侧韧带较坚韧,并含有纤维软骨板。关节囊的两侧有侧副韧带,从掌骨头两侧沿向下方向附于指骨底两侧,此韧带在屈指时紧张、伸指时松弛。当手指处于伸

位时,掌指关节可做屈、伸、内收、外展及环转运动,环转运动因受韧带限制,运动幅度小。当掌指关节处于屈位时,仅允许做屈、伸运动,正常活动范围是前屈 0°～90°,后伸 0°～45°。手指的内收、外展以通过中指的正中线为准,向正中线靠拢是内收,远离正中线是外展,正常活动范围是内收 0°～20°,外展 0°～25°。当手握拳时,掌指关节显露于手背凸出处的是掌骨头。

(5)指骨间关节:共 9 个,由各指相邻两节指骨的底和滑车构成,属于典型的滑车关节。其关节囊松弛,两侧有韧带加强,只能做屈、伸运动,拇指正常活动范围是前屈 0°～80°,后伸 0°～10°;其他四指近端指骨间关节的活动范围是前屈 0°～100°,后伸 0°;其他四指远端指骨间关节的活动范围是前屈 0°～90°,后伸 0°～10°。手指前屈时,指背凸出的部分即指骨滑车。

(四)上肢骨的骨性标志

1. 锁骨 锁骨横于颈根部两侧的皮下,其全长均可摸到。

2. 肩峰 肩峰位于锁骨外侧端的外侧,是肩部的最高点,也是测量上肢长度的定点标志。

3. 肩胛下角 肩胛下角约平对第 7 肋,是背部计数肋骨的标志。

4. 肱骨内、外上髁和尺骨鹰嘴 这三者在肘关节两侧及后方的皮下明显突出,三者之间的位置关系,常是确定肘关节是否脱位的重要标志。

5. 尺神经沟 在肱骨内上髁的下方和尺骨鹰嘴之间,可摸到一窝,即尺神经沟,深压时,因压迫尺神经可产生前臂尺侧的麻酥感。

6. 桡骨、尺骨茎突 在腕部内、外侧,桡骨茎突位置比尺骨茎突稍低。

二、下肢骨及其连结

下肢骨包括下肢带骨和自由下肢骨。下肢骨由髋骨、股骨、髌骨、胫骨、腓骨、足骨组成,每侧各 31 块骨。下肢骨之间也主要依靠关节相连。

(一)下肢带骨

下肢带骨即髋骨(图 2-38),髋骨位于盆部,由髂骨、耻骨和坐骨融合而成,髂骨位于上部,耻骨位于前下部,坐骨位于后下部。一般在 15 岁以前,三骨间由软骨相连接,15 岁以后软骨逐渐骨化,使三骨融合为一骨;三骨体融合处有一个大而深的窝,称为髋臼,朝向外下方,与股骨头相关节;髋臼内有半月形的关节面,称为月状面,髋臼下缘的缺损处称为髋臼切迹。左、右髋骨和骶骨、尾骨共同连接而成骨盆。

(1)髂骨:构成髋骨的后上部,分为髂骨体和髂骨翼两部分。髂骨体肥厚、坚固,构成髋臼的上 2/5 部分,主要承受上身的体重。髂骨翼位于髂骨体的上方,为宽阔的骨板,中部较薄,上缘肥厚、弯曲、成弓形,称为髂嵴,两侧髂嵴最高点的连线,通过第 4 腰椎的棘突。髂嵴的前、后突起分别称为髂前上棘和髂后上棘,两棘下方又各有一个突起,称为髂前下棘和髂后下棘。髂前上棘的后上方有一个突起,称为髂结节,它是重要的体表标志,临床上进行骨髓穿刺术常选择于此位置进行。髂骨翼内面平滑稍凹,称为

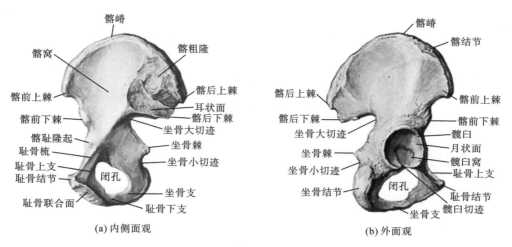

(a) 内侧面观   (b) 外面观

图 2-38　髋骨

髂窝,髂窝下界为一个骨嵴,称为弓状线,髂窝后部上方的粗糙部位称为髂粗隆,其下为耳状面,与骶骨耳状面相关节。

(2) 坐骨:位于髋骨后下部,分为坐骨体和坐骨支。坐骨体较厚,构成髋臼的后下 2/5 部分,坐骨体向后下方延续为坐骨支,坐骨体下份的粗大隆起,称为坐骨结节,它是坐骨的最低部,在体表可以摸到。髂后下棘与坐骨结节之间有一个突起和两个切迹,这个突起称为坐骨棘,其上方的切迹大而深,称为坐骨大切迹,其下方的切迹小而浅,称为坐骨小切迹。

(3) 耻骨:位于髋骨前下部,分为耻骨体和耻骨上支、耻骨下支。耻骨体肥厚,构成髋臼的前下 1/5 部分,与髂骨融合处的前面形成稍隆突起,称为髂耻隆起。耻骨体向前下方延伸为耻骨上支,耻骨上支上缘较锐薄的骨嵴,称为耻骨梳。耻骨梳向后与弓状线相续;向前终止于圆形的突起,称为耻骨结节。耻骨体向后下方延伸为耻骨下支,耻骨下支后伸与坐骨支结合。耻骨上支和耻骨下支相互移行处的椭圆形粗糙面,称为耻骨联合面,耻骨联合面有年龄和性别的差异,两侧耻骨联合面相结合形成耻骨联合。耻骨联合面上缘与耻骨结节间有突起,称为耻骨嵴。耻骨与坐骨共同围成闭孔,在活体中闭孔有闭孔膜封闭。

(二) 自由下肢骨

1. 股骨　股骨位于股部,是人体最长、最粗大的长骨,其长度约为身高的 1/4,分为一体和两端(图 2-39)。上端弯向内上方,末端呈球状膨大,称为股骨头,与髋臼相关节。股骨头中央稍下有一个小凹,称为股骨头凹,有股骨头韧带附着。股骨头的外下侧的缩细部位,称为股骨颈,它与股骨体之间形成一个钝角,称为颈体角,此角男性平均为 132°,女性平均为 127°,儿童为 150°～160°。股骨颈与股骨体交界处的上外侧有粗糙隆起,称为大转子,后内侧有一个隆起,称为小转子,两者都有肌肉附着。大转子和小转子之间,前面有转子间线,后面有转子间嵴相连。大转子是重要的体表标志。股骨颈以下

为股骨体。股骨体粗壮结实,后面有纵形的骨嵴,称为粗线,粗线向上延续为粗糙的突起,称为臀肌粗隆,由臀大肌附着;股骨下端有两个向下的膨大,分别称为内侧髁和外侧髁,其间的深窝称为髁间窝,两个髁关节面在前面相连,与髌骨相关节的髁关节面称为髌面,两髁侧面上方分别有较小的突起,分别称为内上髁和外上髁,两者是重要的体表标志。

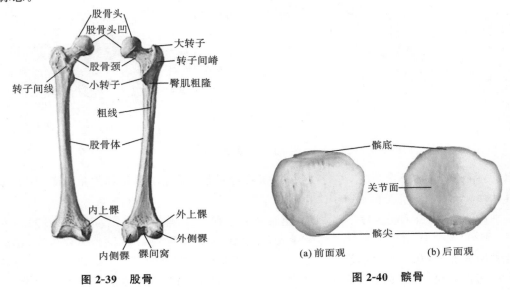

图 2-39　股骨　　　　　　　　　　　　　　　　图 2-40　髌骨

2. 髌骨　髌骨位于股骨下端的前面,呈三角形,底朝上,尖朝下,前面粗糙,后面为光滑的关节面,与股骨的髌面相关节,是人体内最大的籽骨(图 2-40)。髌骨位于膝关节前方,股四头肌腱包裹于其前面并向下延续为髌韧带。髌骨可在体表摸到,当外伤骨折时进行手术将其取出后,并不太影响膝关节的功能。

3. 胫骨　胫骨位于小腿内侧,对支持体重起主要作用,分为一体和两端(图 2-41)。上端膨大,向两侧突出,形成内侧髁和外侧髁,其上有关节面,两髁之间有向上的髁间隆起。外侧髁的后下方有一个小关节面,称为腓关节面,它与腓骨头相关节。上端与胫骨体移行处的前面有粗糙的隆起,称为胫骨粗隆,在体表可以摸到,其上附有韧带。胫骨体呈三棱柱形,前缘锐利,在体表可以触到。下端内侧有内踝,它是重要的体表标志。下面有关节面与距骨相关节。外侧有一个关节面,称为腓切迹,与腓骨相接。

4. 腓骨　腓骨位于小腿外侧,不承受体重,主要作为小腿肌的附着部位,可分为一体和两端(图 2-41)。腓骨细长,上端膨大,称为腓骨头,它与胫骨相关节,腓骨头下方缩细的部位称为腓骨颈;下端略呈扁三角形,称为外踝;内侧有关节面参与,形成距小腿关节。

5. 足骨　足骨包括跗骨、跖骨和趾骨(图 2-42)。

(1)跗骨共 7 块,属于短骨,相当于体积较大的腕骨,包括距骨、跟骨、足舟骨、楔骨(3 块)和骰骨。其排列为前、中、后三列,后列有距骨,与胫骨、腓骨形成关节,距骨下方

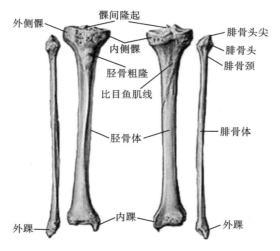

图 2-41 胫骨和腓骨

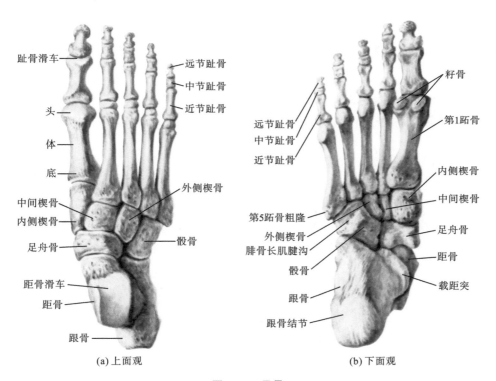

(a) 上面观　　　　　　　　　　(b) 下面观

图 2-42 足骨

为跟骨;中列为足舟骨,位于距骨前方偏内侧;前列由内侧向外侧,依次为内侧楔骨、中间楔骨、外侧楔骨和骰骨,三块楔骨位于足舟骨之前,骰骨位于前外侧。跗骨的主要功能是支持体重。

（2）跖骨共 5 块，属于长骨，相当于掌骨，自内侧向外侧依次是第 1 跖骨、第 2 跖骨、第 3 跖骨、第 4 跖骨及第 5 跖骨。

（3）趾骨共 14 块，趾骨不参与传导体重，所以较跖骨短小。除大脚趾为 2 节外，其他各趾都为 3 节。

（三）下肢骨的连结

关节是下肢骨的主要连结结构。

1. 骨盆　骨盆（图 2-43）由骶骨、尾骨和左、右髋骨及其骨连结构成。骨盆各骨间主要的连结包括耻骨联合、骶髂关节及韧带连结。

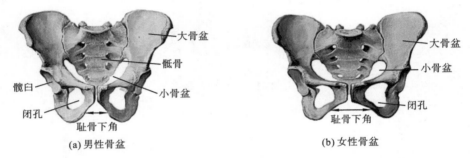

(a) 男性骨盆　　　　　　(b) 女性骨盆

图 2-43　骨盆

（1）耻骨联合由两侧耻骨联合面借耻骨间盘构成。耻骨间盘由纤维软骨构成。女性的耻骨间盘较厚，裂隙较宽，分娩时稍分离，有利于胎儿的娩出。耻骨联合的上、下缘都有韧带附着。

（2）骶髂关节由骶骨与髂骨的耳状面构成。关节面对合紧密，关节囊紧张，周围有强厚韧带加强，连接牢固，活动性较差。

（3）韧带连结：骶骨与坐骨之间有两条韧带相连（图 2-44）。①骶结节韧带，从骶骨、尾骨侧缘连至坐骨结节，呈扇形；②骶棘韧带，位于骶结节韧带前方，从骶骨、尾骨侧

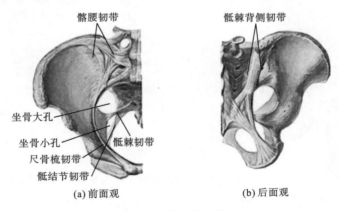

(a) 前面观　　　　　　(b) 后面观

图 2-44　骨盆的韧带

缘连至坐骨棘,呈三角形。这两条韧带与坐骨大切迹围成坐骨大孔,与坐骨小切迹围成坐骨小孔。另外,髋骨的闭孔由致密结缔组织膜所构成的闭孔膜封闭,仅上部留有一个孔,称为闭膜管,有血管、神经通行。

骨盆被岬、弓状线、耻骨梳、耻骨结节、耻骨嵴和耻骨联合的上缘组成的界线分为大骨盆和小骨盆两部分。界线以上为大骨盆,界线以下为小骨盆。大骨盆较宽大,向前开放,参与腹腔的构成。小骨盆有上、下两个口,骨盆上口由界线围成,骨盆下口由尾骨、骶结节韧带、坐骨结节、坐骨支、耻骨下支和耻骨联合的下缘共同围成。两侧的坐骨支和耻骨下支构成耻骨弓,它们之间的夹角称为耻骨下角。小骨盆的内腔称为骨盆腔。平常所说的骨盆即指小骨盆。骨盆具有承受、传递重力和保护盆内器官的作用。对于女性骨盆而言,它还是胎儿娩出的产道。成年女性的骨盆,由于在功能上与妊娠和分娩相适应,所以在形态上与男性骨盆存在明显差异(图 2-43,表 2-1)。

表 2-1　男性骨盆和女性骨盆形态的差别

部　　位	男 性 骨 盆	女 性 骨 盆
骨盆上口	心形	近似圆形
骨盆下口	较狭窄	较宽大
骨盆腔	较窄长,漏斗形	短而宽,圆桶形
耻骨下角	$70°\sim75°$	$80°\sim100°$

2. 髋关节　髋关节(图 2-45)由髋臼和股骨头组成。髋臼深,周缘有髋臼唇。关节囊厚而坚韧,韧带发达,股骨颈除后外侧 1/3 部分露于关节囊外,其余都被包在关节囊内,所以股骨颈骨折分为囊内骨折和囊外骨折。关节囊周围有韧带加强,以其前方的髂股韧带最为强厚,它起自髂前上棘,止于转子间线,可加强关节囊前部,并限制髋关节过伸。髋关节的关节囊后下部较为薄弱,髋关节发生脱位时,股骨头大多脱向后下方。关

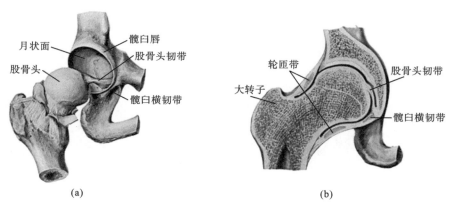

(a)　　　　　　　　　　　　　　　　(b)

图 2-45　髋关节

节囊内有股骨头韧带,营养股骨头的血管经过该韧带。髋关节可做屈、伸、内收、外展、旋内、旋外和环转运动,正常活动范围是前屈 0°～125°,后伸 0°～15°,内收、外展均为 0°～45°,旋内、旋外均为 0°～45°。其运动幅度远不及肩关节,但稳固性较好,这是适应下肢负重行走功能的需要。

3. 膝关节 膝关节(图 2-46)由股骨的下端、胫骨的上端和髌骨组成,是人体最大、最复杂的关节。髌骨与股骨髌面相对,股骨的内、外侧髁与胫骨的内、外侧髁相对。关节囊的滑膜附着于各骨关节面的周缘。部分滑膜突向关节腔外,形成与关节腔相通的滑膜囊,其中最大的是位于股四头肌深面的髌上囊。关节囊宽阔而松弛,其前方有股四头肌腱及其延续而成的髌韧带,此韧带厚而坚韧,从髌骨下缘止于胫骨粗隆;关节囊两侧分别有胫侧副韧带和腓侧副韧带;关节囊内有前交叉韧带和后交叉韧带,两者可防止

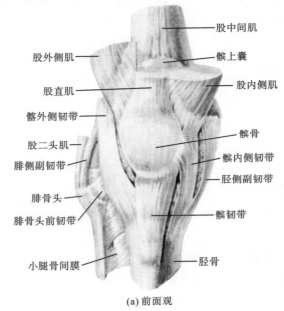

(a) 前面观

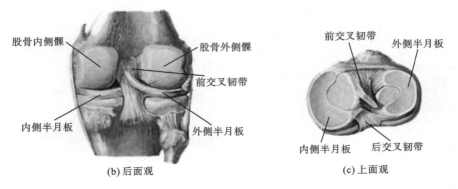

(b) 后面观   (c) 上面观

图 2-46 膝关节

胫骨向前和向后移动。

在关节内,股骨与胫骨的相对关节面之间垫有两块纤维软骨板,分别称为内侧半月板和外侧半月板。内侧半月板较大,呈"C"形;外侧半月板较小,呈"O"形。半月板外缘厚,与关节囊相连,内缘薄而游离。半月板下面平坦,上面凹陷,与胫骨、股骨的关节面相适应,增强了关节的稳固性,还可起到缓冲作用。

膝关节主要做屈、伸运动,正常活动范围是前屈0°～150°,后伸0°。在半屈位时,还可做小幅度的旋内和旋外运动。

4. 足关节 足关节(图2-47)包括距小腿关节、跗骨间关节、跗跖关节、跖趾关节和趾骨间关节等,这些关节都由与关节名称相应的骨组成。

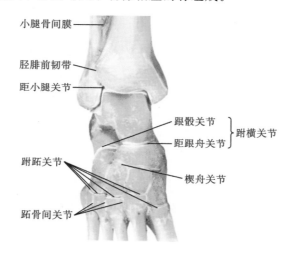

图 2-47 足关节

（1）距小腿关节又称踝关节,由胫骨、腓骨下端与距骨构成。关节囊前、后部松弛,两侧有韧带加强。内侧韧带较厚,外侧韧带较薄弱,足过度内翻易引起外侧韧带扭伤。距小腿关节能做背屈和跖屈运动,足尖向上称为背屈,足尖向下称为跖屈,正常活动范围是背屈0°～20°,跖屈0°～45°。跖屈时还可做轻度侧方运动,此时关节不够稳固,踝关节扭伤多发生在跖屈状态下。

（2）跗骨间关节为各跗骨之间的关节,其中较重要的有距跟关节、距跟舟关节和跟骰关节。距跟关节和距跟舟关节联合运动可使足内翻。足内缘提起,足底转向内侧,称为内翻;足外缘提起,足底转向外侧,称为外翻。足的内翻和外翻常与踝关节的跖屈、背屈协同运动,内翻常伴以跖屈,外翻常伴以背屈。正常活动范围是内翻0°～30°,外翻0°～20°。距跟舟关节与跟骰关节合称为跗横关节,其关节线呈横位的"S"形,临床上常沿此线做足的离断手术。

（3）跗跖关节由3块楔骨及骰骨与5块跖骨底构成,属于微动关节。

（4）跖趾关节由跖骨头与近节趾骨底构成,可做屈、伸、内收、外展运动。

（5）趾骨间关节同指骨间关节,只能做屈、伸运动。

足弓是指跗骨和跖骨借关节和韧带紧密连接而成的凸向上的弓,可分为前、后方向的内、外侧纵弓和内、外侧方向的横弓(图 2-48)。当人体站立时,足仅以跟骨结节及第1、5 跖骨三点着地,如同"三脚架",保证站立稳定。足弓增加了足的弹性,有利于行走和跳跃,并能缓冲震荡,足弓可保护足底血管、神经免受压迫。足弓的维持除靠骨连结和韧带外,足底肌和足底肌腱、小腿长肌腱的牵拉也起着重要作用。如果这些韧带、肌和肌腱发育不良、萎缩或损伤,便可造成足弓塌陷,足底平坦,称为平底足,影响正常功能。

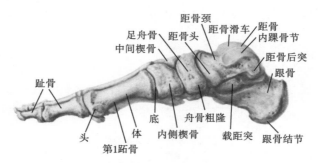

图 2-48　足弓

（四）下肢骨的骨性标志

1. 髂嵴　在腰部下方可摸到横行的隆起,即髂嵴,两侧髂嵴最高点的连线,约平对第 4 腰椎棘突,临床上常将其作为腰椎穿刺的定位标志。

2. 髂前上棘　髂前上棘在髂嵴的前端,在体表可明显看到,髂前上棘是测量骨盆的常用标志。

3. 耻骨结节　在耻骨联合的外上方可摸到耻骨结节。

4. 坐骨结节　坐骨结节为坐位时的骨性最低点,在肛门前外侧,深摸时可摸到,它常作为测量骨盆的标志。

5. 大转子　大转子在大腿的外上方,当下肢前后摆动时可摸到,它与坐骨结节连线的中点,是确定坐骨神经体表投影的标志。

6. 髌骨　髌骨位于膝前皮下,突出明显。

7. 胫骨粗隆　胫骨粗隆位于胫骨上端的前面,突出明显,是髌韧带的止点,也是针灸取穴的标志。

8. 内踝和外踝　内踝和外踝分别位于踝关节的内、外侧,居于皮下,突出明显,外踝较内踝低。

9. 跟结节　跟结节是足跟骨的突起。

知识链接

结缔组织基本结构

　　结缔组织由细胞和大量细胞间质组成,与上皮组织比较,结缔组织细胞少,种类多,细胞排列分散,无极性。其结构特点为:细胞少,细胞间质多,基质形式多样,分为无定形的基质和细丝状的纤维。结缔组织是体内分布最广泛、种类最多的一类组织。依据其结构与功能,全身的结缔组织可分为固有结缔组织、血液、软骨组织和骨组织等。结缔组织在体内主要起连接、支持、营养、保护和修复作用。

　　一、固有结缔组织

　　固有结缔组织分布广泛,一般所说的结缔组织,就是指固有结缔组织,它包括疏松结缔组织、致密结缔组织、网状组织和脂肪组织。

　　(一)疏松结缔组织

　　疏松结缔组织的基质含量较多,细胞间质中纤维成分比较少,纤维排列松散,呈蜂窝状,故又称为蜂窝组织,疏松结缔组织广泛分布于细胞与细胞、组织与组织、器官与器官之间及器官内部(图2-49)。疏松结缔组织由细胞、纤维和基质构成。细胞种类多而分散,纤维稀疏,呈网状排列,基质丰富。疏松结缔组织具有连接、支持、营养、防御、保护和修复的功能。

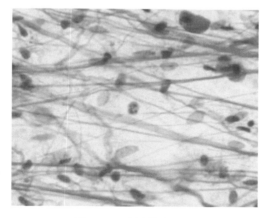

图 2-49　疏松结缔组织

　　1. 细胞　细胞种类较多,具有不同的功能,常见的有成纤维细胞、巨噬细胞、浆细胞、肥大细胞、脂肪细胞、未分化的间充质细胞等。

　　(1)成纤维细胞是疏松结缔组织最主要的细胞,也是数量最多的细胞。在光镜下,成纤维细胞呈梭形、多角形或星形,有多突起,细胞体较大,细胞核为长椭圆形,染色质

稀少,着色浅,核仁明显。细胞质较多,呈弱嗜碱性。成纤维细胞具有产生胶原纤维、弹性纤维、网状纤维及结缔组织基质成分的功能。在成纤维细胞合成胶原纤维的过程中,需要维生素C,在机体严重缺乏维生素C时,胶原纤维的合成发生障碍。

机能静止时的成纤维细胞又称纤维细胞,其细胞较小,呈长梭形,细胞质内粗面内质网少,高尔基复合体不发达。在一定条件下,如在创伤修复过程中,纤维细胞可以转化为成纤维细胞,恢复其产生纤维和基质的功能。

(2)巨噬细胞在体内数量多,分布广,是吞噬功能最强的细胞。巨噬细胞又称组织细胞,细胞核小,呈卵圆形或肾形,染色深,细胞质呈嗜酸性,在电镜下,细胞质内有大量溶酶体、吞噬体等。巨噬细胞受病变组织及病菌产生的趋化因子的影响做定向变形运动,具有强大的吞噬功能。巨噬细胞能分泌溶菌酶、干扰素等,以协助杀灭细菌。巨噬细胞还是一类重要的抗原呈递细胞,外来的抗原经巨噬细胞吞噬处理后,能够把其最有特征性的分子基团予以保留,传递给淋巴细胞引起免疫应答反应。

(3)浆细胞呈圆形或卵圆形,细胞质为蓝色。细胞核常居于细胞一侧,细胞核内有粗大的异染色质,成块状沿核膜呈辐射状排列,呈车轮状。浆细胞能合成、储存和分泌抗体,即免疫球蛋白,在呼吸道、消化道的黏膜中及有慢性炎症的部位较多见浆细胞。抗体还能特异性中和、消除抗原。

(4)肥大细胞常成群沿小血管和小淋巴管分布,呈圆形或卵圆形,细胞核小,染色深,多位于细胞中央。细胞质内充满了粗大的嗜碱性异染颗粒。机体受到抗原刺激时,能激发肥大细胞脱颗粒释放多种作用强烈的化学递质,如组胺、肝素、白三烯、前列腺素等,引起速发型变态反应。

(5)脂肪细胞呈圆形或相互挤压成多边形,细胞体积较大。细胞质内充满脂滴,将扁圆形的细胞核挤到细胞周边,细胞核呈扁圆形。在HE染色(苏木精-伊红染色)的切片上,脂滴被溶剂溶解,细胞呈空泡状。脂肪细胞能合成、储存脂肪,维持体温,缓冲机械性外力,参与能量代谢。

(6)未分化的间充质细胞少量存在。在成体结缔组织中,仍保留有少量未分化的间充质细胞,这些细胞常分布在小血管,尤其是毛细血管周围,其形态和成纤维细胞相似。在炎症或创伤修复过程中,未分化的间充质细胞可增殖、分化为成纤维细胞、脂肪细胞、平滑肌细胞和血管内皮细胞等。

2. 纤维　疏松结缔组织中的纤维均包埋在基质内,有三种纤维,即胶原纤维、弹性纤维和网状纤维。

(1)胶原纤维:数量在疏松结缔组织中最多,新鲜时呈白色,又称白纤维。胶原纤维由胶原蛋白组成,胶原纤维粗细不等,有分支并交织成网,HE染色呈浅红色。胶原纤维较粗,成束排列,具有韧性强、抗牵拉、柔软、易弯曲等特点。胶原纤维用水煮可使其溶解成明胶。胶原纤维在稀酸溶液中可产生可逆性膨胀,而易溶于稀碱溶液或强酸溶液。在组织损伤后,成纤维细胞加剧生成胶原纤维,修补创伤面而形成瘢痕。

(2)弹性纤维:含量较少,主要由弹性蛋白组成,新鲜时呈黄色,又称黄纤维。疏松结缔组织中的弹性纤维少而细,直行排列,分支交织成网,粗细不等,HE 染色着色浅。弹性纤维富有弹性,容易拉长,除去外力后能复原。疏松结缔组织中的弹性纤维含量少而分散;在项韧带中,弹性纤维较多而排列整齐;在大动脉及中动脉管壁中的弹性纤维则形成弹性膜。

(3)网状纤维:一种较细的纤维,有分支,交织成网,HE 染色不着色,用银染法显黑色,又称嗜银纤维,由胶原蛋白和糖蛋白构成。

3. 基质 疏松结缔组织的基质较多,基质是一种无定形均匀的胶状物质,是组织细胞生活的环境,由蛋白多糖和组织液构成。蛋白多糖构成了具有很多分子微孔的结构,称为分子筛,小于孔隙的水和溶于水的营养物质、代谢产物、激素、气体分子等可以通过,分子筛便于血液与细胞之间进行物质交换。大于孔隙的大分子物质,如细菌等不能通过,这使基质成为限制细菌扩散的防御屏障,且通过蛋白多糖的连接和介导作用,影响细胞的附着和移动,以及参与调节细胞的生长和分化。溶血性链球菌和肿瘤细胞能产生透明质酸酶,破坏基质的防御作用,导致感染和肿瘤浸润,进而扩散至全身。

(二)致密结缔组织

致密结缔组织的特点是细胞和基质少,纤维特别多而致密,以支持和连接作用为主(图 2-50)。按纤维排列是否规则,分为规则的致密结缔组织和不规则的致密结缔组织。

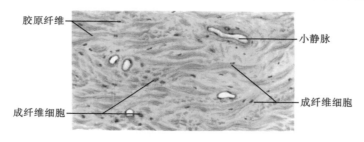

图 2-50 致密结缔组织

1. 规则的致密结缔组织 纤维排列的方向和所受力的方向一致,致密结缔组织中成束的胶原纤维平行排列,如肌腱、韧带。成纤维细胞挤向纤维束之间,称为腱细胞。

2. 不规则的致密结缔组织 致密结缔组织中胶原纤维排列不规则,如真皮等。

(三)脂肪组织

脂肪组织主要由大量的脂肪细胞组成,由疏松结缔组织分隔成脂肪小叶。脂肪组织主要分布于皮下、网膜和肠系膜等处,具有储存脂肪和保持体温的作用。正常成人的脂肪含量,男性的占体重的 10%～20%,女性的占体重的 15%～25%,大部分脂肪以甘油三酯的形式储存于脂肪细胞内。

(四)网状组织

网状组织是由网状细胞、网状纤维和基质组成的。网状细胞呈星形,多突起,相邻细胞的突起及其分支相互交错,连接成网。网状细胞能产生网状纤维,网状纤维常分支并交织成网,被网状细胞的突起包裹,两者共同构成支架,为淋巴细胞的发育和血细胞

的发生提供微环境。网状组织分布在肝、脾、淋巴结及骨髓等器官内。

二、软骨组织与软骨

软骨来源于胚胎时期的间充质,是由软骨组织及软骨膜共同组成的。

(一) 软骨组织的结构

软骨组织由软骨细胞、基质和埋于基质中的纤维组成。

1. 软骨细胞　软骨细胞散在于软骨基质内的小腔中,这些小腔称为软骨陷窝,软骨陷窝周围的基质,称为软骨囊。幼稚的软骨细胞较小,分布于软骨的边缘区,由软骨边缘向软骨中央部,软骨细胞逐渐增大,软骨囊也逐渐明显。在软骨中部还可见到软骨细胞成群分布,它们是由一个软骨细胞分裂而成的,称为同源细胞群(图 2-51)。在电镜下,可见软骨细胞内含有丰富的粗面内质网和发达的高尔基复合体,参与合成与分泌软骨黏蛋白及胶原纤维。

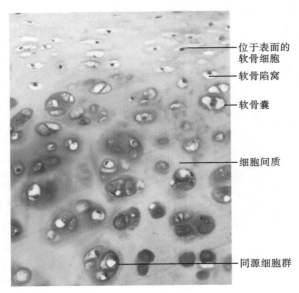

图 2-51　软骨

2. 基质　基质呈凝胶固体状,化学成分是软骨细胞分泌的软骨黏蛋白和水。软骨黏蛋白是由蛋白质、硫酸软骨素等结合而成的。硫酸软骨素的含量越多,基质的嗜碱性越强。软骨组织内无血管、淋巴管和神经,软骨细胞以渗透方式获得营养和排出代谢产物。

3. 纤维　软骨细胞基质内的纤维,可增强软骨的韧性和弹性。纤维含量少时,在 HE 染色的切片中不易显示,这是由于纤维较细,并与基质的折光率相同。软骨囊含纤维少,而含硫酸软骨素较多,故具有较强的嗜碱性。

(二) 软骨的分类

根据软骨基质中所含纤维种类的不同,可将软骨分为透明软骨、弹性软骨和纤维

图中标注:
位于表面的软骨细胞
软骨陷窝
软骨囊
细胞间质
同源细胞群

软骨。

1. 透明软骨　透明软骨在人体内分布最广泛,基质中含有胶原纤维,新鲜时呈半透明状。光镜下一般难以看到胶原纤维。透明软骨主要分布在呼吸道的管壁、喉、肋软骨和关节的表面。

2. 弹性软骨　弹性软骨的基质内含有大量交织分布的弹性纤维,具有良好的弹性。弹性软骨主要分布在耳廓、外耳道、咽鼓管、会厌和喉软骨等处。

3. 纤维软骨　纤维软骨的基质中含有大量呈平行或交错排列的胶原纤维束。其软骨细胞较小,常成行排列于胶原纤维束之间。纤维软骨主要分布于椎间盘、关节盂、关节盘及半月板等处。

三、骨组织与骨

骨主要由骨组织、骨膜、骨髓、神经和血管等构成。骨组织是构成骨的主要成分,体内的钙约有99%的以骨盐的形式沉积在骨组织内,骨组织是人体最大的钙库。

(一) 骨组织的结构

骨组织是人体最坚硬的结缔组织,由骨细胞和坚硬的细胞间质构成,细胞间质又称骨基质,由基质和纤维组成。骨组织主要起着支持、保护及连接作用。

1. 骨细胞　骨细胞(图 2-52)位于骨陷窝内,为扁卵圆形多突起的细胞,骨细胞的细胞体所占据的空间称为骨陷窝,骨细胞突起所占据的管状空间称为骨小管。在骨陷窝和骨小管内含有组织液,组织液可营养骨细胞和输送代谢产物。骨细胞的主要作用是合成胶原纤维和基质,并促进骨的钙化和维持骨的生长。

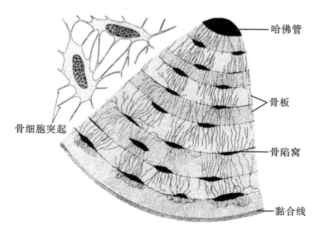

图 2-52　骨细胞

2. 细胞间质　细胞间质内含有基质和纤维。

(1) 基质:骨组织的基质包括有机基质和无机基质。有机基质主要是蛋白多糖,它与胶原纤维共同构成骨的有机物。有机物能增加骨的弹性与韧性。骨的无机基质主要是钙盐,钙盐可增加骨的硬度。

（2）纤维：骨组织中的纤维称为骨胶纤维，骨胶纤维成层排列，有机基质和无机基质与骨胶纤维紧密结合，共同构成骨板。相邻骨板互相重叠排列。骨组织内有四种细胞，即骨细胞、骨原细胞、成骨细胞和破骨细胞。

（二）骨的结构

按骨板的排列形式和空间结构将骨分为密质骨和松质骨。密质骨内的骨板排列有规律，以长骨骨干为例，骨的排列结构可分为环骨板、骨单位和间骨板。

1. 环骨板　分布于长骨干的外表面及骨髓腔的内表面，即环绕长骨干内、外表面排列的骨板，分别称为内环骨板和外环骨板。外环骨板位于浅部，由数层到十几层环绕骨干平行排列；内环骨板较薄，位于骨髓腔内表面，为几层排列不规则的骨板。在内环骨板和外环骨板中有横向穿行的小管，称为穿通管。骨的内、外膜的小血管由穿通管进入骨内。

2. 骨单位　骨单位又称哈佛系统，是骨结构的基本单位（图2-53）。在内环骨板和外环骨板之间，数量较多。每一个骨单位由10～20层同心圆排列的筒状骨板围绕构成，骨陷窝和骨小管广泛分布其内。骨单位的中央是一条中央管，中央管是神经、血管的通道，并与横向穿行的穿通管相通。各层骨单位骨板间有骨细胞分布。中央管每个骨单位表面有一层黏合质，它是一层骨盐较多而骨胶纤维很少的细胞间质，在骨的横磨片上呈折光较强的轮廓线，称为黏合线。

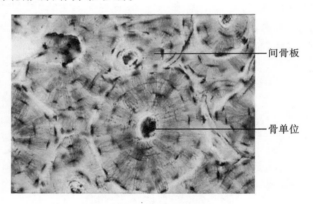

图 2-53　骨单位与间骨板

3. 间骨板　间骨板（图2-53）是位于骨单位之间的一些不规则的平行骨板，是在骨改建过程中旧的骨单位残留的遗迹。

四、血液

血液由血细胞和血浆组成，占体重的7%～8%，如体重60 kg，则血液量为4 200～4 800 mL。从血管中取少量血液，加入抗凝剂（如肝素或枸橼酸钠），经离心或自然沉降后可分出三层：上层淡黄色的是血浆，下层为红细胞，中间乳白色的薄层是白细胞和血小板（图2-54）。血液是循环于心血管系统内的液态结缔组织，用于沟通人体内部与外部环境。

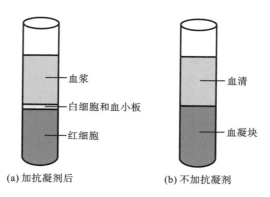

(a) 加抗凝剂后   (b) 不加抗凝剂

图 2-54 血液分层示意图

(一) 血浆

血浆为一种淡黄色的液体,它相当于结缔组织的细胞间质,约占血液容积的55%。血浆中90%以上是水,其余是血浆蛋白(包括白蛋白、球蛋白、补体蛋白、纤维蛋白原)、糖、脂质、无机盐、激素、维生素及代谢产物等。血浆不仅是运载血细胞、营养物和全身代谢产物的循环液体,而且参与机体的免疫反应、体液调节、体温调节、酸碱平衡和渗透压的维持,具有维持机体适宜内环境的功能。

血液离开心血管后会凝固成血凝块,同时析出淡黄色透明的液体,称为血清,血清与血浆的主要区别是血清不含纤维蛋白原。

(二) 血细胞

血细胞约占血液容积的45%,包括红细胞、白细胞和血小板(图2-55)。

1. 红细胞 电镜下红细胞呈双面凹圆盘形,直径约为 7.5 μm,中央薄,周缘厚。

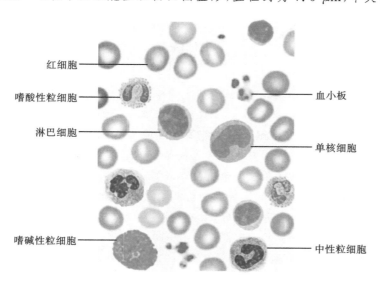

图 2-55 血细胞

红细胞的形态结构提供了进行气体交换更大的、有效的表面积。因此在血涂片上,红细胞中央染色浅,周围染色深。成熟的红细胞没有细胞核和细胞器,细胞质内充满大量的血红蛋白,血红蛋白是一种含铁蛋白质,约占红细胞重量的33%,具有与氧气和二氧化碳结合的能力。它使血液呈现红色。正常成人红细胞的正常值,男性为$(4.0\sim5.5)\times10^{12}/L$,女性为$(3.5\sim5.0)\times10^{12}/L$;血红蛋白的含量,男性为120~160 g/L,女性为110~150 g/L。血红蛋白具有携带氧气和部分二氧化碳的功能。

此外,外周血中还有少量未完全成熟的红细胞,其中可见细胞内残存有少量核糖体,以及被染成蓝色的细网或颗粒,故称其为网织红细胞。成人网织红细胞占红细胞总数的0.5%~1.5%,新生儿可多达3%~6%,网织红细胞从骨髓进入外周血1~2 d后,核糖体消失而成为成熟的红细胞。网织红细胞的计数,对血液病的诊断和预后的判定,具有一定的临床意义。

红细胞的寿命为120 d。衰老的红细胞多在脾、骨髓和肝等处被巨噬细胞吞噬。血红蛋白中的铁可被造血器官重新用来造血。

2. 白细胞　白细胞为无色有核的球形细胞,根据白细胞的细胞质内有无特殊颗粒,将白细胞分为两大类:一类细胞的细胞质内含有特殊颗粒,称为有粒白细胞,又根据所含颗粒的着色性质不同,将有粒白细胞分为中性粒细胞、嗜酸性粒细胞和嗜碱性粒细胞三种;另一类细胞的细胞质内无特殊颗粒,称为无粒白细胞,它包括淋巴细胞和单核细胞两种(表2-2)。正常成人白细胞的正常值为$(4.0\sim10.0)\times10^{9}/L$;血小板的正常值为$(100.0\sim300.0)\times10^{9}/L$。

表 2-2　白细胞的分类及正常比例

白细胞	有粒白细胞	中性粒细胞:50%~70%
		嗜酸性粒细胞:0.5%~3%
		嗜碱性粒细胞:0%~1%
	无粒白细胞	淋巴细胞:20%~40%
		单核细胞:3%~8%

(1)中性粒细胞占白细胞总数的50%~70%,是白细胞中数量最多的细胞。细胞呈球形,直径为10~12 μm,细胞核呈杆状或分叶状,一般分为2~5叶,以2~3叶多见。在某些疾病情况下杆状细胞核的细胞百分率增多,称为核左移;4~5叶分叶状细胞核的细胞增多,称为核右移。中性粒细胞细胞质内含有很多细小而均匀分布的淡紫红色颗粒。颗粒分两种:特殊颗粒内含碱性磷酸酶、吞噬素、溶菌酶等多种水解酶;嗜天青颗粒内含溶酶体。中性粒细胞主要对细菌产物及受感染的组织释放的某些化学物质具有趋化性,以变形运动穿出毛细血管,吞噬、消化细菌,清除坏死组织碎片,自身也可坏死,成为脓细胞。每个中性粒细胞能吞噬5~10个细菌。

(2)嗜酸性粒细胞占白细胞总数的0.5%~3%,直径为10~15 μm,细胞核常为2叶,细胞质内充满了粗大的较为均匀的嗜酸性颗粒。细胞呈球形,直径为10~15 μm,其主要特征是细胞质内含有大量的嗜酸性颗粒。嗜酸性粒细胞具有吞噬作用和变形运动的能力,它能吞噬抗原-抗体复合物。所以,在患过敏性疾病时往往会出现嗜酸性粒细胞明显增多的现象。

(3)嗜碱性粒细胞数量最少,占白细胞总数的 0%～1%。细胞呈球形,直径为 10～12 μm。细胞核不规则,呈分叶状或 S 形,着色较浅,常被细胞质内的嗜碱性颗粒所掩盖。嗜碱性颗粒内含肝素、组胺和白三烯等成分。故嗜碱性粒细胞具有参与过敏反应和抗凝血的作用。在患慢性粒细胞白血病时,嗜碱性粒细胞增多,可达白细胞总数的 10% 以上。

(4)淋巴细胞占白细胞总数的 20%～40%,仅次于中性粒细胞。细胞呈球形,大小不一。细胞核大,细胞核内染色质呈块状,细胞核染色深。细胞质少,可染成天蓝色。根据淋巴细胞的发生部位、表面特征、寿命和功能不同,至少可将淋巴细胞分为 T 淋巴细胞、B 淋巴细胞、杀伤细胞(K 细胞)和自然杀伤细胞(NK 细胞)四类。T 淋巴细胞在胸腺分化、发育,寿命长,可参与机体的细胞免疫;B 淋巴细胞在骨髓分化、发育,寿命长短不一,可参与机体的体液免疫;杀伤细胞和自然杀伤细胞具有杀伤靶细胞的功能。淋巴细胞是机体内最重要的免疫细胞。

(5)单核细胞呈圆形或椭圆形,占白细胞总数的 3%～8%,它是白细胞中体积最大的细胞,直径为 12～20 μm。细胞核呈肾形或铁蹄形,细胞质灰暗。单核细胞具有活跃的变形运动能力,它可以穿越血管壁进入组织而分化为各种类型的巨噬细胞。它与组织中的巨噬细胞构成单核-巨噬细胞系统而发挥其防御功能。单核-巨噬细胞系统具有强大的吞噬功能,可吞噬病原微生物、异物和抗原-抗体复合物等。此外,单核细胞还能吞噬抗原、传递免疫信息、活化淋巴细胞等,在特异性免疫中起重要作用。

3. 血小板 血小板是骨髓巨核细胞脱落的细胞碎块,直径为 2～4 μm,具有多形性,无细胞核。血小板正常值为(100～300)×10^9/L。在血涂片上,其形态不规则,常成群聚集在一起。血小板周围呈透明的浅蓝色区域,称为透明区;中央部分有紫蓝色颗粒,称为颗粒区,但在组织切片中,不易识别。血小板有止血、凝血的作用,血小板还有保护血管内皮、参与内皮修复、防止动脉粥样硬化的作用。血小板寿命为 7～14 d。血液中的血小板含量低于 100×10^9/L 为血小板减少,低于 50×10^9/L 则有出血的危险。

 综合能力训练

骨及骨连结的主要临床应用

运动系统疾病是发生于骨、骨连结、肌肉、韧带等部位的疾病,临床上常见,可表现为局部疾病,也可表现为全身性疾病。局部疾病如外伤、骨折、关节脱位、畸形等。全身性疾病如类风湿性关节炎,可发生于手、腕、膝与髋等部位。骨关节结核常发生于脊柱、髋关节等部位。许多运动系统局部疾病常在矫形外科诊治,运动系统全身性疾病有的在内科诊治,如类风湿性关节炎,有的在矫形外科诊治,如骨关节结核。随着医学科学

的发展、生活条件的改善和寿命的延长,运动系统不同疾病的发生率也发生了变化,例如,1930—1950年多发的骨结核、化脓性骨髓炎及骨髓灰质炎后遗症等现均已少见,老年骨折、骨关节病、颈臂痛及腰腿痛的发病率相对提高。随着高速交通工具的发展,创伤的发病率也有一定的提高。运动系统的骨及骨连结的诊治和康复均要建立在对全身骨和骨连结的结构、位置、毗邻关系、特点充分认识的基础上,最终目标是通过手术、药物、运动康复训练等方式使异形结构和功能最大限度地恢复到正常状态。

(李龙腾)

任务二 肌

肌异常病案一例

患儿,男,1岁,因"发育异常"入院。患儿仰卧位角弓反张,扭转痉挛,不能保持中线位平卧,颈部曲张原始反射(简称 ATNR)(+),双上肢内旋后伸,持续握拳,拇指内收,打开困难,双下肢硬性伸展、交叉,牵拉头后滞,直接拉起患儿至立位,患儿不能保持躯体及头部的中线位控制,能翻身,但模式异常,非中线位抬头,右侧上肢可用肘支撑,无主动抓握,立位时躯干扭转,下肢交叉,尖足,内收肌角不足30°。

结合本次任务的学习,试思考该患儿的运动功能障碍涉及的正常肌肉的形态、分布、结构及功能。

子任务一 肌 的 概 述

人体肌肉(图 2-56)可分为骨骼肌、心肌、平滑肌三类。运动系统的肌肉均为骨骼肌,骨骼肌属于横纹肌,因其受人的意识支配,故也称随意肌。骨骼肌是运动系统的动力部分,全身约有 600 多块,每块肌均为一个器官,都具有一定的形态结构、丰富的血液供应和神经支配,并执行一定的功能。

一、肌的结构、形态和分类

肌主要由肌纤维组成(图 2-57)。每条肌纤维外面包绕的薄层疏松结缔组织,称为肌内膜。数条至数十条肌纤维被结缔组织膜包裹形成肌束,包绕肌束的结缔组织膜,称为肌束膜。肌束平行排列构成整块肌,包裹在肌表面的结缔组织膜,称为肌外膜。

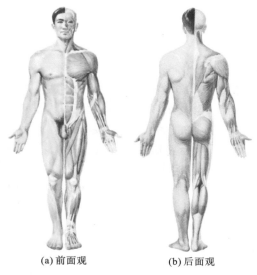

(a) 前面观　　　　(b) 后面观

图 2-56　人体肌肉

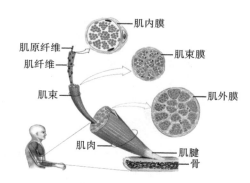

图 2-57　肌的结构

　　骨骼肌的形态多种多样,按外形可分为长肌、短肌、扁肌和轮匝肌等(图 2-58)。长肌呈梭形或带状,主要分布于四肢,收缩时可产生较大幅度的运动;短肌短小,主要分布于躯干部深层,收缩时运动幅度较小;扁肌扁薄宽阔,多分布于胸、腹壁,收缩时除使躯干运动外,还有保护和支持体腔器官等作用;轮匝肌呈环形,分布于孔、裂的周围,收缩时可关闭孔、裂。

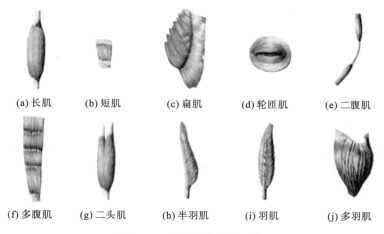

(a) 长肌　　(b) 短肌　　(c) 扁肌　　(d) 轮匝肌　　(e) 二腹肌

(f) 多腹肌　　(g) 二头肌　　(h) 半羽肌　　(i) 羽肌　　(j) 多羽肌

图 2-58　骨骼肌的各种形态

　　肌由肌腹和肌腱构成。肌腹主要由肌纤维构成,具有收缩和舒张的功能,是肌的主要部分。肌腱主要由平行的胶原纤维束构成,呈银白色,非常坚韧,一般位于肌的两端,一端连于肌腹,另一端附着于骨。肌腱无收缩功能,只起力的传递作用。长肌的肌腱多

呈条索状,扁肌的肌腱呈薄膜状,称为腱膜。

二、肌的起止、作用和配布

骨骼肌一般以两端附着于骨面上,中间越过一个或几个关节。肌收缩时,其中一块

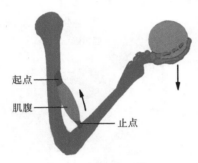

骨的位置相对固定,另一块骨受肌的牵引而发生位置的移动。由于运动复杂多样,肌的起点、止点在一定条件下可以相互置换,因此,肌的起点、止点只是一个相对的概念。通常将肌在固定骨上的附着点称为起点,在移动骨上的附着点称为止点;把接近身体正中矢状面或四肢近侧端的附着点看作是起点,把远离身体正中矢状面或四肢远侧端的附着点看作是止点。肌收缩时,一般是止点向起点靠拢而产生运动(图 2-59)。

图 2-59 肌的起点和止点

肌有两种作用。一种是静力作用,肌具有一定的张力而使身体保持一定的姿势,取得相对平衡,如站立、体操中的造型动作等;另一种是动力作用,使人体完成各种动作,如行走、跑跳等。

骨骼肌大多分布在关节周围,与关节的运动轴密切相关。在每个运动轴的两侧,分布有作用相反的两组肌,这两组作用相反的肌互称为拮抗肌,如肘关节前面的屈肌和后面的伸肌互为拮抗肌。通常完成一个动作,有数块肌参加,这些作用相同的肌称为协同肌,如屈肘关节的动作,由肘关节前方的屈肌共同收缩完成。拮抗肌、协同肌在神经系统的统一调节下互相协调、互相配合,准确完成各种动作。

三、肌的命名

每块肌依据其某一个或某些特征命名,但体内多数肌是综合几个方面的特征而命名的。①依据形状命名,如三角肌、方肌、菱形肌、圆肌;②依据大小和位置综合命名,如胸大肌、胸小肌、冈上肌、冈下肌等;③依据构造命名,如半腱肌、半膜肌等;④依据作用命名,如伸肌、屈肌、展肌、收肌、旋肌等;⑤依据起止命名,如胸锁乳突肌、肩胛舌骨肌等;⑥依据深度命名,如浅肌、深肌等;⑦依据头或腹的数目命名,如二头肌、三头肌、四头肌、二腹肌;⑧依据肌束方向命名,如直肌、横肌、斜肌等。熟悉肌的命名原则,有助于了解其名称的含义,帮助理解和记忆。

四、肌的辅助结构

肌的辅助结构(图 2-60)有筋膜、滑膜囊和滑膜鞘等,它们由肌周围的结缔组织转化而来,具有保护和辅助肌活动的作用。

(一)筋膜

筋膜分为浅筋膜和深筋膜两种。浅筋膜位于皮肤下,又称皮下筋膜,由疏松结缔组

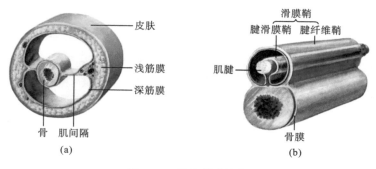

图 2-60 肌的辅助结构

织构成。浅筋膜内含脂肪、血管和神经等,对肌肉有保护作用,并有助于维持体温。深筋膜位于浅筋膜深面,又称固有筋膜,由致密结缔组织构成。深筋膜包裹肌肉或肌群,形成各块肌肉或各层肌肉的肌鞘,约束肌肉的牵引方向,并可以成为肌肉的附加支撑点,有利于增强肌肉收缩时的力量。在四肢,深筋膜插入肌群之间并附着于骨上,形成肌间隔,并与骨膜构成骨筋膜鞘,分隔肌群;在腕部、踝部,深筋膜增厚形成支持带,支持和约束深部的肌腱。另外,深筋膜包绕血管和神经形成血管神经鞘。深筋膜形成的各个鞘管,在病理情况下,可限制炎症的扩散。

（二）滑膜囊

滑膜囊为扁形、封闭的结缔组织小囊,内含有滑液。滑膜囊多位于肌或韧带和骨面的接触处,可减少两者间的摩擦。

（三）滑膜鞘

滑膜鞘是包在肌腱周围的结缔组织鞘,主要分布于手、足等活动性较大的部位。滑膜鞘呈双层套管状,内层的腱滑膜鞘紧包于肌腱的周围,外层的腱纤维鞘与致密结缔组织相连。内、外两层在滑膜鞘的两端互相移行,形成一个密闭的腔隙,内含少量滑液,可减少肌腱活动时与骨面之间的摩擦。

子任务二 头 颈 肌

一、头肌

头肌可分为面肌和咀嚼肌。

（一）面肌

面肌属于皮肌,位置较浅,起自颅骨或筋膜,止于皮肤,主要集中于面部的眼、耳、鼻、口周围（图 2-61）。面肌收缩时,拉紧面部皮肤,改变五官的形状和外观,产生喜、怒、哀、乐等各种表情。

1. 枕额肌 枕额肌阔而薄,左右各一,它由两个肌腹和中间的帽状腱膜构成。前

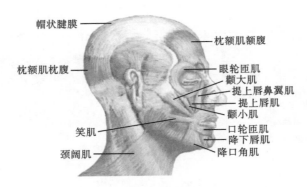

图 2-61　面肌

方的肌腹位于额部皮下,称为额腹,后方的肌腹位于枕部皮下,称为枕腹。帽状腱膜借浅筋膜与颅顶皮肤紧密结合,故此肌收缩可牵拉头皮移动,额腹还能提眉,使额部皮肤出现皱纹。

2. 眼轮匝肌　眼轮匝肌位于眼裂周围,呈扁椭圆形,分为眶部肌、睑部肌和泪囊部肌。睑部肌收缩可眨眼,与眶部肌共同收缩使眼裂闭合,泪囊部肌收缩可扩大泪囊,使泪囊内产生负压,以利于泪液的引流。

3. 口周围肌　人类的口周围肌在结构上高度分化,形成复杂的肌群,包括辐射状肌和环形肌。辐射状肌位于口唇的上方和下方,能提上唇、降下唇或拉口角向上、向下或向外。在面颊深部有一对颊肌,颊肌紧贴口腔侧壁,可以外拉口,使唇、颊紧贴牙齿,帮助咀嚼和吸吮,与口轮匝肌共同作用,能做吹口哨的动作,故又称颊肌为吹奏肌。环绕口裂的环形肌称为口轮匝肌,收缩时能使口裂紧闭。

（二）咀嚼肌

咀嚼肌包括咬肌、颞肌、翼外肌和翼内肌等(图 2-62)。

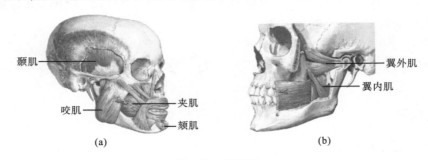

(a)　　　　　　　　　　　　　(b)

图 2-62　咀嚼肌

1. 咬肌　咬肌位于下颌支外面,呈四边形,起自颧弓下缘内面,止于咬肌粗隆,收缩时上提下颌骨。

2. 颞肌　颞肌位于颞窝,呈扇形,起自颞窝,止于冠突,收缩时上提下颌骨。

3. 翼外肌　翼外肌位于颞下窝内,起自蝶骨大翼的下面和翼突外侧板,止于下颌颈前部。双侧翼外肌收缩时牵拉下颌髁突和关节盘向前以协助张口；单侧翼外肌收缩时，使下颌骨移向对侧。

4. 翼内肌 翼内肌位于翼外肌下方，起自翼突，止于翼肌粗隆，收缩时协助上提下颌骨，若与翼外肌协同可使下颌骨做研磨动作。

二、颈肌

颈肌可依其所在位置分为颈浅肌和颈外侧肌、颈前肌、颈深肌。

（一）颈浅肌和颈外侧肌

颈浅肌和颈外侧肌（图 2-63）包括颈阔肌和胸锁乳突肌。

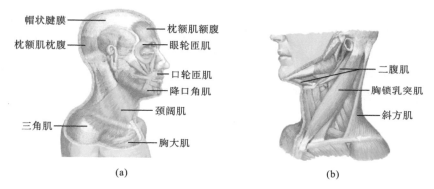

(a)　　　　　　　　　　　　(b)

图 2-63 颈浅肌和颈外侧肌

1. 颈阔肌 颈阔肌位于颈部浅筋膜中，薄而宽阔，属于皮肌，起自胸大肌和三角肌上部表面的筋膜，向上内侧止于口角、下颌骨下缘及面部皮肤。作用：拉口角及使下颌骨向下，做惊讶、恐惧表情，并使颈部皮肤出现皱褶。手术切开此肌进行缝合时应注意将断端对合，以免术后形成瘢痕。

2. 胸锁乳突肌 胸锁乳突肌位于颈部两侧，粗壮强劲，大部被颈阔肌所覆盖，起自胸骨柄前面和锁骨胸骨端，止于颞骨乳突。作用：一侧肌收缩可使头向同侧倾斜，面部转向对侧；两侧肌同时收缩可使头后仰。

（二）颈前肌

1. 舌骨上肌群 舌骨上肌群（图 2-64）包括二腹肌、茎突舌骨肌、下颌舌骨肌和颏舌骨肌，这些肌肉均位于颅底、下颌骨与舌骨之间，参与组成口腔底。

（1）二腹肌位于下颌骨下方，有前、后两个肌腹，二腹肌后腹较二腹肌前腹长，两个肌腹间借中间腱相连。二腹肌后腹起自颞骨乳突切迹，向前下方斜行，二腹肌前腹止于下颌骨二腹肌窝，中间腱借滑车连于舌骨。二腹肌收缩时可下降下颌骨，上提舌骨。

（2）茎突舌骨肌位于二腹肌后腹上方，起自茎突，行向前下方，止于舌骨，收缩时上提舌骨，并牵拉舌骨向后而使口腔底变长。

（3）下颌舌骨肌位于二腹肌前腹深面，参与形成口腔底，呈宽而扁的三角形；起自

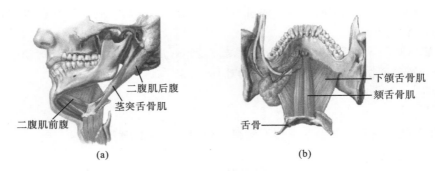

图 2-64　舌骨上肌群

下颌骨,止于舌骨;在吞咽的第一阶段收缩时可上提口腔底,也可上提舌骨或降下颌骨。

（4）颏舌骨肌位于下颌舌骨肌内侧上方,起自颏棘,行向后下方,止于舌骨,收缩时上提舌骨并拉舌骨向前;当舌骨固定时,可降下颌骨。

2. 舌骨下肌群　舌骨下肌群（图 2-65）包括胸骨舌骨肌、胸骨甲状肌、甲状舌骨肌和肩胛舌骨肌,这些肌肉均位于颈前部正中线两侧、舌骨下方,覆盖于喉、气管和甲状腺的前方。

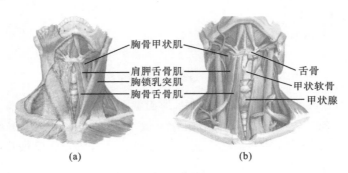

图 2-65　舌骨下肌群

（1）胸骨舌骨肌位于颈部正中线的两侧,呈薄而窄的带状;起自胸骨柄后上部,行向上方,止于舌骨体;收缩时可降低在吞咽过程中已抬高的舌骨。

（2）胸骨甲状肌位于胸骨舌骨肌的深面,较其短而宽;起自胸骨柄后面,止于甲状软骨板斜线;当吞咽和发音时,可牵拉抬高的喉向下;在低音歌唱时,可向下牵拉相对固定的舌骨。

（3）甲状舌骨肌位于胸骨甲状肌上方,呈四边形,可认为是胸骨甲状肌向上延伸的部分;起自甲状软骨斜线,上行止于舌骨;收缩时降下颌骨;当舌骨固定时,可牵拉喉向上。

（4）肩胛舌骨肌位于胸骨舌骨肌的外侧,呈扁而窄的条状;肩胛舌骨肌下腹起自肩胛骨上缘,肩胛舌骨肌上腹止于舌骨,两个肌腹借中间腱相连;肩胛舌骨肌收缩时降下颌骨。

（三）颈深肌

1. 外侧群　外侧群位于颈椎的两侧,有前斜角肌、中斜角肌和后斜角肌（图 2-66）。

各肌均起自颈椎横突,其中前斜角肌、中斜角肌止于第 1 肋,后斜角肌止于第 2 肋。一侧肌收缩,可使颈侧屈;两侧肌同时收缩可上提第 1、2 肋辅助深吸气。

2. 内侧群 内侧群位于颈椎的前方,有头长肌和颈长肌等,两者合称为椎前肌(图 2-66)。椎前肌可控制屈头、屈颈动作。

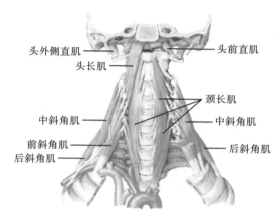

图 2-66 颈深肌

子任务三 躯 干 肌

躯干肌包括背肌、胸肌、膈、腹肌和盆底肌。

一、背肌

背肌是指位于躯干背面的肌群。肌的数目众多,分层排列,可分为浅、深两类肌群。背部浅肌群主要有斜方肌、背阔肌、肩胛提肌和菱形肌等(图 2-67);背部深肌群主要有位于棘突两侧的竖脊肌等。

(一)背部浅肌群

1. 斜方肌 斜方肌位于项部和背上部的浅层,为三角形的扁肌,左右两侧合在一起呈斜方形。斜方肌起自上项线、枕外隆凸、项韧带、第 7 颈椎和全部胸椎的棘突,止于锁骨的外侧、肩峰和肩胛冈。作用:上部肌束收缩,可上提肩胛骨,并使其下角外旋;下部肌束收缩,可下降肩胛骨;全肌收缩,牵拉肩胛骨向脊柱靠拢。如果肩胛骨固定,两侧斜方肌同时收缩,可使头后仰。斜方肌瘫痪时,可产生"塌肩"。

2. 背阔肌 背阔肌位于背的下半部和胸部的后外侧部,以腱膜起自下 6 个胸椎的棘突、全部腰椎的棘突、骶正中嵴及髂嵴后部等处,肌束向外上方集中,以扁腱止于肱骨结节间沟底。作用:背阔肌收缩,可使臂内收、旋内和后伸。

3. 肩胛提肌 肩胛提肌位于项部两侧,斜方肌的深面,起自上 4 个颈椎的横突,止于肩胛骨的上角。作用:上提肩胛骨;如肩胛骨固定,可使颈向同侧屈曲。

73

4. 菱形肌 菱形肌位于背上部斜方肌的深面,为菱形的扁肌,起自第6、7颈椎和第1～4胸椎的棘突,止于肩胛骨的内侧缘。作用:牵拉肩胛骨向内上方运动,以靠近脊柱。

(二)背部深肌群

1. 竖脊肌 竖脊肌又称骶棘肌,位于脊柱两侧的沟内,为背肌中最长、最大者(图2-68)。竖脊肌起自骶骨背面和髂嵴的后部,向上分为3群肌束,止于椎骨、肋骨,向上可达颞骨乳突。作用:双侧收缩可使脊柱后伸和仰头,单侧收缩可使脊柱侧屈。

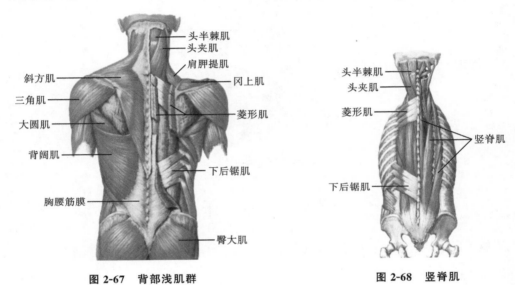

图 2-67 背部浅肌群 图 2-68 竖脊肌

2. 胸腰筋膜 胸腰筋膜(图2-69)包裹在竖脊肌和腰方肌的周围,在腰部胸腰筋膜明显增厚,可分为胸腰筋膜浅层、中层和深层。胸腰筋膜浅层位于竖脊肌的浅面,内侧附于棘突的棘上韧带,外侧附于肋角,与背阔肌的腱膜紧密结合,向下附于髂嵴。胸腰筋膜中层分隔竖脊肌和腰方肌,并与胸腰筋膜浅层在外侧会合,构成竖脊肌鞘。胸腰筋膜深层覆盖腰方肌的前面,与胸腰筋膜浅层、中层在腰方肌外侧缘会合,作为腹内斜肌

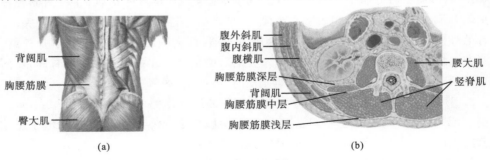

(a) (b)

图 2-69 胸腰筋膜

和腹横肌的起始部。由于腰部活动度大,在剧烈运动中,胸腰筋膜常可扭伤,这是造成腰背劳损的病因之一。

二、胸肌

胸肌可分为胸上肢肌(图 2-70)和胸固有肌(图 2-71)。

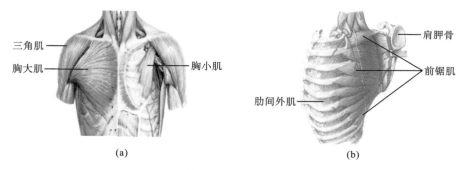

图 2-70　胸上肢肌

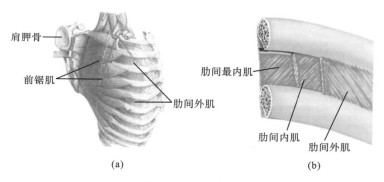

图 2-71　胸固有肌

(一)胸上肢肌

1. 胸大肌　胸大肌位置表浅,可覆盖胸廓前壁的大部,呈扇形,宽而厚。胸大肌起自锁骨的内侧、胸骨和第 1～6 肋软骨等处。各部分肌束向外聚合,以扁腱止于肱骨大结节嵴。作用:使肩关节内收、旋内和前屈;若上肢固定则可上提躯干,也可上提肋以助吸气。

2. 胸小肌　胸小肌位于胸大肌深面,呈三角形,起自第 3～5 肋骨,止于肩胛骨的喙突。作用:胸小肌收缩时使肩胛骨向前下方运动;当肩胛骨固定时,可上提肋以助吸气。

3. 前锯肌　前锯肌位于胸廓侧壁,以数个肌齿起自上 8 个或 9 个肋骨,肌束斜向内后上方,止于肩胛骨的内侧缘和下角。作用:前锯肌收缩时拉肩胛骨向前紧贴胸廓;下部肌束可使肩胛骨下角旋外,助臂上举;肩胛骨固定时,可上提肋助深吸气。

（二）胸固有肌

1. 肋间外肌　肋间外肌位于各肋间隙的浅层，共 11 对，起自上位肋骨下缘，沿肌束斜向前下方，止于下位肋骨的上缘。作用：肋间外肌收缩时上提肋助吸气。

2. 肋间内肌　肋间内肌位于肋间外肌深面，共 11 对，起自下位肋骨上缘，沿肌束斜向内上，止于上位肋骨下缘。作用：收缩时降肋助呼气。

3. 肋间最内肌　肋间最内肌位于最内面，肋间的中部，其纤维方向与肋间内肌一致。作用：肋间最内肌收缩时降肋助呼气。

三、膈

膈是位于胸腔、腹腔之间，呈穹窿形的扁肌（图 2-72）。膈起自倾斜的胸廓下口周缘和腰椎前面，分为胸骨部、肋部和腰部三部分。其中胸骨部起自剑突后方，肋部起自两侧下 6 位肋的内面，腰部以两个膈脚起自腰椎，肌束从周缘起点向中央汇合于中心腱。

膈上有 3 个裂孔：①主动脉裂孔，位于第 12 胸椎的椎体前方，由两侧的膈脚、后方的脊柱和前方的膈围成，有主动脉和胸导管通过；②食管裂孔，位于主动脉裂孔的左前上方，平第 10 胸椎水平，有食管和迷走神经通过；③腔静脉孔，位于主动脉裂孔右前上方，平第 8 胸椎水平，有下腔静脉通过。

膈是主要的呼吸肌。收缩时，膈穹窿下降，胸腔容积扩大，协助吸气；舒张时，膈穹窿复位，胸腔容积变小，协助呼气。膈与腹肌同时收缩，可增加腹内压，协助排便、咳嗽、呕吐和分娩等活动。

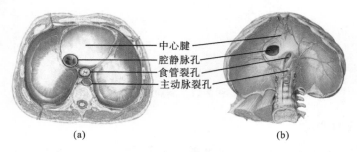

中心腱
腔静脉孔
食管裂孔
主动脉裂孔

(a)　　　　　　　　　　　　(b)

图 2-72　膈

四、腹肌

腹肌可分为腹前外侧肌群和腹后壁肌群。

（一）腹前外侧肌群

腹前外侧肌群主要包括腹外斜肌、腹内斜肌、腹横肌和腹直肌等（图 2-73）。

1. 腹外斜肌　腹外斜肌位于腹前外侧壁的浅层，通常以 8 个肌齿起自下 8 个肋的外面及下缘，肌束向前下方斜行，至腹前壁移行为腱膜，再经腹直肌前面，参与腹直肌鞘前层的构成，在腹正中线上与对侧腱膜结合形成腹白线；腱膜的下缘卷曲增厚，形成腹

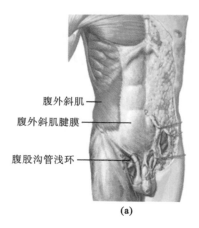
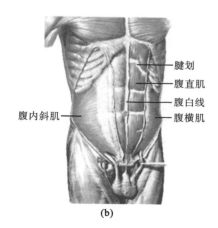

(a)　　　　　　　　　　　(b)

图 2-73　腹前外侧肌群

股沟韧带,连于髂前上棘和耻骨结节之间部位。腹股沟韧带内侧端的部分纤维向后外侧扩展附着于耻骨梳的部分,称为腔隙韧带(陷窝韧带);向外侧延伸的部分,称为耻骨梳韧带,两者都是进行腹股沟疝修补术时用来加强腹股沟管壁的重要结构。在耻骨结节外上方,腹外斜肌腱膜上形成一个三角形裂口,称为腹股沟管浅环。

2. 腹内斜肌　腹内斜肌起自腹股沟韧带上缘的外 1/2 处、髂嵴前 2/3 处及胸腰筋膜,肌束呈扇形展开,至腹直肌外侧缘移行为腱膜,然后分为前、后两层,包裹腹直肌,参与构成腹直肌鞘的前层及后层,止于腹白线。腹内斜肌下部肌束行向前下方,越过精索(女性为子宫圆韧带)前面,延伸为腱膜,与腹横肌的腱膜会合形成腹股沟镰(或称联合腱),止于耻骨梳。若为男性,腹内斜肌的最下部发出一些细散的肌束,包绕精索和睾丸,称为提睾肌,收缩时可上提睾丸。

3. 腹横肌　腹横肌位于腹内斜肌深层,起自下 6 个肋软骨的内面、胸腰筋膜、髂嵴和腹股沟韧带的外侧 1/3 处,肌束横行向前方延伸为腱膜,腱膜经过腹直肌后面参与组成腹直肌鞘后层,止于腹白线。腹横肌最下面的部分参与构成提睾肌和腹股沟镰。

4. 腹直肌　腹直肌位于腹前壁正中线的两侧,居于腹直肌鞘中,上宽下窄,起自耻骨嵴,肌束向上止于剑突和第 5～7 肋软骨前面。腹直肌的全长被 3～4 条横行的肌腱划分成几个肌腹,肌腱与腹直肌鞘的前层紧密结合,而腹直肌后面完全游离。

腹前外侧肌群构成腹壁,保护和固定腹腔脏器,维持腹内压。腹内压对腹腔脏器位置的固定有重要意义,若肌张力减弱,可使腹腔脏器下垂。腹肌收缩时,除可增加腹内压完成排便、分娩、呕吐和咳嗽等功能外,作为背部伸肌的拮抗肌,能使脊柱前屈、侧屈与旋转,还可降肋助呼气。

(二)腹后壁肌群

腹后壁肌群包括腰大肌和腰方肌(腰大肌在下肢肌部分叙述)。腰方肌位于腹后壁和脊柱两侧,起自髂嵴后部,向上止于第 12 肋,收缩时降下和固定第 12 肋,并使脊柱侧屈。

（三）腹肌的肌间结构

1. 腹直肌鞘　腹直肌鞘由腹前外侧壁3块扁肌的腱膜构成,包绕腹直肌(图2-74)。腹直肌鞘分为前、后两层,腹直肌鞘前层由腹外斜肌腱膜与腹内斜肌腱膜的前层融合而成;腹直肌鞘后层由腹内斜肌腱膜的后层与腹横肌腱膜融合而成。在脐下4~5 cm处3块扁肌的腱膜全部转到腹直肌的前面构成腹直肌鞘前层,使腹直肌鞘后层缺失。因此,腹直肌鞘后层由于腱膜中断而形成一个凸向上方的弧形分界线,称为弓状线(或称半环线),此线以下的腹直肌后面与腹横筋膜相贴。

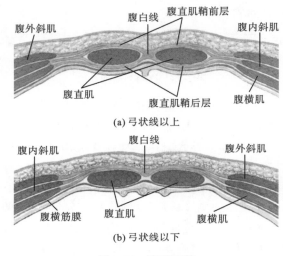

(a) 弓状线以上

(b) 弓状线以下

图 2-74　腹直肌鞘

2. 腹白线　腹白线位于腹前壁正中线上,为左、右腹直肌鞘之间的分隔,由两侧3层扁肌腱膜的纤维交织而成,上方起自剑突,下方止于耻骨联合。腹白线坚韧而少血管,上宽下窄。在腹白线的中点有疏松的瘢痕组织区,即脐环,脐环为腹壁的一个薄弱点,易发生脐疝。

3. 腹股沟管　腹股沟管位于腹前外侧壁的下部、腹股沟韧带内侧半的上方,为男性精索或女性子宫圆韧带所通过的一条肌肉和肌腱之间的裂隙,由外上方斜向内下方,长约4.5 cm(图2-75)。腹股沟管分为两口和四壁。内口即腹股沟管深环(也称腹环),位于腹股韧带中点上方约1.5 cm处,为腹横筋膜向外的突口,其内侧有腹壁下动脉通过。外口即腹股沟管浅环(也称皮下环)。腹股沟管有四个壁:前壁为腹外斜肌腱膜和腹内斜肌,后壁为腹横筋膜和腹股沟镰,上壁为腹内斜肌和腹横肌的弓状下缘,下壁为腹股沟韧带。

4. 腹股沟三角　腹股沟三角(也称海氏三角)位于腹前壁下部,由腹直肌外侧缘、腹股沟韧带和腹壁下动脉围成(图2-76)。腹股沟管和腹股沟三角都是腹壁下部的薄弱区。在病理情况下,如腹膜形成的鞘突未闭合,或腹壁肌薄弱、长期腹内压增高等,可致腹腔内容物由此区域突出而形成疝。若腹腔内容物经腹股沟管深环进入腹股沟管,再

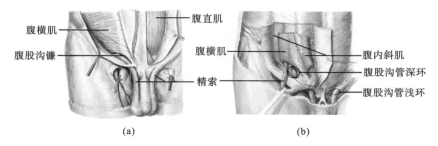

(a)　　　　　　　　　　　(b)

图 2-75　腹股沟管

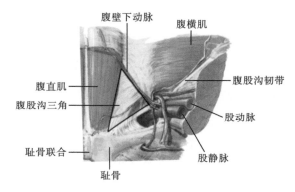

图 2-76　腹股沟三角

经腹股沟管浅环突出,下降入阴囊,称为腹股沟斜疝;若腹腔内容物从腹股沟三角处膨出,则称为腹股沟直疝。

五、盆底肌

盆底肌包括肛提肌、尾骨肌、梨状肌与闭孔内肌等(图 2-77)。

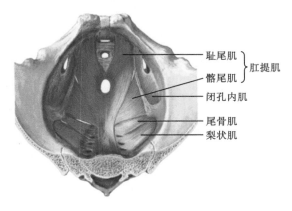

图 2-77　盆底肌

（一）肛提肌

肛提肌为一对宽的扁肌，两侧会合成漏斗状，尖向下，由耻尾肌、髂尾肌等组成，起自小骨盆的前侧、外侧壁后面，止于会阴中心腱、直肠壁、阴道壁和尾骨尖。肛提肌具有托起盆底，承托盆腔脏器，括约肛管和阴道的作用。

（二）尾骨肌

尾骨肌位于肛提肌后方，起于坐骨棘，呈扇形止于骶骨、尾骨的侧缘，可协助封闭小骨盆下口，承托盆腔脏器及固定骶骨、尾骨。

子任务四　四　肢　肌

一、上肢肌

上肢肌按部位分为上肢带肌、臂肌、前臂肌和手肌。

（一）上肢带肌

上肢带肌（图2-78）分布于肩关节周围，均起自上肢带骨（肩胛骨和锁骨），跨越肩关节，止于肱骨上端，能运动肩关节并增强肩关节的稳定性。

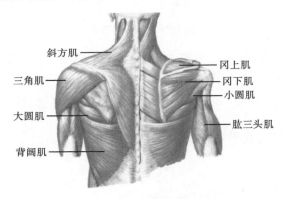

图 2-78　上肢带肌

1. 三角肌　三角肌位于肩部，呈三角形，起自锁骨外侧段、肩峰和肩胛冈，肌束从前、后、外三面包绕肩关节，止于肱骨体外侧面的三角肌粗隆。三角肌收缩时外展肩关节；其前部肌束可协助胸大肌使肩关节前屈和旋内，其后部肌束与背阔肌、大圆肌一起使肩关节后伸和旋外。

2. 冈上肌　冈上肌起自冈上窝，肌束经肩关节上方，止于肱骨大结节上部。冈上肌收缩时使肩关节外展。

3. 冈下肌　冈下肌起自冈下窝，肌束经肩关节后方，止于肱骨大结节中部。冈下肌收缩时使肩关节旋外。

4. 小圆肌 小圆肌位于冈下肌的下方,起自肩胛骨外侧缘,肌束向外上方经肩关节后侧,止于肱骨大结节下部。小圆肌收缩时使肩关节旋外。

5. 大圆肌 大圆肌位于小圆肌的下方,起自肩胛骨下角,止于肱骨小结节嵴。大圆肌收缩时使肩关节内收、后伸和旋内。

6. 肩胛下肌 肩胛下肌起自肩胛下窝,肌束向外侧经肩关节前方,止于肱骨小结节。肩胛下肌收缩时使肩关节内收和旋内。

(二)臂肌

臂肌(图 2-79)覆盖肱骨,形成前、后两个群,分别以内侧和外侧的两个肌间隔相隔。前群主要为屈肌,后群为伸肌。

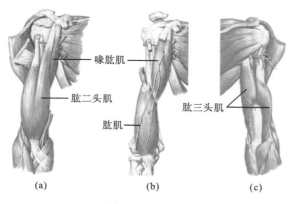

喙肱肌
肱二头肌
肱肌
肱三头肌

(a)　　　　　　(b)　　　　　　(c)

图 2-79　臂肌

1. 肱二头肌 肱二头肌位于臂前皮下,呈梭形,起端有两个头,短头在内侧,起自喙突尖;长头以长腱起自肩胛骨盂上结节,穿过关节囊下行于结节间沟内。两个头于臂下部合成一个肌腹,经肘关节前方,以圆腱止于桡骨粗隆。其中圆腱内侧部扩展形成肱二头肌腱膜,向内下方融合于前臂深筋膜。肱二头肌收缩时使肘关节屈起;当前臂处于旋前位时,能使其旋后,也能轻微屈肩关节。

2. 喙肱肌 喙肱肌位于臂部上 2/3 处的前内侧,起自喙突尖,止于肱骨中部内侧面。喙肱肌收缩时协助肩关节前屈和内收。

3. 肱肌 肱肌位于肱二头肌下半部的深面,起自肱骨下半部的前面,止于尺骨粗隆。肱肌收缩时屈肘关节。

4. 肱三头肌 肱三头肌位于臂后皮下,起端有三个头,长头起自肩胛骨盂下结节,外侧头与内侧头分别起自桡神经沟的外上方和桡神经沟内下方的骨面,止于尺骨鹰嘴。肱三头肌收缩时伸肘关节,长头可使肩关节后伸和内收。

(三)前臂肌

前臂肌位于尺骨、桡骨的周围,分为前群和后群,大多数是长肌,肌腹位于近侧,细长的肌腱位于远侧,因此前臂的上半部隆起,而下半部逐渐变细。

1. 前臂肌前群 前臂肌前群位于前臂的前面和尺侧，共 9 块肌，分为 4 层排列（图 2-80，图 2-81）。

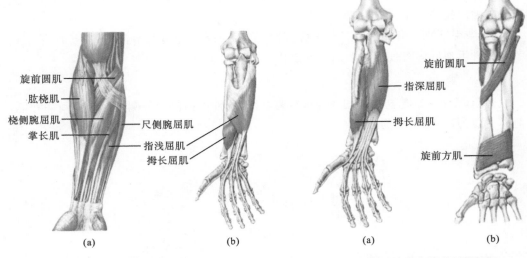

图 2-80 前臂肌前群（前面观）　　　图 2-81 前臂肌前群（后面观）

（1）第 1 层：有 5 块肌，由前臂桡侧向尺侧依次排列。①肱桡肌，位于前臂桡侧最浅面，构成肘窝外侧壁；起自肱骨外侧髁上方，止于桡骨茎突；收缩时屈肘关节。其他 4 块肌以屈肌总腱共同起自肱骨内上髁和前臂深筋膜。②旋前圆肌，位于前臂前面上部皮下，止于桡骨体外侧面的中部；收缩时使前臂旋前，并屈肘关节。③桡侧腕屈肌，位于旋前圆肌内侧，止于第 2 掌骨底掌侧面；收缩时屈肘关节、屈腕关节，并协助桡侧腕伸肌使手外展。④掌长肌，位于桡侧腕屈肌的内侧，肌腹小，呈细长梭形，而肌腱细长，止于掌腱膜，作用为固定手掌皮肤和筋膜，屈腕关节。⑤尺侧腕屈肌，位于前臂浅层最内侧，止于豌豆骨，收缩时屈腕关节，与尺侧腕伸肌一起使手内收。

（2）第 2 层：只有 1 块肌，即指浅屈肌，位于上述诸肌的深面，起自肱骨内上髁、尺骨和桡骨前面，肌束向下方移行为 4 条肌腱，经腕管和手掌分别进入第 2～5 指屈肌腱鞘，每个肌腱再分为两脚，止于中节指骨体的两侧。指浅屈肌收缩时屈近侧指间关节、掌指关节和腕关节。

（3）第 3 层：有 2 块肌，即桡侧的拇长屈肌和尺侧的指深屈肌。①拇长屈肌，位于指深屈肌的外侧，起自桡骨上端前面和邻近的骨间膜，向下止于拇指远节指骨底掌面，收缩时屈拇指指间关节和掌指关节。②指深屈肌，位于指浅屈肌深面，起自尺骨前面和前臂间膜前面，向下移行为 4 条肌腱，经指浅屈肌和屈肌支持带的深面分别进入第 2～5 指屈肌腱鞘，在指屈肌腱鞘内穿经指浅屈肌腱的两脚之间，止于远节指骨底的掌面。指深屈肌收缩时屈远侧指间关节、近侧指间关节、掌指关节和腕关节。

（4）第 4 层：只有 1 块肌，即旋前方肌，位于尺骨、桡骨远侧端前面，起自尺骨体前面，止于桡骨体远侧 1/4 处的前面，收缩时使前臂旋前。

2. 前臂肌后群 前臂肌后群（图 2-82）位于前臂的后面，为伸腕、伸指和前臂旋后的肌，分为浅层和深层排列。

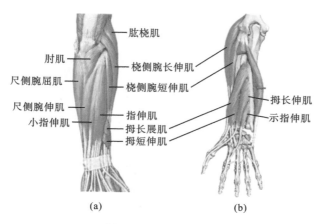

图 2-82 前臂肌后群

（1）浅层：有 5 块肌，从伸肌总腱起自肱骨外上髁及邻近的深筋膜，自前臂桡侧向尺侧依次排列。①桡侧腕长伸肌，部分被肱桡肌所覆盖，肌腹在前臂近、中 1/3 交界处移行为扁腱，止于第 2 掌骨底背面的桡侧；收缩时伸腕关节，也可与桡侧腕屈肌协同使腕外展。②桡侧腕短伸肌，位于桡侧腕长伸肌的后内侧，较短，止于第 3 掌骨底；收缩时伸腕关节，也可与桡侧腕屈肌协同使腕外展。③指伸肌，肌腹向下移行为 4 条肌腱，穿过伸肌支持带深面一个独立的伸肌总鞘，然后延伸至手背，分别到达第 2～5 指；在掌骨头附近，4 条肌腱之间借腱间结合相连，各肌腱到达指背时向两侧扩展为扁的指背腱膜，止于各指中节和远节指骨底；指伸肌收缩时伸第 2～5 指、掌指关节和腕关节。④小指伸肌，位于指伸肌内侧并常与其相连，较细小；肌腱移行为指背腱膜，止于小指指中节和远节指骨底；小指伸肌收缩时伸小指。⑤尺侧腕伸肌，止于第 5 掌骨底；收缩时伸腕关节，与尺侧腕屈肌协同可使腕内收。

（2）深层：有 5 块肌，除旋后肌起自尺骨近侧外面，其他 4 块肌均起自尺骨、桡骨和前臂骨间膜，由上外方向向下内方向依次排列。①旋后肌，止于桡骨近端 1/3 处前面，收缩时使前臂旋后。②拇长展肌，止于第 1 掌骨底和大多角骨，收缩时使拇指外展。③拇短伸肌，止于拇指近节指骨底，收缩时伸拇指腕掌关节和掌指关节。④拇长伸肌，止于拇指远节指骨底，收缩时伸拇指腕掌关节、掌指关节和指骨间关节。⑤示指伸肌，止于示指指背腱膜，收缩时协助伸示指和伸腕关节。

（四）手肌

手肌（图 2-83）集中分布于手的掌面，均较短小，主要运动手指，分为外侧群（鱼际）、内侧群（小鱼际）和中间群 3 个群。

1. 外侧群 外侧群较为发达，在手掌拇指侧形成一个隆起，称为鱼际，共 4 块肌，分为浅层和深层排列。浅层外侧为拇短展肌，内侧为拇短屈肌；深层外侧为拇指对掌

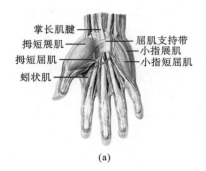

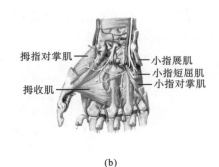

掌长肌腱
拇短展肌
拇短屈肌
蚓状肌

屈肌支持带
小指展肌
小指短屈肌

拇指对掌肌

拇收肌

小指展肌
小指短屈肌
小指对掌肌

(a)

(b)

图 2-83 手肌

肌,内侧为拇收肌。手肌外侧群收缩时使拇指做外展、屈、对掌和内收等动作。

2. 内侧群 内侧群在手掌小指侧形成一个隆起,称为小鱼际,共 3 块肌,也分为浅层和深层排列。浅层内侧为小指展肌,外侧为小指短屈肌,小指对掌肌则在前 2 块肌的深面。手肌内侧群收缩时使小指做外展、屈和对掌等动作。

3. 中间群 中间群位于掌心,包括 7 块骨间肌和 4 块蚓状肌(图 2-84)。

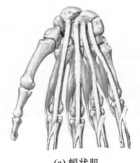

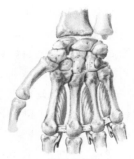

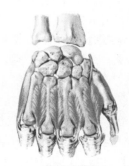

(a) 蚓状肌

(b) 骨间掌侧肌

(c) 骨间背侧肌

图 2-84 手肌中间群

(1)骨间肌:分为骨间掌侧肌和骨间背侧肌。骨间掌侧肌有 3 块肌,位于第 2~5掌骨间隙内,起自掌骨,分别经第 2 指的尺侧和第 4、5 指的桡侧,止于指背腱膜,收缩时使第 2、4、5 指向中指靠拢(内收)。骨间背侧肌有 4 块肌,位于 4 个骨间隙的背侧,各有两头起自相邻骨面,分别止于第 2 指的桡侧、第 3 指的桡侧及尺侧、第 4 指尺侧的指背腱膜,收缩时以中指为中心外展第 2、3、4 指。由于骨间肌止于第 2~5 指的指背腱膜,故能协同蚓状肌屈掌指关节和伸指间关节。

(2)蚓状肌:为 4 条细束状小肌,各自起自指深屈肌肌腱的桡侧,经掌指关节的桡侧至第 2~5 指的背面,止于指背腱膜,作用为屈掌指关节和伸指间关节。

二、下肢肌

下肢肌分为髋肌、大腿肌、小腿肌和足肌。由于下肢的主要功能是维持直立姿势、行走和支持体重,故下肢肌比上肢肌粗壮。

（一）髋肌

髋肌主要起自骨盆的内面和外面,跨过髋关节,止于股骨上部,按其所在的部位和作用,可分为髋肌前群(图 2-85)和髋肌后群(图 2-86)。

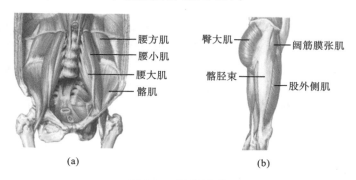

图 2-85 髋肌前群

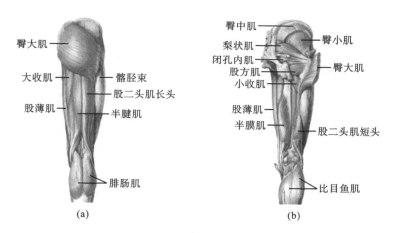

图 2-86 髋肌后群和大腿肌后群

1. 髋肌前群

（1）髂腰肌:由腰大肌和髂肌组成。腰大肌起自全部腰椎体侧面和横突,髂肌起于髂窝,2 块肌会合后向下经腹股沟韧带深面,止于股骨小转子。髂腰肌收缩时使髋关节前屈和旋外,下肢固定时,可使躯干前屈(如仰卧起坐时)。

（2）阔筋膜张肌:位于大腿上部前外侧,起自髂前上棘,肌腹在阔筋膜两层之间,向下移行于髂胫束,后者止于胫骨外侧髁。阔筋膜张肌收缩时屈髋关节,并使阔筋膜紧张。

2. 髋肌后群

（1）臀大肌:位于臀部浅层,为该区最大的肌,呈四边形,它与表面的脂肪、筋膜一起形成特有的臀部隆起。臀大肌起自髂骨翼外面和骶骨背面,肌束斜向外下方,经髋关节后方,止于髂胫束和臀肌粗隆。臀大肌收缩时使髋关节后伸和旋外;下肢固定时,可

伸直躯干,防止身体向前倾。

(2)臀中肌:位于臀大肌的深面,前上 2/3 部分位于皮下,后 1/3 部分被臀大肌覆盖。

(3)臀小肌:位于臀中肌深面,呈扇形。臀中肌和臀小肌均起自髂骨翼外面,止于股骨大转子。臀小肌收缩时使髋关节外展。

(4)梨状肌:位于臀中肌下方,起自骶骨前面,肌束向外穿出坐骨大孔,止于股骨大转子,收缩时使髋关节旋外和外展。梨状肌将坐骨大孔分隔成梨状肌上孔和梨状肌下孔,孔内有血管和神经通过。梨状肌的下方还有闭孔内肌、闭孔外肌和股方肌等,均使髋关节旋外。

(5)闭孔内肌:起自闭孔膜内面及周围骨面,肌束向后集中成为肌腱,由坐骨小孔出骨盆转折向外,止于股骨转子窝。

(6)股方肌:起自坐骨结节,向外止于转子间嵴,收缩时使大腿旋外。

(7)闭孔外肌:起自闭孔膜外面及周围骨面,经股骨颈的后方,止于转子间窝,收缩时使大腿旋外。

(二)大腿肌

大腿肌(图 2-87)位于股骨周围,分为大腿肌前群、大腿肌内侧群和大腿肌后群。

1. 大腿肌前群　大腿肌前群包括缝匠肌和股四头肌。

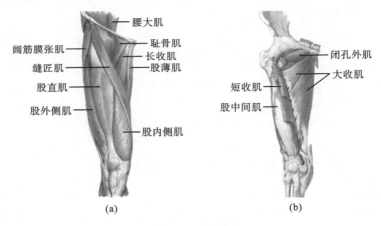

图 2-87　大腿肌

(1)缝匠肌:位于大腿前、内侧面皮下,呈细带状,为全身最长的肌,起自髂前上棘,斜向内下方,止于胫骨上端内侧面。缝匠肌收缩时屈髋关节、屈膝关节,并使已屈的膝关节旋内。

(2)股四头肌:位于大腿前、外侧面皮下,是全身体积最大的肌。起始端有 4 个头,即股直肌(起自髂前下棘)、股外侧肌、股内侧肌和股中间肌(后三者起自股骨粗线和股骨体前面),4 个头向下会合成一个强大的肌腱,附着于髌骨的前面和两侧面,再向下移行为髌韧带,止于胫骨粗隆。股四头肌收缩时伸膝关节;其中股直肌可协助屈髋关节。

2. 大腿肌内侧群 大腿内侧群共 5 块肌,包括股薄肌,其位于最内侧、最浅层,其余 4 块分三层排列:浅层外上方为耻骨肌,内下方为长收肌;中层为短收肌;深层为大收肌(图 2-87)。这些肌均起自耻骨支、坐骨支和坐骨结节,除股薄肌止于胫骨上端内侧面外,其余各肌均止于股骨粗线。肌收缩时使髋关节内收并略旋外。大收肌腱的抵止处与股骨之间形成一个裂孔,称为收肌腱裂孔,有下肢的大血管通过。

3. 大腿肌后群 大腿肌后群包括位于大腿后外侧的股二头肌、内侧浅层的半腱肌和深层的半膜肌(图 2-86),它们均跨越髋关节和膝关节,使伸髋和屈膝结合起来,常称为腘绳肌。①股二头肌,股二头肌长头起自坐骨结节,股二头肌短头起自股骨粗线,止于腓骨头。②半腱肌,起自坐骨结节,在股中点稍下方移行为一个长腱,止于胫骨上端内侧面。③半膜肌,起端呈膜状,几乎占肌长度的一半,起自坐骨结节,止于胫骨内侧髁后面。这 3 块肌收缩时均可屈膝关节、伸髋关节;当半屈膝时,股二头肌可使小腿旋外,而半腱肌和半膜肌可使小腿旋内。

（三）小腿肌

小腿肌位于胫骨、腓骨周围,分为小腿肌前群、小腿肌外侧群和小腿肌后群。

1. 小腿肌前群 小腿肌前群位于小腿前面,由内侧向外侧依次为胫骨前肌、姆长伸肌和趾长伸肌(图 2-88)。

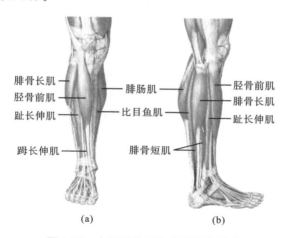

图 2-88 小腿肌前群和小腿肌外侧群

（1）胫骨前肌:位于小腿前外侧皮下,起自胫骨外侧髁、胫骨体近端的外侧面及附近骨间膜,在小腿下 1/3 处移行为长腱,向下穿过伸肌上、下支持带深面,止于内侧楔骨内侧面和第 1 跖骨底。胫骨前肌收缩时伸踝关节(背屈)和使足内翻。

（2）姆长伸肌:位于胫骨前肌和趾长伸肌之间,部分在它们的深面,起自腓骨内侧面中份及邻近的骨间膜,肌束行向远端移行为肌腱,穿过伸肌上、下支持带深面,止于姆趾远节趾骨底背面。姆长伸肌收缩时伸姆趾和使足背屈。

（3）趾长伸肌:位于小腿前外侧皮下,起自胫骨外侧髁、腓骨近侧端及附近骨间膜,

向下穿过伸肌上、下支持带的深面至足背分为 4 个肌腱,到第 2~5 趾形成趾背腱膜,止于中节、远节趾骨底。趾长伸肌收缩时伸第 2~5 趾,并使足背屈。

2. 小腿肌外侧群 小腿肌外侧群位于腓骨外侧(图 2-88),包括浅层的腓骨长肌和深层的腓骨短肌。两肌均起自腓骨外侧面,肌腱经外踝后方达足底,短肌腱止于第 5 跖骨粗隆,长肌腱绕至足底,止于内侧楔骨和第 1 跖骨底。该肌群收缩时使足外翻和跖屈。

3. 小腿肌后群 小腿肌后群分为浅层和深层(图 2-89)。

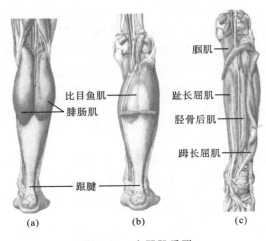

图 2-89 小腿肌后群

(1)浅层:小腿三头肌位于小腿后面皮下,浅层的 2 个头,称为腓肠肌,形成小腿"肚",起自股骨内、外侧髁的后面;深层的 1 个头,称为比目鱼肌,起自腓骨后面的上部和胫骨比目鱼肌线,腓肠肌和比目鱼肌在小腿中点处移行为跟腱,止于跟骨结节。肌收缩时屈踝关节和屈膝关节;在站立时,能固定踝关节、膝关节,以防止身体向前倾斜。

(2)深层:主要有 3 块肌,由内侧向外侧依次排列。①趾长屈肌,位于小腿胫侧,起自胫骨后面,经内踝后方、屈肌支持带的深面,进入足底,然后分为 4 条肌腱,止于第 2~5 趾的远节趾骨底,收缩时屈踝关节和屈第 2~5 趾。②胫骨后肌,位于足踇长屈肌和趾长屈肌之间,并被两者覆盖,起自小腿骨间膜上 2/3 处及胫骨、腓骨后面,其长腱经内踝后方、屈肌支持带的深面,进入足底内侧,止于足舟骨粗隆和内侧、中间与外侧楔骨的下面,收缩时屈踝关节,并使足内翻。③踇长屈肌,位于小腿腓侧,起自腓骨后面,其长腱经内踝后方、屈肌支持带深面至足底,与趾长屈肌腱交叉后止于踇趾远节趾骨底跖面,收缩时屈踝关节和屈踇趾。

(四)足肌

足肌(图 2-90)分为足背肌和足底肌。足背肌较薄弱,包括伸踇趾的踇短伸肌和伸第 2~4 趾的趾短伸肌。足底肌的分布和作用与手肌相似,也分为内侧群、外侧群和中间群,但无与拇指和小指相当的对掌肌。内侧群有踇展肌、踇短屈肌和踇收肌;外侧群有小趾展肌和小趾短屈肌;中间群由浅入深排列有趾短屈肌、足底方肌、蚓状肌(4 块)、骨间足底肌(3块)和骨间背侧肌(4块)。足底肌的主要作用在于维持足弓形态。

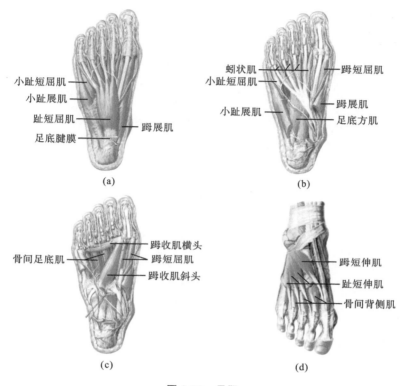

小趾短屈肌
小趾展肌
趾短屈肌
足底腱膜
蹞展肌
(a)

蚓状肌
小趾短屈肌
小趾展肌
蹞短屈肌
蹞展肌
足底方肌
(b)

骨间足底肌
蹞收肌横头
蹞短屈肌
蹞收肌斜头
(c)

蹞短伸肌
趾短伸肌
骨间背侧肌
(d)

图 2-90　足肌

 知识链接

肌组织基本结构

　　肌组织主要由具有收缩功能的肌细胞组成。肌细胞细长,呈纤维状,故称为肌纤维。肌细胞的细胞膜称为肌膜,细胞质称为肌质,细胞内的滑面内质网,称为肌质网。在肌细胞之间,有散在的结缔组织、血管、淋巴管和神经。肌组织分为骨骼肌、心肌和平滑肌三类。骨骼肌纤维和心肌纤维均有明暗相间的横纹,称为横纹肌;平滑肌纤维无横纹。骨骼肌纤维分为红肌纤维、白肌纤维和中间型纤维。在光镜下,骨骼肌肌质中含有与肌纤维长轴平行的肌原纤维,肌原纤维由粗肌丝和细肌丝组成,每条肌原纤维上都有明暗相间的带。明带又称 I 带,其中央有一条较深染的细线,称为 Z 线;暗带又称 A 带,其中央有一条淡染的窄带,称为 H 带;H 带的中央还有一条稍深染的线,称为 M 线;相邻的两条 Z 线之间的一段肌原纤维,称为肌节,简单地理解,一个完整的肌节由1/2个

明带、1 个暗带、1/2 个明带依次组成（图 2-91）。

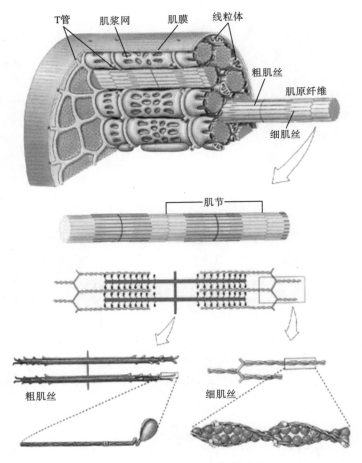

图 2-91　肌原纤维及肌节模式图

 综合能力训练

全身主要四肢肌的名称、起止点、作用及神经支配

　　在康复临床实践中,全面掌握好四肢肌的形态、起止点、分布、走行规律等显得十分重要,这也是比较系统和复杂的工程;同时,在我们运用运动康复评定的过程中,肌、血管和神经的支配都要综合考虑,将四肢肌的局部知识和全身的相关系统的整体知识紧密联系起来。为了方便学习,我们将全身主要四肢肌的名称、起止点、作用及神经支配列表归纳如下,见表 2-3。

表2-3 全身主要四肢肌的名称、起止点、作用及神经支配

四肢肌名称	起点	止点	作用	神经支配
		上 肢 肌		
三角肌	锁骨外侧段、肩峰及肩胛冈	肱骨体外侧的三角肌粗隆	上臂外展、前屈、旋内、后伸、旋外	腋神经
冈上肌	冈上窝	肱骨大结节上部	上臂外展	肩胛上神经
冈下肌	冈下窝	肱骨大结节中部	上臂旋内	肩胛上神经
小圆肌	肩胛骨外侧缘	肱骨大结节下部	上臂后伸	腋神经
大圆肌	肩胛骨下角	肱骨小结节嵴	上臂内收、旋内、后伸	肩胛下神经
肩胛下肌	肩胛下窝	肱骨小结节	上臂内收、旋内	肩胛下神经
肱二头肌	长头：肩胛骨盂上结节 短头：喙突尖	桡骨粗隆	屈肘协助屈臂；前臂处于旋前位时，能使其旋后	肌皮神经
喙肱肌	喙突尖	肱骨中部内侧面	屈肩及上臂内收	肌皮神经
肱肌	肱骨下半前面	尺骨粗隆	屈肘	肌皮神经
肱三头肌	长头：肩胛骨盂下结节 外侧头：桡神经沟外上方 内侧头：桡神经沟内下方骨面	尺骨鹰嘴	伸肘、协助肩后伸及内收	桡神经
肱桡肌	肱骨外侧髁上方	桡骨茎突	屈肘	桡神经
旋前圆肌	肱骨内上髁和前臂深筋膜	桡骨外侧面中部	屈肘、前臂旋前	正中神经
桡侧腕屈肌	肱骨内上髁和前臂深筋膜	第2掌骨底掌侧面	屈肘、屈腕、使手外展	正中神经
掌长肌	肱骨内上髁和前臂深筋膜	掌腱膜	屈腕、固定手掌皮肤和筋膜	正中神经
尺侧腕屈肌		豌豆骨	屈腕、使手内收	尺神经
指浅屈肌	肱骨内上髁、尺骨和桡骨前面	第2~5指的中节指骨体的两侧	屈腕,屈掌指关节和近侧指间关节	正中神经
指深屈肌	尺骨前面和前臂间膜前面	第2~5指的远节指骨底的掌面	屈腕、屈指间关节和掌指关节	正中神经和尺神经

四肢肌名称	起　点	止　点	作　用	神经支配
拇长屈肌	桡骨上端前面和邻近的骨间膜	拇指远节指骨底的掌面	屈拇指的掌指关节和指间关节	正中神经
旋前方肌	尺骨体前面	桡骨体远侧 1/4 处的前面	前臂旋前	
桡侧腕长伸肌	肱骨外上髁及邻近的深筋膜	第 2 掌骨底背面的桡侧	伸腕、使腕外展	桡神经
桡侧腕短伸肌		第 3 掌骨底		
指伸肌		第 2～5 指的指中节和远节指骨底	伸腕、伸指	
小指伸肌		小指指中节和远节指骨底	伸小指	
尺侧腕伸肌		第 5 掌骨底	伸腕、使腕内收	
旋后肌	尺骨近侧外面	桡骨近端 1/3 处前面	使前臂旋后	
拇长展肌	桡骨、尺骨和前臂骨间膜	第 1 掌骨底和大多角骨	外展拇指	
拇短伸肌		拇指近节指骨底	伸拇指、助手外展	
拇长伸肌		拇指远节指骨底		
示指伸肌		示指的指背腱膜	伸腕、伸示指	
拇短展肌	屈肌支持带、舟骨	拇指近节指骨底	外展拇指	正中神经
拇展屈肌	屈肌支持带、大多角骨		屈拇指近节指骨	
拇指对掌肌		第 1 掌骨掌侧面外侧部	使拇指对掌	
拇收肌	屈肌支持带,头状骨,第 2、3 掌骨	拇指近节指骨底	内收拇指和屈拇指近节指骨	尺神经
下　肢　肌				
髂肌	髂窝	股骨小转子	髋前屈、旋外,下肢固定时使躯干前屈	腰丛分支
腰大肌	腰椎体侧面和横突			
阔筋膜张肌	髂前上棘	经髂胫束至胫骨外侧髁	紧张阔筋膜并屈大腿	臀上神经
臀大肌	髂骨翼外面和骶骨背面	臀肌粗隆及髂胫束	大腿后伸、旋外	臀下神经

续表

四肢肌名称	起 点	止 点	作 用	神经支配
臀中肌	髂骨翼外面	股骨大转子	大腿外展、旋内、旋外	臀上神经
梨状肌	骶骨前面		大腿旋外、外展	骶丛分支
闭孔内肌	闭孔膜内面及周围骨面	股骨转子窝	大腿旋外	骶丛分支
股方肌	坐骨结节	转子间嵴		
臀小肌	髂骨翼外面	股骨大转子	大腿外展、旋内、旋外	臀上神经
闭孔外肌	闭孔膜外面及周围骨面	转子间窝	大腿旋外	闭孔神经和骶丛分支
缝匠肌	髂前上棘	胫骨上端的内侧面	屈大腿，屈膝，使已屈的膝关节旋内	股神经
股四头肌	髂前下棘、股骨粗线和股骨体的前面	经髌骨及髌韧带止于胫股粗隆	伸膝，股直肌有屈大腿作用	
耻骨肌	耻骨支、坐骨支和坐骨结节	股骨粗线	主要使大腿内收和旋外	股神经、闭孔神经
长收肌		股骨粗线		
股薄肌		胫骨上端内侧面		
短收肌		股骨粗线		
大收肌		股骨粗线		
股二头肌	长头：坐骨结节 短头：股骨粗线	腓骨头	屈膝时，使小腿旋外，伸大腿	坐骨神经
半腱肌	坐骨结节	胫骨上端内侧面	屈膝，伸大腿，使小腿旋内	
半膜肌		胫骨内侧髁的后面		
胫骨前肌	胫骨体外侧髁、胫骨体近端的外侧面及附近骨间膜	内侧楔骨内侧面和第1跖骨底	背屈、足内翻	腓深神经
腓骨长肌	腓骨外侧面	内侧楔骨和第1跖骨底	足外翻，足跖屈，维持足横弓	腓浅神经
腓肠肌	股骨内、外侧髁后面	移行为跟腱，止于跟骨结节	屈膝，足跖屈，站立时固定膝关节、踝关节，防止身体前倾	胫神经
比目鱼肌	胫骨比目鱼肌线和腓骨后面的上部			

 项目小结

　　运动系统由骨、骨连结和骨骼肌三部分组成。全身各骨通过骨连结相连形成骨骼，构成人体的基本形态。骨骼肌附着于骨骼上，在神经系统的调节支配下，肌收缩，牵拉其所附着的骨，以骨连结为枢纽，产生杠杆运动。人的运动是复杂的，包括简单的移位和高级活动(如语言、书写等)，都是在神经系统的调节支配下，通过肌的协调收缩而实现的。即使是一个简单的运动，往往也需要多块肌共同参与，才能准确完成，而且每块肌所起的作用也不尽相同，一些肌是完成运动的原动力，而另一些肌则予以协同配合。运动系统的支持功能，主要是构成人体体形、支撑体重及维持人体姿势。人体姿势的维持除了骨和骨连结的支架作用外，主要靠肌的紧张度来维持。运动系统的保护功能，是通过运动系统形成的几个体腔而实现的，颅腔和椎管保护与支持着脑、脊髓和感觉器官；胸腔保护与支持着心、出入心的大血管、肺、气管、支气管和食管等重要器官；腹腔和盆腔保护与支持着消化系统、泌尿系统、生殖系统的诸多器官。这些体腔均是由骨和骨连结构成完整的体腔壁或大部分骨性体腔壁；肌也参与某些体腔壁的构成，或围在骨性体腔壁的周围，形成具有弹性和韧度的肌板，当受外力打击时，肌反射性地收缩，可减缓外来的冲击和震荡。

　　同时，骨和肌具有丰富的血管、淋巴管和神经分布，并随年龄和活动的改变不断发生变化。经常锻炼可使骨和肌发育粗壮而坚实；长期不活动，就会导致骨质疏松、肌萎缩和退化。骨连结在人体不同部位有同功能相适应的连接方式。直接连结虽然不具有活动性，但连接稳固、可靠，更适合脏器的保护；间接连结不仅起着连接作用，还具有灵活的运动效果，极大地提高了机体的适应和生存能力。

 能力检测

　　1. 请以小组为单位描述人体全身骨骼的位置、形态和重要骨性标志。

　　2. 临床上肩关节易脱位，且常发生前下方脱位，试根据肩关节的结构特点分析其原因。

　　3. 患者，男，45岁，因"弯腰直立突发腰部疼痛"入院。患者弯腰拾起一侧前方物体时，突发腰痛，并向双下肢后侧放射，活动受限。入院腰椎CT片显示：第4、5腰椎和第1骶椎的椎间盘突出。腰椎椎间盘突出常多突发生于侧向旋转弯腰直立的过程中，试根据椎间盘的结构和连接固定特点分析其中的原因。

　　4. 请以小组为单位描述人体全身主要骨骼肌的位置、形态、起止点和作用。

(陈红平)

项目三　内　脏

任务一　消化系统正常结构

消化系统(图 3-1)由消化管和消化腺两部分组成。消化管包括口腔、咽、食管、胃、小肠(十二指肠、空肠、回肠)和大肠(盲肠、阑尾、结肠、直肠、肛管)。临床上通常将口腔到十二指肠之间的消化管称为上消化道,空肠以下的部分称为下消化道。消化腺包括唾液腺、肝、胰及消化管壁内的小腺体,它们都开口于消化道,其分泌物进入消化管内。消化系统的主要功能是消化食物,吸收营养物质和排出食物残渣。

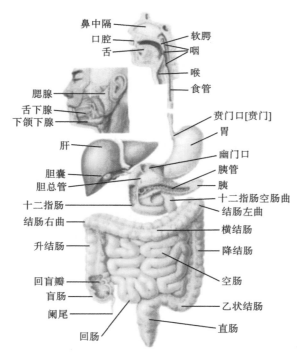

图 3-1　消化系统

一、消化管壁的结构

除口腔外,消化管壁的结构自内向外分为黏膜、黏膜下层、肌层和外膜四部分(图3-2)。

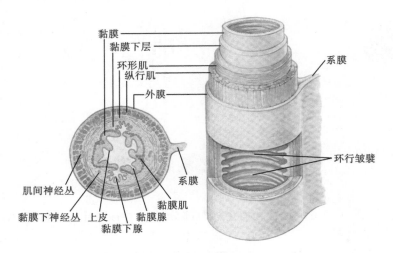

图 3-2　消化管壁结构模式图

（一）黏膜

黏膜在消化管壁最内层，自内向外包括上皮、固有层和黏膜肌层三部分，具有消化、吸收和保护功能。

1. 上皮　上皮覆盖管腔内表面，构成黏膜的表层。根据分布部位不同，上皮的结构和功能也有差异，如口腔、咽、食管和肛管下部的上皮为复层扁平上皮，其他部位则为单层柱状上皮。

2. 固有层　固有层由疏松结缔组织构成，含有腺体、血管、神经、淋巴管和淋巴组织等。

3. 黏膜肌层　黏膜肌层由 1～2 层平滑肌构成，其收缩可促进分泌物排出和血液运行，利于物质吸收和转运。

（二）黏膜下层

黏膜下层由较致密的结缔组织组成，含有较大的血管、淋巴管和黏膜下神经丛。黏膜和部分黏膜下层，共同向消化管腔内突出，形成纵行或环形的黏膜皱襞，进而增加了黏膜的表面积。

（三）肌层

肌层一般分为两层，内层为环形肌，外层为纵行肌。在某些部位，环形肌可增厚形成括约肌。在口腔、咽、食管上段等部位的肌层及肛门外括约肌为骨骼肌，其他部位的肌层则为平滑肌。

（四）外膜

外膜位于最外层，由薄层结缔组织构成。在咽、食管、直肠下部的外膜称为纤维膜，纤维膜具有连接、固定作用；其他部位的外膜含有间皮，可分泌滑液，称为浆膜，浆膜具有保护和减轻器官之间摩擦的作用。

二、胸部、腹部标志线和腹部分区

消化系统的大部分器官位于胸腔、腹腔内,且位置比较固定。为了描述各器官的正常位置和体表投影,通常在胸部、腹部体表确定一些标志线和进行腹部分区(图3-3)。

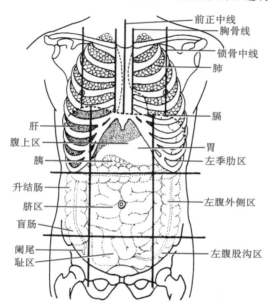

图 3-3　胸部、腹部标志线和腹部分区

(一)胸部的标志线

(1)前正中线:沿人体前面正中作的垂线。

(2)胸骨线:沿胸骨最宽处外侧缘作的垂线。

(3)锁骨中线:通过锁骨中点作的垂线。

(4)腋前线:通过腋前襞作的垂线。

(5)腋后线:通过腋后襞作的垂线。

(6)腋中线:通过腋前线、腋后线之间的中点作的垂线。

(7)肩胛线:通过肩胛下角作的垂线。

(8)后正中线:沿人体后面正中作的垂线。

(二)腹部分区

临床上通常用2条横线和2条纵线,将腹部分为9个区。2条横线分别是通过左、右肋弓最低点的连线和通过左、右髂结节的连线;2条纵线分别是通过左、右腹股沟韧带中点所作的垂线。将腹部分为9个区(图3-3):左季肋区、腹上区、右季肋区、左腹外侧区、脐区、右腹外侧区、左腹股沟区、耻区和右腹股沟区。

临床上有时也可通过脐部分别作水平线和垂线,将腹部分为左上腹部、右上腹部、

左下腹部和右下腹部 4 个区。

子任务一　消　化　管

一、口腔

口腔(图 3-4)是消化管的起始部位,借上、下牙弓分为前外侧部的口腔前庭和后内侧部的固有口腔两部分。当上、下牙咬合时,口腔前庭仅能借第 3 磨牙后面的间隙与固有口腔相通。临床上可通过此间隙对牙关紧闭的患者灌注营养物质或急救药物。

(一)唇和颊

唇分为上唇和下唇。两唇围成口裂,两侧为口角。上唇外面的正中有一个纵行浅沟,称为人中,为人类特有,急救时针刺此处可用于解救昏厥患者。唇上皮较薄,正常时呈鲜红色,当机体缺氧时则变为绛紫色,临床上称为发绀。

颊为口腔的两侧壁。颊黏膜在平对上颌第 2 磨牙的牙冠处,有一个较小的黏膜隆起,称为腮腺管乳头,它是腮腺导管的开口。

(二)腭

腭是口腔的上壁。其中前 2/3 由骨腭表面覆以黏膜构成,称为硬腭。后 1/3 由肌肉、肌腱和黏膜构成,称为软腭。软腭后缘游离,其中央部向下突起,称为腭垂,又称悬雍垂。腭垂两侧形成前、后两个弓形黏膜皱襞:前方的向下附于舌根两侧,称为腭舌弓;后方的向下附于咽侧壁,称为腭咽弓。在口咽的外侧壁,两弓间形成三角形凹陷,称为扁桃体窝,其内容纳腭扁桃体。

腭垂、腭帆游离缘、两侧的腭舌弓和舌根共同围成咽峡,它是口腔与咽的分界。

(三)牙

牙是人体内最坚硬的器官,具有咀嚼食物和辅助发音等作用,牙的形态和构造如图 3-5 所示。

1. 牙的形态　牙分为三部分,包括露于口腔的牙冠,嵌于牙槽内的牙根,以及介于两者之间且被牙龈覆盖的牙颈。

2. 牙的构造　牙主要由牙质、牙釉质、牙骨质和牙髓构成。牙质是牙的主体结构。在牙冠的牙质表面覆有牙釉质,牙釉质是人体内最坚硬的组织;在牙颈和牙根的牙质表面包有牙骨质,其结构与骨组织类似。牙内部的空腔称为牙髓腔,其中容纳牙髓,牙髓由结缔组织、血管、神经和淋巴管组成。当牙髓发炎时,可引起剧烈疼痛。

3. 牙的种类与排列　在人的一生中,先后有 2 组牙发生。第 1 组为乳牙,一般在出生后 6 个月开始萌出,至 3 岁左右出齐,共 20 个;第 2 组为恒牙,在 6 岁左右,乳牙逐渐脱落,被恒牙替换。除第 3 磨牙外,其他各牙在 14 岁左右出齐,而第 3 磨牙在 17～25 岁或更迟时间萌出,故称为迟牙。若恒牙全部出齐,上颌、下颌各 16 个,共 32 个。根据

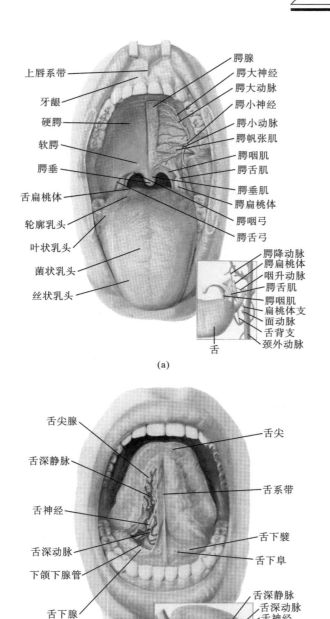

上唇系带

牙龈

硬腭

软腭

腭垂

舌扁桃体

轮廓乳头

叶状乳头

菌状乳头

丝状乳头

腭腺

腭大神经

腭大动脉

腭小神经

腭小动脉

腭帆张肌

腭咽肌

腭舌肌

腭垂肌

腭扁桃体

腭咽弓

腭舌弓

腭降动脉

腭扁桃体

咽升动脉

腭舌肌

腭咽肌

扁桃体支

面动脉

舌背支

颈外动脉

舌

(a)

舌尖腺

舌深静脉

舌神经

舌深动脉

下颌下腺管

舌下腺

舌尖

舌系带

舌下襞

舌下阜

舌深静脉

舌深动脉

舌神经

下颌下腺管

舌下静脉

舌下动脉

颏舌肌

颏舌骨肌

舌动脉

舌骨舌肌

舌下神经

舌骨

下颌下神经节

(b)

图 3-4　口腔

99

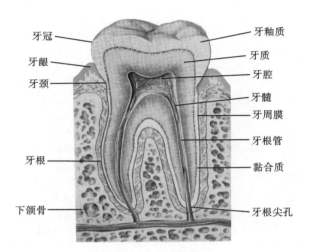

图 3-5　牙的形态和构造

牙的形状和功能,乳牙可分为切牙、尖牙和磨牙 3 种。恒牙可分为切牙、尖牙、前磨牙和磨牙。

乳牙和恒牙均以各自固定的排列方式形成牙列(图 3-6)。乳牙一般用罗马数字 Ⅰ～Ⅴ 表示,恒牙用阿拉伯数字 1～8 表示。

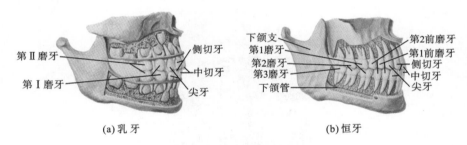

(a)乳牙　　　　　　　　　　　(b)恒牙

图 3-6　牙的种类与牙列

4. 牙周组织　牙周组织包括牙周膜、牙槽骨和牙龈。牙周膜是介于牙根与牙槽骨之间的致密结缔组织膜,有固定牙根的作用。牙槽骨位于上、下颌骨的牙槽部。牙龈是口腔黏膜覆盖在牙颈和牙槽突的部分,富含血管,坚韧而有弹性,有些牙周疾病,可引起牙龈出血。牙周组织对牙具有保护、支持和固定的作用。

(四)舌

舌(图 3-4)邻近口腔底,主要由舌肌构成,表面覆有黏膜,具有协助咀嚼、搅拌和吞咽食物,以及感受味觉、辅助发音等功能。

1. 舌的形态　舌分为前 2/3 的舌体和后 1/3 的舌根。舌的上面称为舌背,舌体前端较狭窄的部分称为舌尖。舌下面正中线上有一个连于口腔底前部的黏膜皱襞,称为舌系带,其根部两侧的黏膜各形成一个小的隆起,称为舌下阜。由舌下阜向口腔底后外侧延续的带状黏膜皱襞称为舌下襞,其深面有舌下腺等结构。

2. 舌的构造

(1)舌肌(图3-7):均为骨骼肌,分为舌内肌和舌外肌。舌内肌构成舌的主体,肌束排列成纵向、横向、垂直3个方向,收缩时可改变舌的形态。舌外肌收缩时可改变舌的位置,其中最重要的是颏舌肌,该肌左、右各1块。两侧颏舌肌同时收缩,可使舌前伸;一侧颏舌肌收缩时,舌尖伸向对侧。

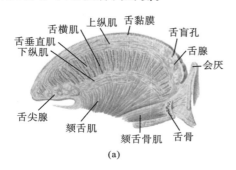 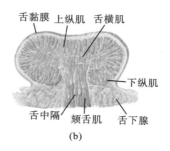

图3-7 舌肌

(2)舌黏膜(图3-8):呈淡红色,被覆于舌的上、下两面。舌体背面的黏膜形成许多小突起,称为舌乳头。舌乳头分为丝状乳头、菌状乳头、叶状乳头和轮廓乳头4种,其中菌状乳头、叶状乳头、轮廓乳头及软腭、会厌等处的黏膜上皮中含有味蕾,为味觉感受器,具有感受酸、甜、苦、咸等味觉功能。由于丝状乳头中无味蕾,故只有一般感觉,而无味觉功能。舌扁桃体位于舌根的黏膜内,由淋巴组织构成。

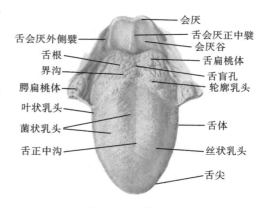

图3-8 舌黏膜

(五)唾液腺

唾液腺(图3-9)是开口于口腔的腺体总称,分泌唾液,具有湿润口腔黏膜及帮助消化的作用。唾液腺分大、小两类,如唇腺、颊腺为小唾液腺,腮腺、下颌下腺和舌下腺为大唾液腺。

1. 腮腺 腮腺是最大的唾液腺,位于耳廓的前下方,形状略呈锥形。腮腺导管自腮腺前缘上份发出,开口于上颌第2磨牙对应的颊黏膜处。

2. 下颌下腺 下颌下腺位于下颌窝内,呈卵圆形。下颌下腺导管开口于舌下阜。

3. 舌下腺 舌下腺位于舌下襞的深面,其大导管开口于舌下阜,小导管开口于舌下襞。

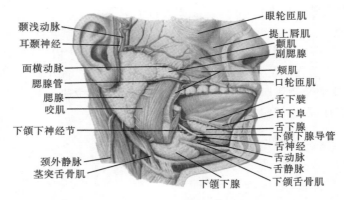

图 3-9　唾液腺

二、咽

咽(图 3-10)是前后略扁的漏斗状肌性管道,位于颈椎的前方,上端附于颅底,下端在第 6 颈椎体下缘处与食管相连,成人的咽全长约 12 cm。以腭帆游离缘和会厌上缘平面为界,可将咽分为鼻咽、口咽和喉咽三部分。其中,口咽和喉咽是消化管与呼吸道的共同通道。

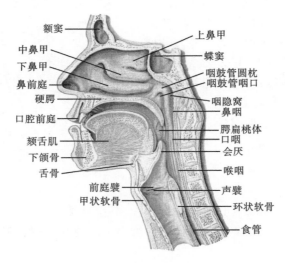

图 3-10　咽

(一)鼻咽

鼻咽位于颅底与腭帆游离缘平面之间,向前经鼻后孔通鼻腔。在鼻咽的两侧壁上,正对下鼻甲后方约 1 cm 处,有咽鼓管咽口,咽腔经此口与中耳鼓室相通。咽鼓管咽口的前方、上方、后方的弧形隆起称为咽鼓管圆枕,它是寻找咽鼓管咽口的标志。咽鼓管圆枕后方与咽后壁之间的纵行深窝称为咽隐窝,它是鼻咽癌的好发部位。鼻咽后上壁的黏膜内有丰富的淋巴组织,称为咽扁桃体。

(二) 口咽

口咽位于腭帆游离缘与会厌上缘平面之间,向前经咽峡与口腔相通,上续鼻咽,下接喉咽。口咽侧壁上有腭扁桃体。

咽后上方的咽扁桃体、两侧的腭扁桃体和舌扁桃体,共同围成一个淋巴组织环,称为咽淋巴环,它对消化管和呼吸道具有重要的防御功能。

(三) 喉咽

喉咽位于会厌上缘平面以下,至第6颈椎的椎体下缘处与食管相接,其前端经喉口与喉腔相通。在喉口两侧各有一个深窝,称为梨状隐窝,它是异物容易滞留的部位(图3-11)。

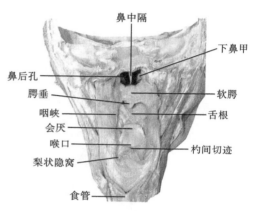

图 3-11 咽腔(后面观)

三、食管

(一) 食管的位置和分部

食管为一个前后扁平的肌性管道,上端在第6颈椎的椎体下缘处与咽相接,向下沿脊柱前方下降,经胸廓上口入胸腔,穿过膈的食管裂孔进入腹腔上部,约平第11胸椎的椎体高度与胃的贲门相连,全长约 25 cm(图3-12)。

根据食管的行程及所在部位,可将食管分为三部分。

1. 颈部 长约5 cm,为食管起始处至胸骨颈静脉切迹平面之间的部分。前方与气管相贴,后方与脊柱相邻,两侧有颈部的大血管相伴行。

2. 胸部 长 18～20 cm,为胸骨颈静脉切迹平面至膈的食管裂孔之间的部分。前方自上而下分别与气管、左主支气管和心包相邻。

3. 腹部 最短,长 1～2 cm,从食管裂孔到贲门,其前方邻近肝左叶。

(二) 食管的狭窄

食管全长有三处生理性狭窄:第一处狭窄为食管起始处,距中切牙约 15 cm;第二处狭窄为食管与左主支气管交叉处,距中切牙约 25 cm;第三处狭窄为食管穿经膈的食管裂孔处,距中切牙约 40 cm(图3-12)。这些狭窄是食管内异物容易滞留和肿瘤好发的部位。临床上行食管插管时,要注意这三处狭窄,以免损伤食管。

(三) 食管壁的微细结构特点

1. 黏膜层 上皮为复层扁平上皮,具有保护功能,且黏膜层形成 7～10 条纵行黏膜皱襞,当食物通过时,管腔扩张,皱襞变平。

2. 黏膜下层 黏膜下层含有食管腺,其分泌物进入食管可润滑食管管壁,有利于食物通过。

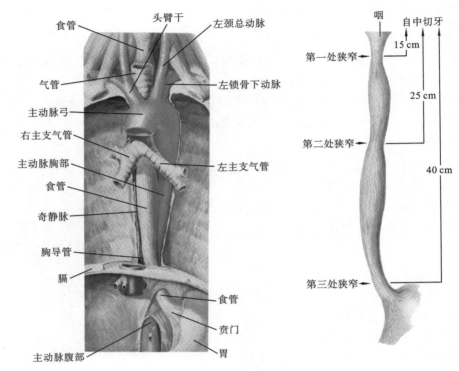

图 3-12　食管位置及三处狭窄

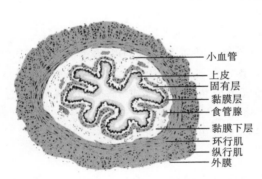

图 3-13　食管壁的微细结构

3．肌层　肌层上 1/3 为骨骼肌，下 1/3 为平滑肌，中段 1/3 由骨骼肌和平滑肌混合构成。

4．外膜　外膜较薄，为结缔组织构成的纤维膜（图 3-13）。

四、胃

胃是消化管中最膨大的部分，具有容纳食物、分泌胃液、搅拌食糜和消化食物的功能。

（一）胃的形态和分部

胃的形态可受体位、体型、年龄、性别和胃的充盈状态等多种因素影响。胃具有两壁、两缘和两口（图 3-14）。两壁为胃的前壁和后壁。两缘分别为：上缘较短且凹，称为胃小弯，朝向右上方（解剖学方位，余同），其最低点转角处形成一个切迹，称为角切迹；下缘较长而凸，称为胃大弯，朝向左下方。胃的入口称为贲门，与食管相接。胃的出口称为幽门，与十二指肠相连。

通常将胃分为四部分：贲门部，位于贲门附近，与其他部分无明显分界；胃底，为贲门平面以上膨出的部分,呈穹窿状,与膈相邻;胃体,为胃底与角切迹之间的部分;幽门部,角切迹与幽门之间的部分,临床上又称为胃窦(图 3-14)。在幽门部的大弯侧有一个不明显的浅沟,称为中间沟,它将幽门部分为左侧的幽门窦和右侧较窄的幽门管。临床上胃溃疡和胃癌多发生于胃的幽门窦近胃小弯处。

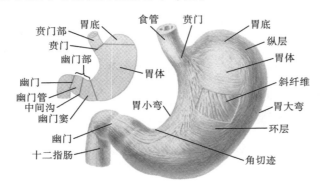

图 3-14　胃的形态和分部

(二)胃的位置和毗邻

胃的位置常因体形、体位及充盈程度的不同而有较大变化(图 3-15)。通常胃在中等程度充盈时,大部分位于左季肋区,小部分位于腹上区。

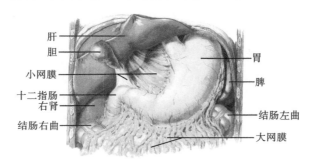

图 3-15　胃的位置和毗邻

胃前壁的右侧与肝左叶和肝方叶相邻,左侧与膈相贴,并被左侧肋弓遮盖。左、右肋弓之间的部分,直接与腹前壁相贴,这是临床上进行胃触诊的部位。胃后壁邻近横结肠、左肾、左肾上腺和胰,胃底与膈和脾相邻。胃的贲门和幽门的位置比较固定,贲门位于第 11 胸椎体左侧,幽门约在第 1 腰椎体右侧。

(三)胃壁的结构特点

胃壁由黏膜、黏膜下层、肌层和外膜构成,其黏膜的主要结构特点表现在黏膜的上皮和固有层的胃腺(图 3-16)。

胃的黏膜在活体中呈橙红色,平滑柔软。当胃空虚或为半充盈时,形成许多皱襞,在胃小弯处有 4～5 条恒定的纵行皱襞。黏膜表面形成许多针状小窝,称为胃小凹

（图 3-17），胃小凹底部有胃腺开口。

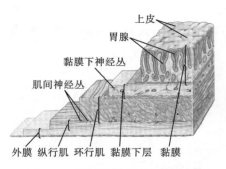

图 3-16　胃壁的微细结构模式图

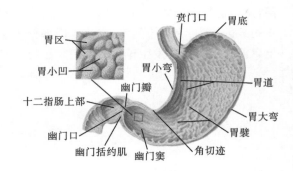

图 3-17　胃的黏膜

1. 上皮　为单层柱状上皮，该上皮细胞能分泌黏液，覆盖于上皮细胞表面，并与上皮细胞紧密连接，共同构成胃黏膜屏障，有阻止胃液内的盐酸和胃蛋白酶对黏膜自身消化的作用。

2. 固有层　由结缔组织构成，固有层内含有大量管状的胃腺。根据胃腺的结构和所在部位的不同，胃腺可分为贲门腺、幽门腺和胃底腺。这些腺体的分泌物经胃小凹排入胃内，形成胃液。贲门腺和幽门腺分别位于贲门部和幽门部的固有层内，分泌黏液和溶菌酶。

胃底腺位于胃底和胃体的固有层内，数量较多，为分泌胃液的主要腺体，其主要细胞包括主细胞和壁细胞。

（1）主细胞：又称胃酶细胞，数量较多，分布于胃底腺的中、下部。主细胞分泌胃蛋白酶原。胃蛋白酶原经盐酸激活而成为有活性的胃蛋白酶，可参与蛋白质的分解。

（2）壁细胞：又称盐酸细胞，多分布于胃底腺的中、上部。壁细胞分泌盐酸，盐酸具有杀菌和激活胃蛋白酶原的作用。此外，壁细胞还能分泌内因子，可促进回肠对维生素 B_{12} 的吸收。

五、小肠

小肠是消化管中最长的一段，是消化食物和吸收营养物质的重要器官，起于幽门，下端续接盲肠，可分为十二指肠、空肠和回肠三部分，成人全长 5～7 m。

（一）十二指肠

十二指肠为小肠起始段，全长约 25 cm。除起始部和终末端外，其余部分几乎紧贴腹后壁，活动度较差。十二指肠呈"C"形弯曲，从右侧包绕胰头，可分为上部、降部、水平部和升部四部分（图 3-18）。

1. 上部　上部长约 5 cm，于第 1 腰椎右侧起自幽门，继而行向右后方，至胆囊颈附近折转向下移行为降部。起始部的肠管管壁较薄，黏膜光滑无皱襞，称为十二指肠球，它是十二指肠溃疡及穿孔的好发部位。

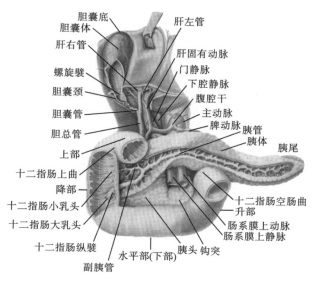

图 3-18　十二指肠和胰

2. 降部　降部长 7～8 cm,在第 1～3 腰椎及胰头的右侧下行,至第 3 腰椎体的右侧转折向左,移行为水平部。降部后内侧壁有一个纵行黏膜皱襞,称为十二指肠纵襞,下端圆形的隆起称为十二指肠大乳头,它是胆总管和胰管的共同开口部位。

3. 水平部　水平部又称下部,长约 10 cm,在第 3 腰椎平面向左横行,至腹主动脉前方移行为升部。

4. 升部　升部长 2～3 cm,斜行向左上方至第 2 腰椎体左侧,再向前下转折续接空肠。十二指肠与空肠转折处形成的弯曲称为十二指肠空肠曲,此曲被十二指肠悬韧带(临床上称为 Treitz 韧带)固定于腹后壁。十二指肠悬韧带可作为确认空肠起始处的重要标志。

(二)空肠与回肠

空肠起自十二指肠空肠曲,回肠末端续接盲肠。空肠和回肠相互延续呈袢状,盘曲于腹腔的中、下部,临床上称为小肠袢。因空肠和回肠在外形上难以区别,通常将空肠、回肠的近侧 2/5 称为空肠,主要位于左上腹;将其远侧 3/5 称为回肠,主要位于脐部和右下腹。

(三)小肠壁的结构特点

小肠壁在管腔内形成大量的环状皱襞和肠绒毛,并且在固有层内有大量肠腺(图 3-19)。

1. 环状皱襞　环状皱襞由黏膜和黏膜下层共同向管腔内突起形成。

2. 肠绒毛　肠绒毛是黏膜上皮和固有层向管腔内突出的细小指状突起,为小肠特有的结构。上皮为单层柱状上皮,其游离面有致密的纹状缘。肠绒毛内有 1～2 条纵行的毛细淋巴管,称为中央乳糜管。

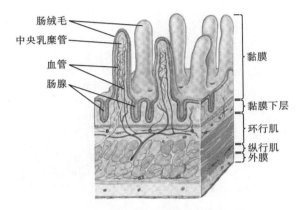

图 3-19　小肠壁的微细结构模式图

　　3．肠腺　肠腺是黏膜上皮陷入固有层形成的管状腺,其开口位于相邻绒毛根部之间。肠腺主要由柱状细胞、杯状细胞和帕内特细胞构成。十二指肠肠腺能分泌碱性黏液,可保护十二指肠黏膜免受酸性胃液的侵蚀。

　　4．淋巴组织　小肠固有层内散布淋巴组织,淋巴组织是小肠重要的防御结构。淋巴组织在小肠各段分布有所不同:十二指肠的淋巴组织分布较疏散;空肠有较多的栗状孤立淋巴滤泡;回肠则形成集合淋巴滤泡(图 3-20)。

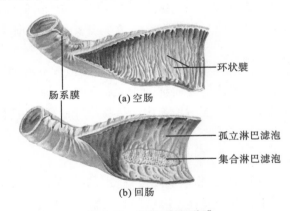

图 3-20　空肠、回肠黏膜

六、大肠

　　大肠为消化管的最下段,起始段与回肠相接,止于肛门。全程围绕空肠、回肠的周围,可分为盲肠、阑尾、结肠、直肠和肛管五部分,全长约 1.5 m。大肠的主要功能是吸收水分、无机盐和形成粪便。

　　大肠管径较粗,管壁较薄,在盲肠和结肠形成以下特征性结构(图 3-21)。

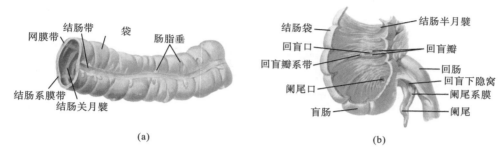

图 3-21 盲肠、结肠和阑尾

1. 结肠带 结肠带共 3 条,由肠壁的纵行平滑肌增厚形成,走行与肠管的长轴方向一致,3 条结肠带均汇集于阑尾根部。

2. 结肠袋 肠管管壁在结肠带之间呈袋状向外的膨出,这是因结肠带短于肠管,致使肠管皱缩而形成结肠袋。

3. 肠脂垂 肠脂垂分布于结肠带两侧,由脂肪组织聚集形成大小不同、形态各异的突起。

（一）盲肠和阑尾

盲肠为大肠的起始段,位于右髂窝,形似囊袋,长约 6 cm。盲肠上续升结肠,下端为盲端,左接回肠,连接处的回肠末端突入盲肠,上、下分别形成一个半月状皱襞,称为回盲瓣,其深部有增厚的环形平滑肌。该瓣具有括约功能,既可控制回肠内容物进入盲肠的速度,也可防止大肠内容物流入回肠。

阑尾连接并开口于盲肠后内侧壁,为一个蚓状盲管,一般长 5～7 cm。阑尾多位于右髂窝内,因末端游离,其位置变化较大,但根部位置比较固定。阑尾根部的体表投影,约在脐与右髂前上棘连线的中、外 1/3 交点处,此点称为麦氏点,发生急性阑尾炎时此处可有明显压痛。盲肠的 3 条结肠带均会合于阑尾的根部,为手术时寻找阑尾的依据。

（二）结肠

结肠是介于盲肠与直肠之间的一段大肠,包绕在空肠、回肠周围,根据行程特点分为升结肠、横结肠、降结肠和乙状结肠四部分(图 3-22)。

1. 升结肠 升结肠在右髂窝起于盲肠,沿腹后壁上升,至肝右叶下方,转向左形成结肠右曲（又称肝曲）,移行于横结肠。

2. 横结肠 横结肠起自结肠右曲,向左横行至脾下方转折向下形成结肠左曲（又称脾曲）,续于降结肠。横结肠借系膜连于腹后壁,活动性较大。

3. 降结肠 降结肠起自结肠左曲,沿腹后壁下行,至左髂嵴处移行于乙状结肠。

4. 乙状结肠 乙状结肠于左髂嵴处起于降结肠,呈"S"形弯曲,沿左髂窝转入盆腔内,至第 3 骶椎平面续于直肠。乙状结肠借系膜连于左侧盆壁,活动性较大。乙状结肠是结肠憩室和肿瘤的好发部位。

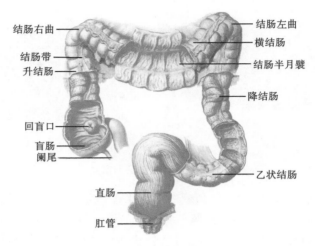

结肠右曲 —— 结肠左曲

—— 横结肠

结肠带 —— 结肠半月襞

升结肠 ——

—— 降结肠

回盲口 ——

盲肠 ——

阑尾 ——

—— 乙状结肠

直肠 ——

肛管 ——

图 3-22　结肠

（三）直肠

直肠于第 3 骶椎前方与乙状结肠相续,沿骶骨、尾骨前面下行,穿经盆膈与肛管相连,全长 10～14 cm。直肠并不直,在矢状面上有两个明显的弯曲:上部的弯曲与骶骨的弯曲相一致,凸向后,称为直肠骶曲;下部的弯曲,在尾骨尖的前方转向后下方,形成一个凸向前的弯曲,称为直肠会阴曲。在冠状面上也有 3 个凸向侧方的弯曲,其中中间的弯曲一般较大,凸向左侧,上、下 2 个弯曲凸向右侧。

直肠的下段肠腔显著膨大,称为直肠壶腹。直肠内面有 3 个由环行平滑肌和黏膜形成的半月形皱襞,称为直肠横襞,其中最大、位置最恒定的直肠横襞,位于直肠壶腹的右前壁上,距肛门约 7 cm。临床上做直肠镜、乙状结肠镜检查时,应注意直肠的弯曲与直肠横襞,以免损伤肠壁。

（四）肛管

肛管是盆膈以下的消化管,长约 4 cm,上端接续直肠,下端终于肛门。

肛管内面有 6～10 条纵行黏膜皱襞,称为肛柱。各肛柱下端彼此借半月形的黏膜皱襞相连,此襞称为肛瓣。每个肛瓣与其相邻的两个肛柱下端之间围成的小陷窝称为肛窦,肛窦内常有粪便存积,感染后易导致肛窦炎。

各肛柱的下端和肛瓣连成锯齿状的环行线,称为齿状线,此线是黏膜和皮肤的分界标志。齿状线以上的管腔面为黏膜,被覆单层柱状上皮。齿状线以下被覆未角化的复层扁平上皮。齿状线上、下两部分的动脉供应、静脉及淋巴回流和神经支配等均不相同,这些在临床上都有非常重要的意义。齿状线下方距肛门 1.5 cm 处,有一个环形浅沟,称为白线,活体指检时可触及。齿状线和白线之间为肛梳(痔环)(图 3-23)。在齿状线上、下的黏膜下层和皮下组织内,均含有大量的静脉丛。当静脉丛淤血、曲张时,常向管腔内突起,称为痔。发生在齿状线以上的痔称为内痔,发生在齿状线以下的痔称为外

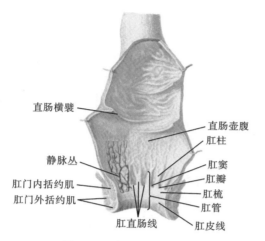

直肠横襞
直肠壶腹
肛柱
静脉丛
肛窦
肛门内括约肌
肛瓣
肛门外括约肌
肛梳
肛管
肛直肠线
肛皮线

图 3-23　直肠与肛管内面

痔,齿状线上、下同时出现的痔称为混合痔。

　　肛管和肛门的周围分布有肛门内括约肌和肛门外括约肌。肛门内括约肌是直肠的环行肌在肛管部增厚形成的,可协助排便,但无明显括约肛门的作用。在肛管平滑肌层之外,围绕整个肛管,分布有由骨骼肌形成的肛门外括约肌,它有较强的控制排便功能。

　　肛门内括约肌和肛门外括约肌、直肠下段纵行肌及肛提肌的部分肌束,共同围绕肛管构成一个强大肌环,称为肛直肠环,它具有括约肛管、控制排便的功能,若此环受损,将导致大便失禁。

　　肛门是肛管的末端开口,呈矢状裂隙,通常处于紧闭状态。肛门周围皮肤富有色素,呈暗褐色,并有汗腺和丰富的皮脂腺。

（程志超）

子任务二　消　化　腺

一、肝

　　肝是人体内最大的腺体,也是人体内最大的消化腺。我国成年人肝的重量占体重的 $1/50\sim1/40$。胎儿和新生儿的肝相对较大,重量可达体重的 $1/20$,其体积可占腹腔容积的一半以上。肝的血液供应十分丰富,故活体的肝呈棕红色。肝的质地柔软而脆弱,易受外力冲击而破裂。肝是机体新陈代谢最活跃的器官,不仅参与蛋白质、脂类、糖类和维生素等物质的合成、转化与分解,而且还参与激素、药物等物质的转化和解毒。肝还具有分泌胆汁,吞噬、防御及在胚胎时期造血等重要功能。

（一）肝的形态

肝呈不规则的楔形，可分为上、下两面，前、后、左、右四缘。肝上面膨隆，与膈相接触，故又称为膈面（图3-24）。肝的膈面有矢状位的镰状韧带附着，借此将肝分为左、右两叶。肝左叶小而薄，肝右叶大而厚。肝的膈面后部没有腹膜被覆的部分称为裸区。肝下面凹凸不平，邻接一些腹腔器官，称为脏面（图3-24）。肝的脏面中部有略呈"H"形的3条沟。其中横沟位于肝脏面正中，有肝左管、肝右管，肝固有动脉左、右支，肝门静脉左、右支和肝的神经、淋巴管等由此出入，故称为肝门。出入肝门的这些结构被结缔组织包绕，构成肝蒂。左侧纵沟的前部内有肝圆韧带通过，肝圆韧带由胎儿时期的脐静脉闭锁而成，经肝镰状韧带的游离缘下行至脐；左侧纵沟的后部容纳静脉韧带，静脉韧带由胎儿时期的静脉导管闭锁而成。右侧纵沟的前部为一浅窝，容纳胆囊，故称为胆囊窝；其后部为腔静脉沟，容纳下腔静脉。在腔静脉沟的上端处，有肝左侧、中间、右侧静脉出肝后立即注入下腔静脉，故临床上常称腔静脉沟上端为第2肝门。

在肝的脏面，借"H"形的沟将肝分为肝左叶、肝右叶、方叶和尾状叶，共4个叶。肝左叶位于左侧纵沟的左侧；肝右叶位于右侧纵沟的右侧；左侧纵沟和右侧纵沟之间，位于横沟前方的为方叶；位于横沟后方的为尾状叶。

肝前缘（也称肝下缘）是肝的脏面与膈面之间的分界线，薄而锐利。在胆囊窝处，肝前缘上有一个胆囊切迹，胆囊底常在此处露出肝前缘；在肝圆韧带通过处，肝前缘有一个肝圆韧带切迹。肝后缘、肝右缘钝圆，肝左缘薄而锐利。

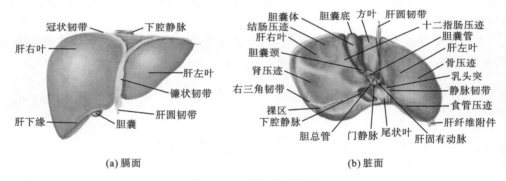

(a) 膈面　　　　　　　　　　　　　(b) 脏面

图 3-24　肝的脏面和膈面

（二）肝的位置和体表投影

肝大部分位于右季肋区和腹上区，小部分位于左季肋区。肝上界与膈穹窿一致，在右锁骨中线平第5肋；在左锁骨中线平第5肋间隙。肝下界与肝前缘一致，右侧与右肋弓一致；中部位于剑突下约3 cm处，直接与腹前壁相接触；左侧被肋弓掩盖。故在体检时，在右肋弓下不能触到肝，但3岁以下的健康幼儿，由于肝的体积相对于腹腔的容积较大，肝前缘常低于右肋弓下1.5～2.0 cm，到7岁以后，肝在右肋弓下不能触到，若能触及时，则应考虑为病理性肝肿大。

平静呼吸时,肝的上下移动范围为 2～3 cm。

（三）肝的微细结构

肝表面包被着由薄层致密结缔组织和间皮构成的被膜。被膜的结缔组织在肝门处随肝血管的分支伸入肝内,将肝实质分隔成 50 万～100 万个肝小叶。

1. 肝小叶　肝小叶是肝的结构和功能的基本单位,呈多面棱柱体,高约 2 mm,宽约 1 mm。人的肝小叶之间结缔组织很少,故相邻肝小叶常分界不清。肝小叶主要由肝板、肝血窦、窦周隙和胆小管以中央静脉为中心向周围呈放射状排列而成（图 3-25）。

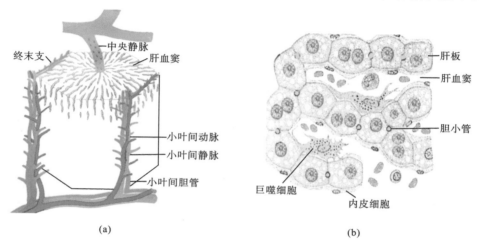

终末支　中央静脉　肝血窦
小叶间动脉
小叶间静脉
小叶间胆管
（a）

肝板
肝血窦
胆小管
巨噬细胞
内皮细胞
（b）

图 3-25　肝小叶结构示意图

（1）中央静脉:纵贯肝小叶的中轴,管壁薄而不完整,有肝血窦的开口。

（2）肝板:由肝细胞单层排列而成的板状结构,凹凸不平,彼此连接成网,其切面呈条索状,又称肝索。

肝细胞呈多边形,体积较大,细胞核大而圆,位于细胞中央,为单核或双核（图 3-26）。细胞质呈嗜酸性,含多种细胞器,有丰富的线粒体,为肝细胞提供能量;粗面内质网与合成血浆蛋白有关;滑面内质网能合成胆汁,参与糖类、脂类、激素等多种物质的代谢;发达的高尔基复合体主要与胆汁的分泌有关;溶酶体对肝细胞结构的更新和细胞正常功能的维持十分重要。肝细胞内还含有脂滴和糖原颗粒。每个肝细胞有 3 种功能面,即血窦面、胆小管面和肝细胞连接面。

（3）肝血窦:位于肝板之间的网状管道,管腔大而不规则,血液来自小叶周边的小叶间动脉和小叶间静脉,与肝细胞进行物质交换后汇入中央静脉。

（4）窦周隙:位于肝板与肝血窦内皮之间的狭窄间隙。窦周隙是肝细胞与血液之间进行物质交换的场所。

（5）胆小管:相邻肝细胞的质膜局部凹陷而成的微细管道。肝细胞分泌的胆汁直接进入胆小管,汇集成小叶间胆管。当肝细胞发生变性、坏死或胆道堵塞时,胆小管的

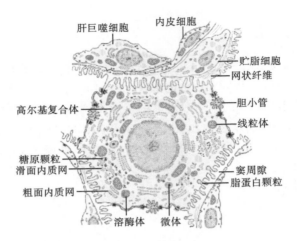

图 3-26　肝细胞的超微结构模式图

正常结构被破坏,胆汁则溢入窦周隙,进入肝血窦,从而出现黄疸。

2. 门管区　门管区是指相邻的几个肝小叶之间结缔组织较多的区域,此区域有小叶间胆管、小叶间动脉和小叶间静脉伴行通过。小叶间动脉是肝固有动脉在肝内的分支,管壁厚,管腔小而圆。小叶间静脉是肝门静脉在肝内的分支,管壁薄,管腔大而不规则。小叶间胆管由胆小管汇集而成,管壁由单层立方上皮构成。小叶间胆管在肝内逐渐汇合,最后形成肝左管和肝右管出肝。

3. 肝血液循环　从肝门入肝的血管有肝门静脉和肝固有动脉。肝门静脉是肝的功能性血管,肝固有动脉是肝的营养性血管,两者在肝小叶之间分支形成小叶间动脉和小叶间静脉。小叶间动脉和小叶间静脉的血液都注入肝血窦,然后从肝小叶四周缓慢地进入中央静脉。数条中央静脉汇合成小叶下静脉,最后汇合成 2~3 支肝静脉出肝,注入下腔静脉(表 3-1)。

表 3-1　肝血液循环

肝固有动脉 ——→ 小叶间动脉
(营养性血管)
　　　　　　　　　　　　肝血窦 ——→ 中央静脉 ——→ 小叶下静脉 ——→ 肝静脉
肝门静脉 ——→ 小叶间静脉
(功能性血管)　　　　　 ——→ 下腔静脉(进行物质交换、代谢、解毒等)

(四) 胆囊与输胆管道

1. 胆囊　胆囊为储存和浓缩胆汁的囊状器官(图 3-24),容量为 40~60 mL。胆囊位于肝脏面的胆囊窝内,其上面借结缔组织与肝相连,易于分离;下面覆以浆膜,并与结肠右曲和十二指肠上曲相邻。

胆囊呈长梨形,分为胆囊底、胆囊体、胆囊颈、胆囊管四部分。胆囊底是胆囊突向前下方的盲端,其体表投影位置在右锁骨中线与右肋弓交点附近,患胆囊炎时,该处可有压痛;胆囊体是胆囊的主体部分,向后逐渐变细,移行为胆囊颈;胆囊颈向下逐渐变细,并移行于胆囊管。胆囊管比胆囊颈稍细(图3-27)。

2. 输胆管道　输胆管道是将肝细胞产生的胆汁输送到十二指肠的管道,可分为肝内胆道和肝外胆道两部分。肝内胆道包括胆小管和小叶间胆管等。肝外胆道包括肝左管、肝右管、肝总管、胆囊与胆总管等(图3-27)。

肝左管和肝右管分别由左、右半肝内的胆小管逐渐汇合而成,出肝门后汇合成肝总管。肝总管下行于肝十二指肠韧带内,并在

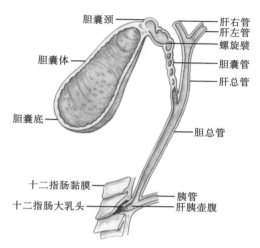

图 3-27　胆囊和输胆管道

该韧带内与胆囊管以锐角汇合成胆总管。胆总管由肝总管和胆囊管汇合而成,在十二指肠降部与胰管汇合,形成肝胰壶腹(或称为 Vater 壶腹),开口于十二指肠大乳头。由肝分泌的胆汁,经肝左管、肝右管、肝总管、胆囊管进入胆囊内储存。进食后,尤其进食高脂肪食物后,在神经、体液因素的调节下,胆囊收缩,肝胰壶腹括约肌舒张,使胆汁自胆囊经胆囊管、胆总管、肝胰壶腹、十二指肠大乳头,排入十二指肠腔内(表3-2)。

表 3-2　胆汁的排出途径

胆小管──→小叶间胆管──→肝左管和肝右管──→肝总管──→胆总管──→
　　　　　　　　　　　　　　　　　　　　　↘胆囊↗

肝胰壶腹──→十二指肠大乳头──→十二指肠腔

二、胰

(一)胰的位置与形态

胰的位置较深,在第1~2腰椎体水平横位的腹腔后上部。胰质软,颜色呈灰红色,呈长棱柱状,可分胰头、胰体、胰尾三部分,各部分之间无明显界限。胰头为胰右端膨大部分,被十二指肠包绕。胰体位于胰头与胰尾之间,占胰的大部分,略呈三棱柱形。胰尾较细,行向左上方至左季肋区,与脾门相邻。胰管位于胰实质内,从胰尾经胰体走向胰头,于十二指肠降部的壁内与胆总管汇合成肝胰壶腹,开口于十二指肠大乳头(图3-18)。

(二)胰的微细结构

胰的表面被覆薄层结缔组织被膜,结缔组织伸入胰的实质内将其分为许多小叶。胰实质分为外分泌部和内分泌部(图3-28)。

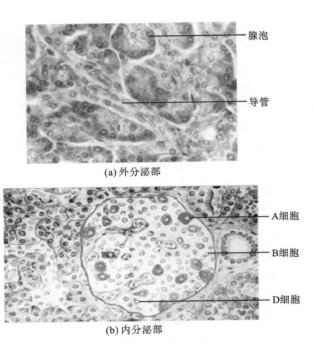

(a) 外分泌部

(b) 内分泌部

图 3-28　胰的外分泌部和内分泌部

1. 外分泌部　外分泌部占胰实质的大部分,由腺泡和导管组成。

腺泡由浆液性腺泡细胞组成,胰的腺泡细胞呈锥体形,细胞核为圆形,位于细胞基底部。细胞质顶部含嗜酸性酶原颗粒,能分泌多种消化酶,参与蛋白质、脂肪和糖的消化。导管始于腺泡腔,逐渐汇合成小叶间导管,继而汇合成胰管。随着导管的管腔逐渐增大,管壁由单层扁平上皮或立方上皮逐渐变为单层柱状上皮。导管有分泌水、碳酸氢钠的作用,与消化酶共同形成胰液。胰液为碱性液性,含多种消化酶和丰富的电解质,是最重要的消化液。

2. 内分泌部　内分泌部由胰岛组成,胰岛是由内分泌细胞组成的大小不等的细胞团,散在于腺泡之间,HE 染色浅。胰岛主要由以下 3 种细胞组成。

（1）A 细胞,约占 20%,主要分布于胰岛的周边部,分泌胰高血糖素,其作用是促进肝糖原的分解,抑制糖原的合成,使血糖含量升高。

（2）B 细胞,约占 75%,主要分布于胰岛的中央,分泌胰岛素,可促进糖的利用和糖原的合成,使血糖含量降低。若胰岛素分泌不足,则血糖升高,并从尿中排出,即为糖尿病。

（3）D 细胞,约占 5%,散在于 A 细胞、B 细胞之间,分泌生长抑素,可调节 A 细胞、B 细胞的分泌活动。

子任务三　腹　　膜

一、腹膜和腹膜腔

腹膜是覆盖于腹壁、盆壁内表面和腹壁、盆腔脏器表面的一层浆膜。其中覆盖于腹壁、盆壁内表面的部分称为壁腹膜；覆盖于腹腔、盆腔脏器表面的部分称为脏腹膜。壁腹膜和脏腹膜相互移行，共同围成一个不规则的潜在性的浆膜间隙，称为腹膜腔（图3-29）。男性的腹膜腔为一个封闭的腔隙；女性的腹膜腔借生殖管道与外界相通。因此，女性腹膜腔的感染机会高于男性的。

腹膜具有分泌、吸收、支持固定、修复和防御等功能。腹膜可分泌浆液，润滑脏器，减少脏器活动时相互间的摩擦。

二、腹膜与脏器的关系

根据脏器被腹膜覆盖的多少，将腹腔、盆腔脏器归为以下三类（图3-29，图3-30）。

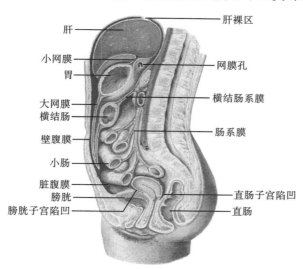

图 3-29　腹膜与腹膜腔

（一）腹膜内位器官

脏器各面几乎均被腹膜覆盖，称为腹膜内位器官。这类器官活动性较大，如胃、十二指肠上部、空肠、回肠、盲肠、阑尾、横结肠、乙状结肠、卵巢、输卵管和脾等。

（二）腹膜间位器官

脏器表面大部分或三面被腹膜覆盖，称为腹膜间位器官，如肝、胆囊、升结肠、降结肠、直肠上段、膀胱和子宫等。

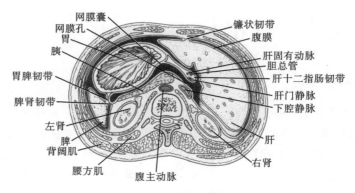

图 3-30　腹膜与脏器

（三）腹膜外位器官

脏器只有一面被腹膜覆盖,称为腹膜外位器官,包括十二指肠降部、十二指肠水平部和十二指肠升部,以及直肠中段、胰、肾、肾上腺、输尿管和膀胱等。这些脏器位于腹膜后间隙内,又称为腹膜后位器官。

熟悉脏器与腹膜的被覆关系,有重要的临床意义,如腹膜内位器官的手术必须通过腹膜腔,而肾、输尿管等腹膜外位器官则不必打开腹膜腔便可进行手术,从而避免腹膜腔的感染和术后脏器粘连。

三、腹膜形成的结构

腹膜在脏器与脏器之间及脏器与腹壁、盆壁之间相互移行中,形成了网膜、系膜、韧带、隐窝和陷凹等结构。

（一）网膜

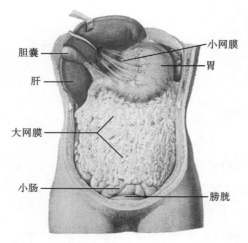

图 3-31　小网膜和大网膜

网膜由双层腹膜构成,薄而透明,两层腹膜间夹有血管、神经、淋巴管和结缔组织等,包括小网膜、大网膜(图 3-31)及网膜囊。

1. 小网膜　小网膜是由肝门向下移行于胃小弯和十二指肠上部的双层腹膜结构。其左侧部经肝门连于胃小弯的部分称为肝胃韧带,其内含有胃左、右血管,胃左、右淋巴结和神经等。其右侧部经肝门连于十二指肠上部的部分称为肝十二指肠韧带,其内有进出肝门的 3 个重要结构通过:胆总管位于右前方,肝固有动脉位于左前方,两者后方为肝门静脉。小网膜的右缘游离,其后方为网膜孔,经此孔可进入网膜囊。

2. 大网膜　大网膜是胃大弯连至横结肠的四层腹膜结构。它形似围裙,悬覆于横结肠和空肠、回肠的前方。大网膜呈网状,富有血管、脂肪和大量的巨噬细胞,具有防御功能。成人的大网膜较长,可包裹腹腔内的炎性病灶,使炎症局限,故手术时可据此来探查病变部位。小儿的大网膜较短,一般在脐平面以上,因此下腹部的炎性病灶,如阑尾炎穿孔,不易被大网膜包裹,炎症易扩散,甚至可引起弥漫性腹膜炎。

3. 网膜囊　网膜囊是位于小网膜和胃后方的扁窄间隙,又称为小腹膜腔。网膜囊以外的腹膜腔称为大腹膜腔。网膜囊的右侧为网膜孔,网膜孔是网膜囊与大腹膜腔的唯一通道,成人的网膜孔可容 1 指或 2 指通过。

（二）系膜

系膜是指把肠管固定于腹后壁的双层腹膜结构(图 3-29,图 3-32),两层腹膜之间有血管、神经、淋巴管、淋巴结和脂肪等。

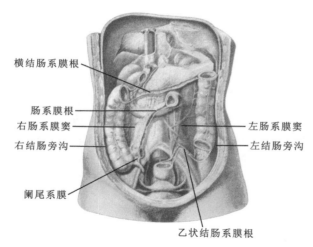

图 3-32　腹膜形成的结构

1. 肠系膜　肠系膜是指将空腔、回肠固定于腹后壁的双层腹膜结构,附着于腹后壁的部分称为肠系膜根,它自第 2 腰椎左侧起斜向右下方,直至右骶髂关节前方。肠系膜的全貌呈扇形,较长,容易发生系膜扭转,造成绞窄性肠梗阻。

2. 阑尾系膜　阑尾系膜呈三角形,将阑尾连于肠系膜下方。阑尾的血管走行于阑尾系膜的游离缘,故进行阑尾切除时,应从阑尾系膜游离缘进行血管结扎。

3. 横结肠系膜　横结肠系膜是指将横结肠连于腹后壁的双层腹膜结构。横结肠系膜根起自结肠右曲,横行向左,直至结肠左曲。

4. 乙状结肠系膜　乙状结肠系膜是指将乙状结肠连于盆壁的双层腹膜结构,乙状结肠系膜根附着于左髂窝和骨盆左后壁。此系膜较长,乙状结肠有较大活动度,故易发生乙状结肠扭转,导致肠梗阻,以儿童多见。

（三）韧带

1. 肝的韧带 除前述的肝胃韧带和肝十二指肠韧带以外，还有下列韧带。

（1）镰状韧带：位于腹壁上部与肝上面之间呈矢状位的双层腹膜结构（图3-30），其游离缘内含肝圆韧带。

（2）冠状韧带：连于肝的上面与膈之间呈冠状位的腹膜结构，由前、后两层组成。在肝右叶后上方两层分开，形成没有腹膜包被的肝裸区。

（3）左三角韧带和右三角韧带：由冠状韧带前、后两层在肝上面的左、右端处彼此连合而形成。

2. 脾的韧带

（1）胃脾韧带：连于脾门到胃底和胃大弯上份之间的双层腹膜结构（图3-30）。

（2）脾肾韧带：自脾门连至左肾前面的双层腹膜结构（图3-30）。

（四）隐窝和陷凹

1. 肝肾隐窝 肝肾隐窝位于肝右叶下面与右肾和结肠右曲之间，仰卧时为腹膜腔最低处，为液体易于积聚的部位。

2. 陷凹 陷凹主要位于盆腔内，男性在直肠与膀胱之间有直肠膀胱陷凹。女性在膀胱与子宫之间有膀胱子宫陷凹；在直肠与子宫之间有直肠子宫陷凹，该陷凹较深，与阴道后穹窿间仅隔一薄层的阴道后壁和腹膜壁层（图3-29）。站立或半卧位时，男性的直肠膀胱陷凹和女性的直肠子宫陷凹是腹膜腔的最低部位，故液体常积存在这些陷凹内。临床上可经直肠前壁或阴道后穹窿触诊、穿刺或切开，以诊断或治疗盆腔内的一些疾病。

 知识链接

上皮组织的基本结构

一、上皮组织的结构特点

上皮组织简称上皮，由密集排列的上皮细胞和极少量的细胞外基质组成。上皮细胞具有明显的极性，即细胞的不同表面在结构和功能上具有明显的差别。上皮细胞的一面朝向身体表面或有腔器官的腔面，称为游离面；与游离面相对的另一面朝向深部的结缔组织，称为基底面；上皮细胞之间的连接面称为侧面。上皮细胞基底面附着于基膜，基膜是一层薄膜，上皮细胞借此膜与结缔组织相连。上皮组织中没有血管，细胞所需的营养依靠结缔组织内的血管透过基膜供给。上皮组织内有丰富的感觉神经末梢。

二、上皮组织的分类

上皮组织依据其功能,分为被覆上皮和腺上皮两大类。

(一) 被覆上皮

被覆上皮覆盖于身体表面,衬贴在体腔和有腔器官内表面,具有保护、吸收、分泌和排泄等功能。被覆上皮根据其构成细胞的层次和细胞的形状进行分类和命名(表3-3,图3-33)。

表3-3　被覆上皮的分类、结构特点、分布与功能

分　类	结 构 特 点	分　布	功　能
单层扁平上皮	由一层扁平细胞构成,细胞呈多边形,边缘为锯齿状,细胞核为椭圆形,居细胞中央	衬贴在心血管、淋巴管内面(内皮);衬贴在胸腔、腹腔和心包腔内面(间皮)	薄而光滑,有利于液体流动;减少器官间的摩擦;有利于物质交换
单层立方上皮	由一层立方形细胞构成,细胞核为圆形,居细胞中央	分布于肾小管等部位	具有吸收、分泌功能
单层柱状上皮	由一层柱状细胞构成,细胞核为长椭圆形,靠近细胞基底部	分布于胃、肠、胆囊和子宫等腔面	以吸收、分泌功能为主,兼有保护功能
假复层纤毛柱状上皮	由柱状细胞(游离面有纤毛)、杯状细胞、梭形细胞和锥体细胞构成,细胞的基部都位于同一基膜上	分布于呼吸道等的腔面	具有保护、分泌功能
复层扁平上皮	由多层细胞组成,其基底细胞为矮柱状;中间为数层多边形细胞;靠近表面的几层细胞为扁平细胞	未角化的复层扁平上皮:分布于口腔、食管和阴道等的腔面;角化的复层扁平上皮:分布于皮肤的表皮	具有保护功能
变移上皮	由多层细胞组成,细胞的层次和形态、大小随器官的功能状况而发生变化	分布于肾盏、肾盂、膀胱、输尿管等部位	具有保护功能

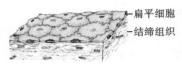

(a) 单层扁平上皮

(b) 单层立方上皮

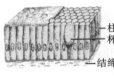

(c) 单层柱状上皮

(d) 假复层纤毛柱状上皮

(e) 复层扁平上皮

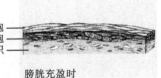

膀胱排空时　　　　　　　膀胱充盈时

(f) 变移上皮

图 3-33　被覆上皮的种类

（二）腺上皮和腺

腺上皮是由腺细胞组成的以分泌功能为主的上皮,腺细胞的分泌物有酶类、黏液和激素等。腺是以腺上皮为主要成分的器官。腺有两类:有的腺的分泌物经导管排至体表或器官腔内,称为外分泌腺,它由分泌部和导管两部分组成,如汗腺、唾液腺等;有的腺无导管,分泌物(如激素)释放入血液,称为内分泌腺,如甲状腺、肾上腺等。

（三）上皮细胞表面的特殊结构

上皮细胞具有极性,在各细胞表面形成了与功能相适应的特殊结构(表 3-4,图 3-34)。

表 3-4　上皮细胞表面的特殊结构

上皮细胞表面	结构名称	结构特点	功　能
游离面	微绒毛	上皮细胞的细胞膜和细胞质向游离面伸出的微细指状突起,其内含微丝	增加细胞表面积,有利于细胞的吸收功能
	纤毛	上皮细胞的细胞膜和细胞质向游离面伸出的粗而长的突起,其内部结构主要含微管	可节律性定向摆动
侧面	紧密连接	在细胞的顶端,相邻细胞膜有点状融合,融合处细胞间隙消失	可防止大分子物质从细胞间隙进入深部组织
	中间连接	在紧密连接的深面,相邻细胞之间有一个狭小间隙,其内有丝状物连接相邻细胞的细胞膜,细胞膜的细胞质内面有微丝附着	加强细胞间的黏着和传递细胞间收缩力
	桥粒	在中间连接的深面,呈斑状,相邻细胞之间有较宽的间隙,其中丝状物交织成一条纵行的致密线,相应细胞膜的细胞质内面有附着板,张力丝附着在该板上	使相邻细胞之间牢固相连
	缝隙连接	在桥粒深处,相邻细胞的细胞膜有间断性融合,形成许多规则小管	加强细胞间离子交换和信息传递
基底面	质膜内褶	细胞基底面的细胞膜内陷,形成内褶,内褶间细胞质中含大量线粒体	增加细胞表面积,增强细胞对水和电解质的转运
	基膜	上皮细胞基底面与深层结缔组织之间共同形成的薄膜	加强上皮细胞与结缔组织的连接,有利于物质交换

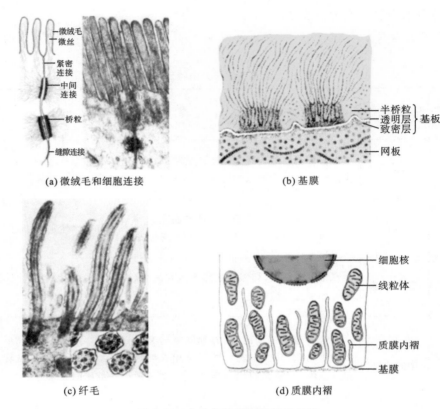

(a) 微绒毛和细胞连接　　　　(b) 基膜

(c) 纤毛　　　　(d) 质膜内褶

图 3-34　上皮细胞表面的特殊结构

（徐　静）

任务二　呼吸系统正常结构

　　呼吸系统包括呼吸道(鼻、咽、喉、气管、支气管)和肺(图 3-35)。呼吸系统的功能主要是与外界进行气体交换,即吸入氧气,呼出二氧化碳。临床上将鼻、咽、喉称为上呼吸道,将气管和支气管称为下呼吸道。

子任务一　呼　吸　道

一、鼻

　　鼻是呼吸道的起始部,能净化吸入的空气并调节其温度和湿度,也是嗅觉器官,还

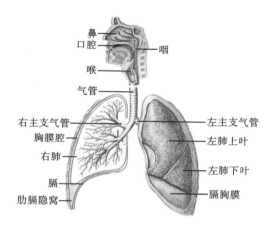

图 3-35　呼吸系统

可辅助发音。鼻包括外鼻、鼻腔和鼻旁窦三部分。

1. 外鼻　外鼻是指突出于面部的部分,以骨和软骨为支架,外面覆以皮肤。外鼻包括鼻根、鼻尖、鼻背和鼻翼。

2. 鼻腔　鼻腔以骨性鼻腔和软骨为基础,表面覆以黏膜和皮肤。鼻中隔将鼻腔分为左、右两腔,鼻腔前方经鼻孔通外界,鼻腔后方经鼻后孔通咽。以鼻阈为界,每侧鼻腔可分为鼻前庭和固有鼻腔两部分。鼻腔外侧壁上有上鼻甲、中鼻甲和下鼻甲 3 个鼻甲,各鼻甲下方分别有上鼻道、中鼻道和下鼻道(图 3-36)。

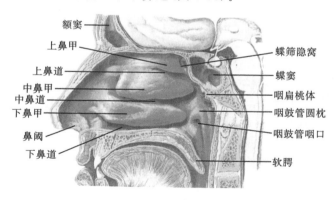

图 3-36　鼻腔

鼻腔黏膜按其组织学构造和生理机能的不同,分为嗅区和呼吸区两部分。嗅区是指上鼻甲及部分中鼻甲内侧面及其相对应的鼻中隔部分,其他部分属于呼吸区。鼻中隔的前下部黏膜较薄,血管丰富且表浅,受外伤或干燥空气刺激,血管易破裂出血,故称该部位为易出血区。

3. 鼻旁窦　鼻旁窦又称副鼻窦,共有 4 对,即上颌窦、额窦、蝶窦和筛窦。额窦开口于中鼻道,筛窦开口于中鼻道和上鼻道,蝶窦开口于蝶筛隐窝,上颌窦最大,位于上颌骨体内,开口于中鼻道。鼻旁窦与鼻腔相通,黏膜又相连续,故鼻腔黏膜感染时,易波及

鼻旁窦,引起鼻窦炎。鼻旁窦参与湿润和加温吸入的空气,并起发音共鸣的作用。

二、咽

详见本项目任务一消化系统正常结构关于咽的内容。

三、喉

喉既是呼吸道,又是发声器官,它位于颈前区的中部,上接咽,下续气管,可随吞咽或发声动作而上下移动。喉以喉软骨为支架,内覆黏膜。

(一)喉软骨

喉软骨主要由不成对的甲状软骨、环状软骨和会厌软骨及成对的杓状软骨构成(图3-37)。

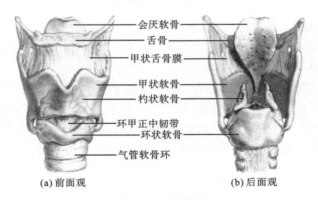

会厌软骨
舌骨
甲状舌骨膜
甲状软骨
杓状软骨
环甲正中韧带
环状软骨
气管软骨环

(a) 前面观   (b) 后面观

图 3-37　喉软骨

1. 甲状软骨　甲状软骨是喉支架中最大的一块软骨,构成喉的前外侧壁,由左、右板在前方连接而成,连接处称为前角,它的上部向前突出,称为喉结,成年男性特别明显,喉结是男性第二性征的标志。

2. 环状软骨　环状软骨是呼吸道中唯一完整的软骨环,对支持喉腔通畅、保证呼吸极为重要。若因外伤缺损环状软骨,常致喉狭窄。

3. 会厌软骨　会厌软骨扁平如叶状,附着于甲状软骨前角的内面。吞咽时,会厌软骨遮盖喉口,防止食物误入喉腔。

4. 杓状软骨　杓状软骨位于环状软骨后部上方,呈三角锥形,左右各一,其底部和环状软骨连接成环杓关节。杓状软骨与甲状软骨内面有声韧带相连,声韧带是构成声襞的基础。

(二)喉腔

喉腔内覆黏膜,中部的两侧壁有上、下两对矢状位的黏膜皱襞。上方的一对为前庭襞,下方的一对为声襞,声襞是发声的重要器官。左、右声襞之间的裂隙称为声门裂,是喉腔最狭窄的部位。前庭襞以上的部分称为喉前庭,声襞以下的部分称为声门下腔,前庭襞和声襞之间的部分称为喉中间腔,容积最小(图 3-38)。幼儿期声门下腔黏膜下组织结构疏松,有炎症时容易发生水肿引起喉阻塞。

（三）喉肌

喉肌是细小的骨骼肌,分为喉外肌和喉内肌。喉外肌将喉与周围结构相连,可使喉上升或下降,也可使喉固定。喉内肌起到开放声门和关闭声门,改变声带紧张度和活动会厌的作用(图 3-39)。

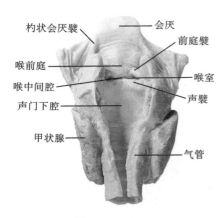

图 3-38　喉腔

(a) 开放声门

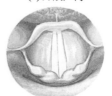

(b) 关闭声门

图 3-39　开放声门和关闭声门

四、气管和主支气管

（一）气管和主支气管的位置和形态

气管位居颈部正中,上端平第 6 颈椎体下缘,与环状软骨相连,向下至胸骨角平面,分为左主支气管和右主支气管,成人气管全长为 10～13 cm,分叉处称为气管杈,内面的半月形纵嵴称为气管隆嵴。根据行程,气管分为颈段和胸段。

气管在平胸骨角平面的高度分为左主支气管和右主支气管(图 3-40),经肺门进入左、右肺。左主支气管与右主支气管相比较,前者较细长,走向倾斜;后者较粗短,走向较前者略直,所以误入气管的异物多进入右侧。

（二）气管的微细结构

1. 黏膜层　黏膜层由上皮和固有层组成,上皮为假复层纤毛柱状上皮。

2. 黏膜下层　黏膜下层由疏松结缔组织组成,内含血管、神经、淋巴管、腺、淋巴组织等。

3. 外膜　外膜由透明软骨和结缔组织构成(图 3-41)。

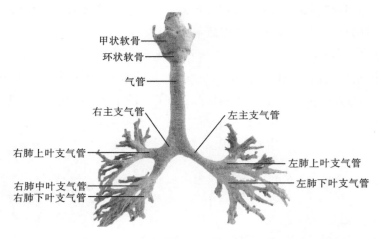

甲状软骨
环状软骨
气管
右主支气管 左主支气管
右肺上叶支气管 左肺上叶支气管
右肺中叶支气管 左肺下叶支气管
右肺下叶支气管

图 3-40 气管和支气管(前面观)

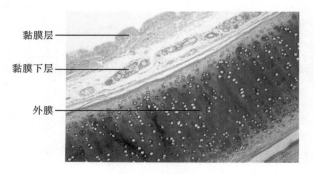

黏膜层
黏膜下层
外膜

图 3-41 气管的微细结构(横切面)

子任务二 肺

一、肺的位置和形态

肺位于胸腔内纵隔两侧,左右各一,呈半圆锥形,分为肺尖和肺底,两面(胸肋面、纵隔面),三缘(前缘、后缘和下缘)。肺尖向上经胸廓上口突入颈根部,肺底位于膈上面,对向肋和肋间隙的面称为胸肋面,朝向纵隔的面称为纵隔面。纵隔面中央的支气管、血管、淋巴管和神经的出入处为肺门,出入肺门的结构,被胸膜结缔组织包绕,总称为肺根。

左肺分为上、下两个肺叶,右肺分为上、中、下三个肺叶(图 3-42)。

二、肺的微细结构

肺组织分为实质和间质两部分,肺内结缔组织、血管、淋巴管和神经等为肺的间质,肺内支气管树和肺泡为肺的实质,根据功能不同,又可将肺的实质分为导气部和呼吸部

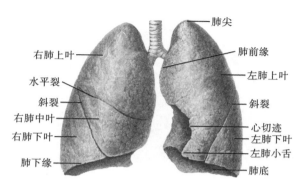

图 3-42　肺(前面观)

两部分。支气管由肺门进入肺内后,不断分支,直至管径为 1 mm 左右的分支,称为细支气管,细支气管再分出终末细支气管。每个细支气管连同它的各级分支和肺泡,组成了肺小叶(图 3-43)。

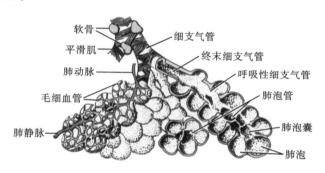

图 3-43　肺小叶

1. 导气部　从肺内肺叶支气管到终末细支气管的结构称为肺的导气部。导气部的肺内各级支气管管壁结构与主支气管基本相似,但随着管径变细、管壁变薄,组织结构也有相应变化,表现为:①上皮由假复层纤毛柱状上皮逐渐变为单层纤毛柱状上皮或单层柱状上皮;②杯状细胞和腺体的数量由多变少,直到消失;③"C"形软骨环由完整变为不完整,直到消失;④平滑肌相对增多,形成完整的一层。

2. 呼吸部　终末细支气管以下的结构称为肺的呼吸部,包括呼吸性细支气管、肺泡管、肺泡囊和肺泡(图 3-44)。

(1)呼吸性细支气管:终末细支气管的分支,其管壁上有肺泡的开口,上皮为单层立方上皮,固有层由少量结缔组织和平滑肌组成。

(2)肺泡管:由肺泡围成,其管壁的自身结构少,肺泡开口处有平滑肌环绕,形成结节状膨大。

(3)肺泡囊:为几个肺泡的共同开口处,无结节状膨大。

(4)肺泡:进行气体交换的场所,肺泡上皮由Ⅰ型肺泡细胞和Ⅱ型细胞组成。Ⅰ型肺泡细胞呈扁平形,数量较多,Ⅱ型肺泡细胞呈立方形,数量少,镶在Ⅰ型肺泡细胞之

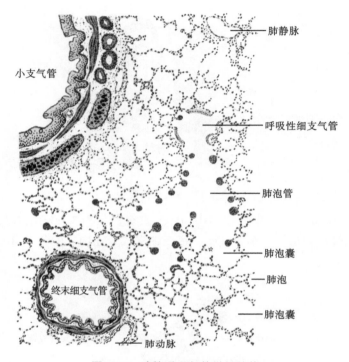

图 3-44　肺的呼吸部的微细结构

间。Ⅱ型肺泡细胞分泌表面活性物质,可降低肺泡表面张力,具有稳定肺泡的作用。相邻肺泡之间的薄层结缔组织称为肺泡隔,内有毛细血管网、肺巨噬细胞、弹性纤维,肺巨噬细胞吞噬灰尘后形成尘细胞。肺泡腔内的氧气与肺泡隔毛细血管内血液携带的二氧化碳之间进行气体交换所通过的结构,称为气-血屏障(图 3-45),又称为呼吸膜,仅有

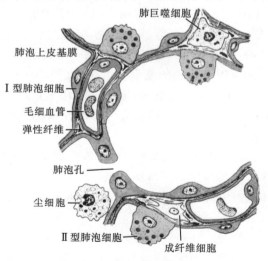

图 3-45　气-血屏障模式图

0.2～0.5 μm 厚。气-血屏障包括：①肺泡腔表面的液体层；②Ⅰ型肺泡细胞；③肺泡上皮基膜；④薄层结缔组织；⑤毛细血管内皮基膜；⑥毛细血管内皮。

子任务三　胸膜及纵隔

一、胸膜

胸膜是衬覆于胸壁内面、膈上面和肺表面的一层浆膜，可分为脏胸膜与壁胸膜两部分。脏胸膜和壁胸膜在肺根处互相延续，形成封闭的胸膜腔。壁胸膜分为膈胸膜、纵隔胸膜、肋胸膜和胸膜顶。在肋胸膜和膈胸膜相互移行处形成肋膈隐窝，肋膈隐窝是胸膜腔的最低部位，胸膜腔积液多积于此，临床上常在此处行胸腔穿刺术，抽取积液进行检查。

胸膜下界向外走行，胸膜的体表投影（图3-46）相交于：锁骨中线第 8 肋；腋中线第 10 肋；肩胛线第 12 肋。在平静呼吸时，肺下界的体表投影要比胸膜的体表投影约高 2 肋。

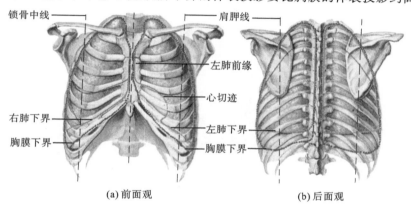

(a) 前面观　　　　　　　　　(b) 后面观

图 3-46　胸膜的体表投影

二、纵隔

左、右纵隔胸膜间的全部器官、结构及结缔组织总称为纵隔（图 3-47）。通常以胸骨角平面将纵隔分为上纵隔和下纵隔。下纵隔以心包为界分为前纵隔、中纵隔和后纵隔。上纵隔内主要有胸腺、气管、支气管和膈神经等；前纵隔狭窄，仅有胸腺或胸腺遗迹、疏松结缔组织和少量淋巴结；中纵隔内主要有心包、心和大血管等；后纵隔内主要有主支气管、食管、胸主动脉、奇静脉、胸导管、迷走神经和胸交感干。纵隔位置较固定。一侧发生气胸时，纵隔向对侧移位。

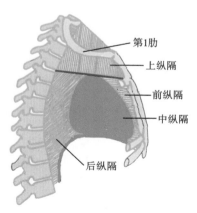

图 3-47　纵隔（右侧观）

（陈　慧）

任务三　泌尿系统正常结构

泌尿系统由肾、输尿管、膀胱和尿道组成(图 3-48)。人体新陈代谢不断产生代谢产物,如尿素、尿酸、多余的无机盐和水等,通过血循环输送至肾,由肾形成尿液,然后经输尿管输送至膀胱储存,最后经尿道排出体外。同时,肾还参与调节机体的体液总量、电解质和酸碱平衡,对保持人体内环境的相对稳定起着重要作用。若肾功能发生障碍,将会导致体内代谢产物蓄积,引起机体内环境平衡紊乱,严重时会出现尿毒症,危及生命。

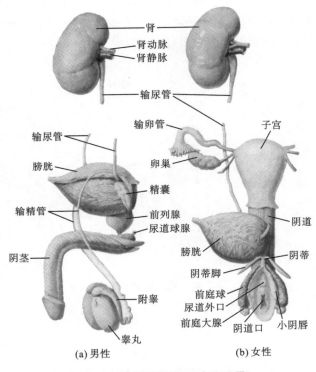

(a) 男性　　(b) 女性

图 3-48　泌尿系统概貌(含生殖器)

子任务一　肾

一、肾的形态

肾为实质性器官,新鲜时呈红褐色,左右各一,形似蚕豆,分为上、下两端,前、后两面,内、外两侧缘。肾的上端和下端钝圆;前面隆凸,后面平坦,后面紧贴于腹后壁;外侧缘隆凸,内侧缘中部凹陷,称为肾门,肾门有肾动脉、肾静脉、肾盂、神经、淋巴管等结构进出，出入肾的结构被结缔组织包裹形成肾蒂。肾门向肾实质凹陷形成一个较大的腔，称为肾窦，内有肾动脉、肾静脉、肾小盏、肾大盏、肾盂和脂肪等。

二、肾的位置

肾位于腹腔的后上部，呈"八"字形紧贴于腹后壁腰区的脊柱两侧（图 3-49）。左肾上端平第 12 胸椎体的上缘，下端平第 3 腰椎体的上缘；受肝脏的影响，右肾比左肾低半个椎体。第 12 肋斜过左肾后面的中份和右肾后面的上份。成人的肾门相当于第 1 腰椎水平。肾门在背部的体表投影，一般在竖脊肌的外侧缘与第 12 肋之间的夹角内，临床上称此区为肾区。患某些肾脏疾病时，叩击或触压此区可引起疼痛。肾的位置有个体差异，女性低于男性，儿童低于成人，新生儿则更低。

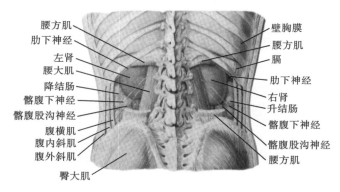

图 3-49　肾的位置和毗邻（背面观）

三、肾的剖面结构

在肾的冠状切面上（图 3-50），将肾的实质分为肾皮质和肾髓质。

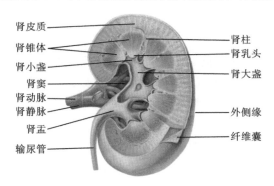

图 3-50　右肾的冠状切面

肾皮质位于肾脏的浅层，肉眼观察为细粒状，呈红褐色，富含血管，其伸入髓质的部分为肾柱。肾髓质位于肾皮质的深部，肉眼观察见其致密有条纹，血管较少，呈淡红色，由 15～20 个肾锥体构成。肾锥体呈圆锥形，其尖端钝圆，朝向肾窦，称为肾乳头，肾乳

头伸入肾小盏,有许多乳头管的开口。肾小盏呈漏斗状的膜性管道,包绕肾乳头。2～3个肾小盏汇合为一个肾大盏,2～3个肾大盏,最后汇合为肾盂,肾盂出肾门后逐渐变细移行为输尿管。

四、肾的被膜

肾的表面有三层被膜,它们从内向外依次为纤维膜、脂肪囊和肾筋膜(图 3-51)。纤维膜紧贴于肾的表面,薄而坚韧,由致密结缔组织和少量的弹性纤维构成,与肾连接疏松,易剥离。脂肪囊由脂肪组织构成,呈囊状,包裹肾,起着弹性垫样的作用。临床上进行肾囊封闭时即将麻醉药注入脂肪囊内。肾筋膜由致密结缔组织构成,分前、后两层包裹肾和肾上腺,前、后两层在肾的上端及两侧愈合,在肾的内侧及下方分开。肾筋膜还发出结缔组织小梁穿过脂肪囊与纤维膜相连,对肾起着固定作用。

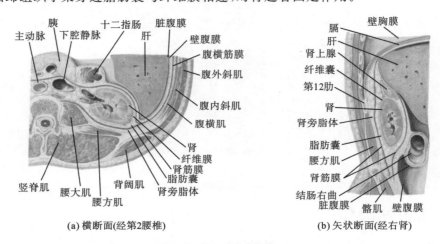

(a) 横断面(经第2腰椎)　　　　　　　　(b) 矢状断面(经右肾)

图 3-51　肾的被膜模式图

五、肾的微细结构

肾是由大量泌尿小管和少量结缔组织、血管、神经、淋巴管组成的,泌尿小管包括肾单位和集合管两部分(图 3-52),泌尿小管的组成如表 3-5 所示。

表 3-5　泌尿小管的组成

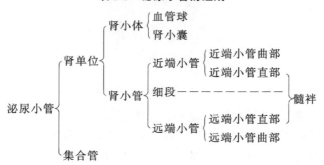

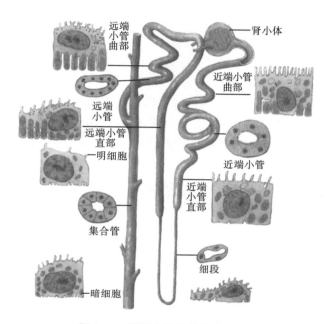

图 3-52　泌尿小管的结构模式图

（一）肾单位

肾单位是肾的基本结构单位和功能单位，每个肾有 100 万～150 万个，肾单位由肾小体和肾小管组成。

1. 肾小体　肾小体呈球形（图 3-53），又称为肾小球，由血管球和肾小囊组成。

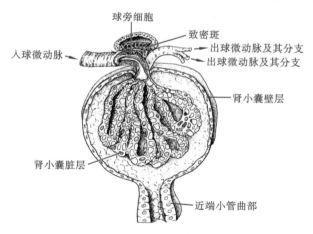

图 3-53　肾小体结构模式图

（1）血管球为一团盘曲的毛细血管球。它是由入球小动脉反复分支吻合形成的，肾小球毛细血管壁由一层内皮细胞和基膜构成，内皮细胞有许多小孔，最后汇合为出球小动脉。在血管球内毛细血管之间有球内系膜细胞，该细胞呈星形，细胞核小，染色深，

与内皮细胞不易区分,其功能除有合成基质作用外,还具有吞噬能力,参与基膜的更新和修复,以维持基膜的通透性。

(2)肾小囊为肾小管起始部的杯状凹陷,分为脏层和壁层,两层之间的囊状间隙称为肾小囊腔。壁层(外层)为单层扁平上皮,与肾小管上皮细胞相续。脏层(内层)的上皮细胞形态特殊,附在血管球毛细血管外面,称为足细胞。足细胞体积较大,从细胞体伸出几个初级突起,初级突起再发出几个次级突起,相邻次级突起相互嵌合成栅栏状,紧包在毛细血管外面。足细胞次级突起之间的间隙,称为裂孔,宽约 25 nm,有裂孔膜覆盖。

血液流经血管球时,血浆中的小分子物质进入肾小囊腔形成原尿,原尿必须经过毛细血管内皮、基膜和裂孔膜,这三层结构称为滤过膜,也称为滤过屏障。滤过膜对一定分子量的物质有限制作用,一般认为相对分子量在 70 000 以下的物质才能通过滤过膜。若滤过膜受损,大分子蛋白质甚至红细胞都能通过滤过膜,则出现蛋白尿或血尿。

2. 肾小管　肾小管由单层上皮围成,根据形态、结构、位置和功能,由近端向远端将肾小管分为近端小管、细段、远端小管三部分(图 3-52)。肾小管具有重吸收、分泌和排泄作用。

(1)近端小管分为近端小管曲部和近端小管直部。

近端小管曲部简称近曲小管,与肾小囊腔相通,管壁由单层锥形体或立方形细胞构成,细胞体积大,界限不清。细胞核为圆形,位于基底部,细胞质可染成红色,细胞的游离面有刷状缘,基底部有纵纹。在电镜下可见刷状缘为密集排列的微绒毛,它可以扩大表面面积,有利于重吸收。在细胞的基底部有发达的质膜内褶,质膜内褶之间的细胞质内有发达的线粒体。

近端小管直部的结构与近端小管曲部相似,但是其上皮细胞较矮,微绒毛、侧突、质膜内褶不如近端小管曲部发达。

近端小管是原尿重吸收的主要场所。原尿中 85％ 的水分、钠离子、50％ 的碳酸氢钠,以及几乎全部的营养物质均在此被重吸收。此外,近端小管上皮细胞还向管腔内分泌氢离子、氨、肌酐、马尿酸等物质。

(2)细段位于肾锥体内,它与近端小管直部、远端小管直部形成髓袢。细段呈 U 字形,由单层扁平上皮组成,细胞含细胞核的部位凸向管腔,无刷状缘,管壁薄,有利于水和离子的交换。

(3)远端小管分为远端小管直部和远端小管曲部。远端小管比近端小管细,管腔相对较大,上皮细胞呈立方形,染色浅,细胞界限清楚,细胞核靠近腔面,游离面无刷状缘,但基底部的纵纹明显。电镜下上皮细胞游离面的微绒毛少而短,基底部的质膜内褶明显,质膜内褶间的细胞质内有发达的线粒体,质膜上有 Na^+-K^+-ATP 酶,主动将远端小管中的 Na^+ 泵入间质内,但水不能通过,与尿的浓缩有关。远端小管曲部(简称远曲小管)的长度比近端小管曲部短,其结构基本与远端小管直部相似,但上皮细胞略大于远端小管直部的,基底部的纵纹、质膜内褶不如远端小管直部的发达,质膜内褶间细胞质内的线粒体少。

远端小管的功能是继续重吸收水和钠离子,并向管腔内分泌钾离子、氢离子和氨,对维持体液中的酸碱平衡起着重要作用,它的功能活动受醛固酮和抗利尿激素的调节。

（二）集合管

集合管全长 20～38 mm,分为弓形集合管、直集合管和乳头管,上皮由单层立方上皮逐渐变为单层柱状上皮,到乳头管处已变为高柱状上皮。集合管上皮细胞的细胞质清晰,分界清楚,细胞核为圆形或卵圆形,位于细胞的中央,并且着色深。

同样,集合管有吸收水和钠离子的作用,也能排出钾离子和氨,并且也受醛固酮和抗利尿激素的调节。

（三）球旁复合体

球旁复合体又称为肾球旁器,位于入球小动脉和出球小动脉之间,包括球旁细胞、致密斑（图 3-53）和球外系膜细胞。

1. 球旁细胞　球旁细胞是由入球小动脉管壁近肾小体的平滑肌细胞转化为上皮样细胞形成的,球旁细胞呈立方形,细胞核大而圆,细胞质呈弱碱性,细胞质内有分泌颗粒,分泌颗粒内有肾素,它是一种蛋白质水解酶,可使血浆中的血管紧张素原变成血管紧张素Ⅰ,后者在血管内皮细胞分泌的转换酶的作用下转变为血管紧张素Ⅱ,它们可使血管平滑肌收缩,使血压升高。

2. 致密斑　致密斑是由远端小管曲部靠近血管球侧的上皮细胞变高、变密形成的,一般认为致密斑是钠离子感受器。当远端小管管液中的钠离子浓度降低时,致密斑将信息传递给球旁细胞,使肾素分泌增加,增强远端小管排钾离子、保钠离子的作用。

3. 球外系膜细胞　球外系膜细胞位于入球小动脉、出球小动脉和致密斑之间,其细胞形态与球内系膜细胞相似,在球旁复合体的功能活动中起着传递信息的作用。

（四）肾的血液循环特点

肾的血液循环特点如下:①肾动脉直接发自腹主动脉,血管短而粗,血流量大（约1200 mL/min）,压力高;②入球小动脉粗短,出球小动脉细长,使血管球压力高,有利于原尿的形成;③形成两次毛细血管网,第一次形成血管球,第二次是出球小动脉在肾小管周围再次形成的球后毛细血管网,此处毛细血管内的胶体渗透压高,有利于肾小管重吸收和尿的浓缩;④髓内直小血管袢与髓袢伴行,也有利于泌尿小管的重吸收和尿的浓缩。

子任务二　输　尿　管

输尿管为细长的肌性管道,左右各一,长 20～30 cm,管径为 0.5～1.0 cm。

一、输尿管的走行及分部

根据输尿管的走行(图3-54),将输尿管分为腹段、盆段和壁内段。腹段起始于肾盂,位于腹膜的后方,沿着腰大肌的前方下行,至小骨盆上口处,与髂血管交叉。盆段下行于腹膜的后方,沿盆壁血管神经表面走行。男性输尿管与输精管交叉后转向前内侧至膀胱底;女性输尿管在子宫颈外侧1~2 cm处与子宫动脉交叉,然后转向下内侧至膀胱底。壁内段为斜穿膀胱壁的部分,长1.5~2.0 cm,以输尿管口开口于膀胱。

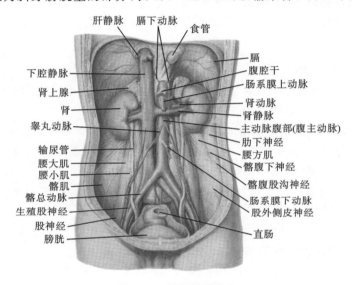

图3-54 输尿管的走行

二、输尿管的狭窄

输尿管全长有三处生理性狭窄:①肾盂与输尿管移行处;②输尿管与髂血管交叉处;③壁内段。这些狭窄常为输尿管结石易滞留的部位。

子任务三　膀　　胱

膀胱为储存尿液的肌性囊状器官,其形态、大小、位置和壁的厚度随尿液充盈程度、年龄、性别的不同而异,正常成人膀胱容量为300~500 mL,最大膀胱容量可达800 mL,新生儿膀胱容量约为50 mL。老年人由于肌张力下降而导致膀胱容量增大,女性膀胱容量小于男性的。

一、膀胱的形态结构

空虚的膀胱呈三棱锥形,分为尖、体、底和颈四部(图3-55)。膀胱尖细小,朝向前上方。膀胱底呈三角形,朝向后下方。膀胱尖和膀胱底之间为膀胱体。膀胱的最下部称为膀胱底,其借尿道内口通向尿道。

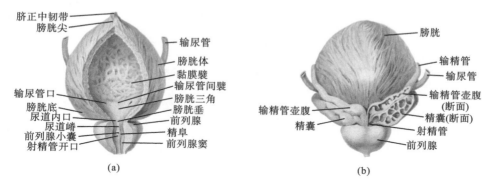

图 3-55　空虚的膀胱(示生殖腺)

膀胱壁由黏膜、肌层和外膜三层组成,黏膜位于膀胱壁的内面,膀胱空虚时黏膜由于肌层的收缩而形成许多皱襞,称为膀胱襞,当膀胱充盈时膀胱襞可消失。在膀胱底的内面,在两侧输尿管口与尿道内口之间形成的三角形区域,称为膀胱三角。此处由于缺少黏膜下组织,使得黏膜与肌层紧密相连,无论膀胱空虚还是充盈,黏膜均保持平滑,无皱襞,膀胱三角为膀胱肿瘤、结核、炎症的好发部位。两侧输尿管口之间的横行皱襞称为输尿管间襞,呈苍白色,它是膀胱镜检查寻找输尿管口的标志。膀胱黏膜上皮为移行上皮;肌层为平滑肌,比较厚,分为内纵、中环、外纵三层;外膜除膀胱顶部为浆膜外,其余均为纤维膜。

二、膀胱的位置

成人的膀胱空虚时膀胱位于小骨盆腔的前部,其前方为耻骨联合(图 3-56)。在膀胱后方男性有精囊、输精管壶腹和直肠,对于女性则为子宫和阴道。在膀胱的下方,男性邻接前列腺,女性则邻接尿生殖膈。

膀胱为腹膜间位器官,膀胱空虚时其全部位于盆腔内,膀胱充盈时膀胱尖高出耻骨联合上方,腹膜也随之上移,膀胱前下壁直接与腹前壁相贴,这时在耻骨联合上方进行膀胱穿刺或做膀胱手术时,不会损伤腹膜。

新生儿膀胱的位置比成人的高,大多位于腹腔内。随着年龄的增长膀胱逐渐降入盆腔,老年人因盆底肌肉松弛,膀胱的位置则更低。

子任务四　尿　　道

尿道是膀胱通向体外的排尿管道,有明显的性别差异(图 3-56)。男性尿道除有排尿功能外,还兼有排精功能,详见本项目任务四生殖系统正常结构的有关内容。

女性尿道较男性尿道短而直,长 3～5 cm,直径为 0.6 cm,以尿道内口起于膀胱颈,

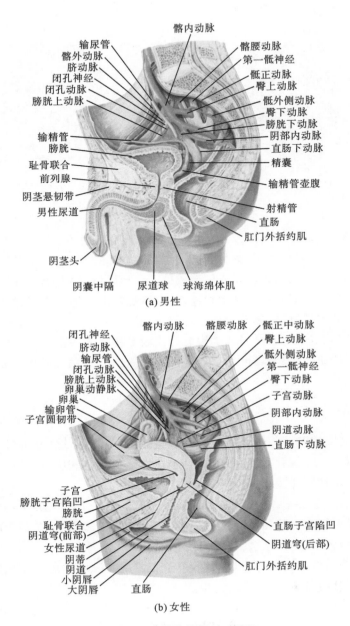

图 3-56 膀胱的位置(矢状面)

穿过尿生殖膈,开口于阴道前庭,故女性泌尿系统逆行感染较为多见。在女性尿道穿经尿生殖膈处,尿道周围有尿道括约肌环绕,可随意控制排尿。

综合能力训练

尿液的产生及排出途径

血液流经肾血管球时,除了血细胞、大分子蛋白质外,血浆中的部分水、葡萄糖、无机盐、氨基酸、尿酸、尿素等可以经过毛细血管内皮、基膜和裂孔膜过滤到肾小囊腔内形成原尿。原尿流经泌尿小管时,全部的葡萄糖、氨基酸,大部分的水,部分的无机盐可以通过泌尿小管重吸收回血液,而剩下的部分水、无机盐、尿酸、尿素等经肾小管、集合管流出,形成尿液(终尿)。尿液流经肾小盏、肾大盏、肾盂、输尿管,在膀胱内储存,尿液在膀胱内储存并达到一定量时,引起反射性排尿,将尿液经尿道排出体外。

正常尿液中不含有红细胞,现有一位肾炎患者,在进行尿液检查时,尿液中检测到红细胞,尿红细胞(＋＋＋)。试问:

(1)该肾炎患者肾内何种结构异常导致了血尿?

(2)试写出红细胞随尿液排出体外的途径。

(李本全)

任务四 生殖系统正常结构

通过本任务的学习,将初步认识人体生殖系统的正常形态和结构,进而理解其发育变化规律。

生殖系统包括男性生殖系统和女性生殖系统(图 3-57)。按生殖器所在部位的不同,男性和女性生殖系统都可分为内生殖器和外生殖器。生殖系统的主要功能是产生生殖细胞,繁衍后代;分泌性激素,促进生殖系统的发育,维持两性功能和第二性征。

子任务一 男性生殖系统

男性生殖系统(图 3-57(a))包括男性内生殖器和男性外生殖器。男性内生殖器包括生殖腺(睾丸)、输精管道(附睾、输精管、射精管和尿道)和附属腺(精囊、前列腺、尿道球腺)三部分,男性外生殖器包括阴囊和阴茎。

一、男性内生殖器

(一)睾丸

睾丸是男性生殖腺,具有产生精子和分泌雄激素的功能。

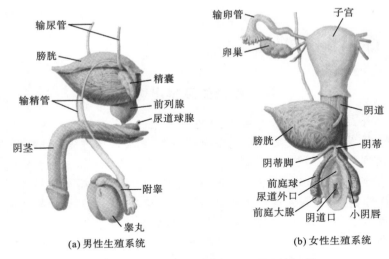

(a) 男性生殖系统　　　　　　　　　(b) 女性生殖系统

图 3-57　男性生殖系统和女性生殖系统概观

1. 睾丸的位置和形态　睾丸位于阴囊内,成人重 20~30 g,左右各一,呈稍扁的卵圆形,分为上端和下端、前缘和后缘、内侧面和外侧面。睾丸的上端和后缘有附睾贴附,血管、神经和淋巴管经后缘进出睾丸。睾丸表面光滑,除后缘外其余部分均有被膜,称为睾丸鞘膜。睾丸鞘膜分为脏层和壁层两层,脏层贴附于睾丸表面,壁层贴附于阴囊的内面,两层在睾丸后缘处相互移行,围成一个密闭的腔,称为鞘膜腔,腔内含少量浆液,起着润滑作用。

2. 睾丸的微细结构　睾丸鞘膜脏层的下面有一层致密结缔组织,称为白膜。白膜在睾丸后缘增厚,形成睾丸纵隔。睾丸纵隔的结缔组织伸入睾丸实质,将其分为250个左右的锥形小叶,每个小叶内含1~4条弯曲的精曲小管,也称为生精小管。精曲小管在小叶顶端变成精直小管,精直小管在睾丸纵隔内相互吻合成睾丸网(图 3-58)。精曲小管之间的结缔组织称为睾丸间质。

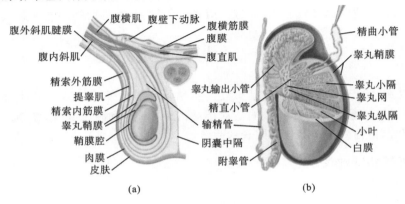

(a)　　　　　　　　　　　　(b)

图 3-58　睾丸的微细结构

（1）精曲小管：精曲小管是产生精子的部位，管壁上皮由支持细胞和生精细胞构成，精子产生需64～70 d。

（2）睾丸间质：睾丸间质是位于精曲小管之间的结缔组织，除含有血管、淋巴管等外，还具有分泌雄激素（睾酮），促进精子的产生，以及激发和维持性功能、第二性征的作用。

（二）附睾

附睾呈新月形，紧贴于睾丸后缘和上端，分为头部、体部和尾部，尾部向上移行为输精管（图3-57，图3-58）。附睾具有储存和营养精子的功能，并可以促进精子的成熟。附睾也是结核的好发部位。

（三）输精管和射精管

1. 输精管　输精管是附睾的直接延续，沿睾丸后缘上行，经阴囊根部和腹股沟管进入腹腔，继而弯曲向内下方进入盆腔，至膀胱底的后方与精囊的排泄管汇合成射精管，全长约50 cm。按其行程可分为睾丸部、精索部、腹股沟管部和盆部。输精管的精索部在阴囊根部、睾丸的后上方，位置表浅，是输精管结扎术的常选部位。

2. 射精管　射精管长约2 cm，向前下方穿过前列腺实质，开口于尿道的前列腺部。

（四）精囊

精囊又称精囊腺（图3-59），位于膀胱底的后方和输精管壶腹的外侧，是一对长椭圆形的囊状器官，其排泄管与输精管末端汇合成射精管。精囊的分泌物为淡黄色液体，参与精液的组成，有稀释精液、使精子易于活动的作用。

（五）前列腺

前列腺为单一的实质性器官（图3-59），位于膀胱与尿生殖膈之间，包绕尿道的起始部，其后面与直肠相邻，所以经直肠指检可以触及前列腺。

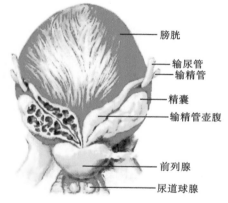

图 3-59　前列腺、精囊和尿道球腺

前列腺形态呈前后略扁的倒置栗形，底向上，尖向下，后面正中有一个浅的前列腺沟。老年人患前列腺肥大症时，此沟变浅或消失。

前列腺一般可分为五叶，即前叶、中叶、后叶和两个侧叶。前列腺内结缔组织增生而形成的前列腺肥大常见于中叶和侧叶，可压迫尿道引起排尿困难。

（六）尿道球腺

尿道球腺为位于尿生殖膈内的一对豌豆形小腺体（图3-59），其导管开口于尿道球部，分泌物参与精液的组成。

精液由睾丸产生的精子和附属腺的分泌液混合而成，呈乳白色，略呈碱性。正常男性一次排精2～5 mL，每1 mL精液含精子3亿～5亿个。

二、男性外生殖器

(一)阴囊

阴囊位于阴茎的后下方,由皮肤和肉膜组成(图 3-58)。阴囊的皮肤薄而柔软,颜色深暗,富有伸展性。肉膜位于皮肤深面,内含有散在的平滑肌纤维,平滑肌纤维随着外界温度的变化反射性舒缩,从而调节阴囊内的温度,有利于精子的生存和发育。肉膜在中线发出阴囊中隔将阴囊分为左、右两部分,容纳睾丸、附睾和输精管起始部。

(二)阴茎

阴茎悬垂于耻骨联合的前下方,可分为头、体、根三部分。阴茎由两个阴茎海绵体和一个尿道海绵体构成(图 3-60)。阴茎的皮肤薄而柔软,富有伸展性,前端向前形成双层游离的环形皱襞,包绕阴茎头,称为阴茎包皮。阴茎包皮在幼儿时期较长,包着阴茎头。若成年后阴茎头仍被包覆,称为包皮过长或包茎。

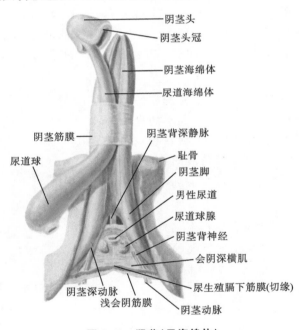

图 3-60 阴茎(示海绵体)

三、男性尿道

男性尿道兼具排尿和排精的功能,起于膀胱的尿道内口,止于阴茎头的尿道外口,成年男性长 16~22 cm,管径平均为 0.5~0.7 cm(图 3-60)。

(一)男性尿道的分部

男性尿道根据其行程分为三部:前列腺部、膜部和海绵体部。临床上将前列腺部和膜部合称为后尿道,将海绵体部称为前尿道。

1. 前列腺部 前列腺部为尿道穿经前列腺的部分,长约 2.5 cm,其壁上有射精管及前列腺排泄管的开口。

2. 膜部 膜部为尿道穿经尿生殖膈的部分,长约 1.2 cm,其周围有尿道括约肌环绕,可控制排尿。

3. 海绵体部 海绵体部为尿道穿经尿道海绵体的部分,长约 15 cm。行于尿道球内的尿道管腔最宽,称为尿道球部,有尿道球腺的开口。

(二)男性尿道的弯曲和狭窄

男性尿道在行程中,形成两个弯曲和三处狭窄。临床上在向尿道插入导尿管时应注意该生理性结构,以免损伤尿道。

1. 两个弯曲 耻骨下弯位于耻骨联合的下方,凹向前上,此弯曲恒定不变;耻骨前弯位于耻骨联合的前下方,凹向后下,如将阴茎向上提起,此弯曲即消失。

2. 三处狭窄 三处狭窄分别位于尿道内口、膜部和尿道外口,其中尿道外口最为狭窄。

子任务二　女性生殖系统

女性生殖系统(图 3-57(b))包括女性内生殖器和女性外生殖器。女性内生殖器由生殖腺(卵巢)、生殖管道(输卵管、子宫、阴道)和附属腺(前庭大腺)组成,女性外生殖器即女阴。

一、卵巢

(一)卵巢的位置和形态

1. 卵巢的位置 卵巢是成对的实质性器官,左右各一,位于子宫两侧、盆腔侧壁髂内及外动脉所形成的夹角内。

2. 卵巢的形态 卵巢分为上、下两端,前、后两缘和内、外侧两面。上端与输卵管伞靠近,借卵巢悬韧带连于骨盆,卵巢悬韧带内有卵巢的血管、淋巴管、神经等;下端借卵巢固有韧带连于子宫两侧;前缘借卵巢系膜连于子宫,前缘中部有血管、神经出入,称为卵巢门;后缘游离;内侧面朝向盆腔;外侧面紧贴卵巢窝。

卵巢的大小和形态随年龄不同而变化。卵巢在幼女期体积小,表面光滑;在性成熟期体积最大,由于多次排卵,其表面形成瘢痕,变得凹凸不平;在 50 岁左右随着月经停止逐渐萎缩。

(二)卵巢的微细结构

卵巢表面被覆有单层扁平上皮,上皮的深面有一层致密结缔组织,称为白膜(图 3-61)。卵巢实质分为外周部的皮质和中央部的髓质。卵巢皮质内含有不同发育阶段

的卵泡,新生儿的卵巢有 30 万～40 万个原始卵泡,从青春期开始约有 4 万个原始卵泡。从青春期开始至更年期有 30～40 年的生育期,卵巢在垂体促性腺激素的作用下,每 28 d 有 15～20 个卵泡生长发育,但通常只有一个卵泡发育成熟并排卵。女性一生中共排卵 400～500 个,其余卵泡均在发育的不同阶段退化。

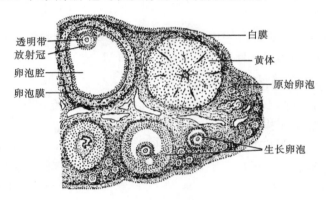

图 3-61 卵巢的微细结构

1. 卵泡的发育 卵泡由中央的一个卵母细胞和周围的许多卵泡细胞组成。卵泡的发育是一个连续不断的过程,可分为原始卵泡、生长卵泡和成熟卵泡三个阶段。

(1)原始卵泡:位于卵巢的浅层皮质,体积小,数量多。卵泡中央是一个较大的初级卵母细胞,周围是一层小而扁平的卵泡细胞,卵泡的外面是一薄层基膜,卵泡细胞对卵母细胞有营养和支持作用。

(2)生长卵泡:从青春期开始,在垂体促性腺激素的作用下,每月都有部分原始卵泡开始生长发育,这些卵泡称为生长卵泡。生长卵泡分为初级卵泡和次级卵泡两个阶段。

(3)成熟卵泡:在排卵前 36～48 h,生长卵泡细胞停止增殖,卵泡体积增大,并突向卵巢表面,形成成熟卵泡。在此阶段,初级卵母细胞完成第一次成熟分裂,形成一个次级卵母细胞和一个第一极体。

2. 排卵 随着成熟卵泡内压升高,卵泡破裂,次级卵母细胞、透明带和放射冠随卵泡液一起从卵巢排出的过程称为排卵。排卵一般发生在月经周期的第 14 天。通常每月只有一个卵泡发育成熟并排卵,其余的卵泡在不同发育阶段退化,退化后的卵泡称为闭锁卵泡。

3. 黄体 成熟卵泡排卵后,残留的卵泡壁塌陷,卵泡膜和血管随之内陷,在黄体素的作用下,逐渐发育成一个富含血管的细胞团,新鲜时呈黄色,称为黄体。黄体细胞能分泌孕激素和少量的雌激素,孕激素有抑制子宫平滑肌收缩,促进子宫内膜增生、子宫腺分泌和促进乳腺发育等作用。

黄体维持的时间取决于排出的卵是否受精。若未受精,黄体在排卵 2 周后便退化,称为月经黄体;若受精,黄体继续发育,可维持 6 个月才退化,称为妊娠黄体。黄体退化后,逐渐被结缔组织替代,形成瘢痕组织,称为白体。

二、输卵管

输卵管是一对输送卵细胞的弯曲管道,长 10～12 cm,连于子宫底的两侧,大部分包裹在子宫阔韧带的上缘内(图 3-62)。其内侧端以输卵管子宫口与子宫腔相通,外侧端以输卵管腹腔口与腹膜腔相通。输卵管由内侧向外侧可分为四部。

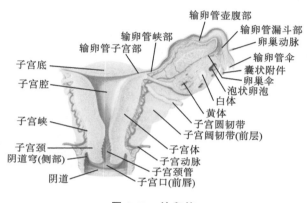

图 3-62　输卵管

1. 输卵管子宫部　输卵管子宫部为输卵管穿经子宫壁的一段,以输卵管子宫口与子宫腔相通。

2. 输卵管峡部　输卵管峡部为紧接子宫底外侧狭细的一段,是输卵管结扎术的常选部位。

3. 输卵管壶腹部　输卵管壶腹部约占输卵管全长的 2/3,粗而弯,卵细胞通常在此受精。

4. 输卵管漏斗部　输卵管漏斗部为输卵管外末端的膨大部分,呈漏斗状,以输卵管腹腔口与腹膜腔相通,输卵管漏斗部的周缘有许多细长指状的突起,称为输卵管伞,它是手术中确认输卵管的标志。

三、子宫

子宫是产生月经和孕育胎儿的场所。

(一)子宫的形态和分部

成年未孕子宫呈倒置梨形,分为底、体、颈三部(图 3-62)。子宫底是输卵管子宫口上方的圆凸部分,子宫颈是下端狭细的圆柱状部分,子宫体是子宫底和子宫颈之间的部分。子宫颈下端伸入阴道内,称为子宫颈阴道部,阴道以上的部分,称为子宫颈阴道上部。子宫颈与子宫体交界处狭细,称为子宫峡,在非妊娠期不明显,长约 1 cm,在妊娠期逐渐变长,可达 7～11 cm,形成子宫下段,产科常经此处进行剖宫取胎手术。

子宫的内腔狭窄,上部位于子宫体内,称为子宫腔;下部位于子宫颈内,呈梭形,称

为子宫颈管,子宫颈管上口通子宫腔;下口通阴道,称为子宫口。未产妇子宫口为圆形,经产妇子宫口呈横裂状。

(二)子宫的位置和固定装置

子宫位于盆腔的中央,膀胱与直肠之间,下端接阴道,两侧有输卵管和卵巢。临床上将输卵管和卵巢统称为子宫附件。成人的子宫呈前倾前屈位,前倾是指子宫长轴与阴道长轴形成向前开放的钝角;前屈是指子宫颈与子宫体形成凹向前的弯曲。

子宫的正常位置依赖于盆底肌的承托和子宫韧带的牵拉和固定。维持子宫正常位置的韧带如下(图 3-63)。

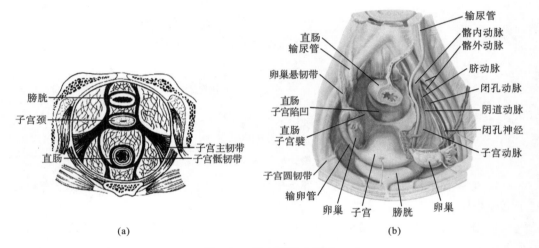

(a) (b)

图 3-63 子宫的固定装置

1. 子宫阔韧带 子宫阔韧带是双层腹膜皱襞,由子宫两侧延伸至骨盆侧壁,可限制子宫向两侧移动。

2. 子宫圆韧带 子宫圆韧带呈圆索状,起于子宫外侧缘输卵管子宫口的下方,在子宫阔韧带的两层之间行向前外方,穿经腹股沟管止于大阴唇的皮下,其作用是维持子宫前倾状态。

3. 子宫主韧带 子宫主韧带位于子宫阔韧带的基部,从子宫颈两侧缘连于骨盆侧壁,具有固定子宫颈,防止子宫下垂的作用。

4. 子宫骶韧带 子宫骶韧带起于子宫颈后面,向后绕过直肠两侧,固定于骶骨前面,有维持子宫前屈的作用。

(三)子宫壁的微细结构

子宫壁由内向外可分为子宫内膜、子宫肌层和子宫外膜(图 3-64)。

1. 子宫内膜 子宫内膜由单层柱状上皮和固有层组成。子宫内膜可分为浅层的功能层和深层的基底层,功能层厚,在月经周期中可发生周期性剥脱,后由基底层通过增生而修复。

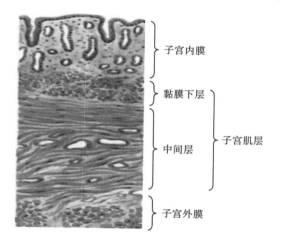

图 3-64　子宫壁的微细结构

2. 子宫肌层　子宫肌层由平滑肌构成,很厚。

3. 子宫外膜　子宫外膜大部分为浆膜,子宫颈以下为纤维膜。

（四）子宫内膜的周期性变化及其与卵巢的关系

从青春期开始,子宫内膜在卵巢分泌激素的作用下,出现周期性变化,即每 28 d 左右发生一次子宫内膜的剥脱、出血和增生、修复的过程,称为月经周期。一般分为三期,即月经期、增生期和分泌期。

1. 月经期　月经期为月经周期的第 1～4 天。由于卵巢排出的卵没有受精,黄体退化,雌激素和孕激素水平下降,子宫内膜中的螺旋动脉收缩,导致子宫内膜的功能层缺血坏死,而后螺旋动脉突然扩张,导致血管破裂出血,脱落的子宫内膜与血液一起经阴道排出,形成月经。

2. 增生期　增生期为月经周期的第 5～14 天。卵巢内新一轮的卵泡发育成熟并排卵,雌激素分泌增多,促进子宫内膜基底层增生修复。

3. 分泌期　分泌期为月经周期的第 15～28 天。此期卵巢排卵后黄体形成,在雌激素和孕激素的作用下子宫内膜进一步增生变厚,子宫腺迂曲,子宫腔增大,腺体分泌旺盛;螺旋动脉进一步增长弯曲。如果卵未受精,黄体退化,雌激素和孕激素水平下降,子宫内膜脱落,则转入月经期。

四、阴道

阴道是连接子宫和外生殖器的肌性管道,是排出月经和胎儿娩出的通道,也是女性的交接器官(图 3-56,图 3-62)。

阴道位于盆腔的中央,前邻膀胱和尿道,后邻直肠。前壁短,后壁长。阴道上端较宽阔,包绕子宫颈阴道部,并在子宫颈周围形成环形间隙,称为阴道穹,其后部较深,与直肠子宫陷凹相邻,当直肠子宫陷凹积液时,可经过阴道穹后部穿刺抽取,以帮助诊断

和治疗。阴道下端以阴道口开口于阴道前庭。

五、前庭大腺

前庭大腺为女性附属腺,左右各一,位于阴道口两侧的深部,形如豌豆,能分泌黏液,其导管开口于阴道前庭,前庭大腺有润滑阴道口的作用。如导管阻塞,可形成前庭大腺囊肿。

六、女性外生殖器

女性外生殖器又称为女阴(图 3-65),包括阴阜、大阴唇、小阴唇、阴道前庭及阴蒂等。

(1)阴阜:为位于耻骨联合前面的皮肤隆起,在性成熟期生有阴毛。

(2)大阴唇:位于阴阜后下方的一对纵行的皮肤皱襞。

(3)小阴唇:位于大阴唇内侧的一对较薄的皮肤皱襞。

(4)阴道前庭:位于两侧的小阴唇之间的裂隙,前部有尿道外口,后部有阴道口。

(5)阴蒂:位于尿道外口前方,由两条阴蒂海绵体构成。

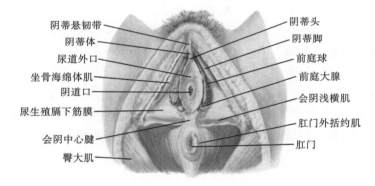

图 3-65 女阴

 知识链接

性康复及性保健常识

临床上,大多数心理和运动功能障碍的伤、病、残患者均可能发生不同程度的性功能障碍,由于受我国传统保守思想的影响,绝大部分患者羞于启齿,从而性功能障碍成为困扰患者的一大主因,同时康复治疗师或康复医生也很难察觉,所以患者的性康复和性需求是值得探讨和研究的重要话题。

一、病因

发生性功能障碍的病因大致可以划分为以下几类。

1. 运动功能性障碍　因为伤、病、残导致肢体运动功能障碍，如截肢、偏瘫、截瘫等，使患者不能正常履行做丈夫或妻子的性生活权利。

2. 心理性障碍　多数残疾患者因为身体不同程度的伤残，在诊治和康复训练过程中，存在不同程度的心理变化，所以导致性功能下降或患者主动放弃治疗。

3. 器质性病变障碍　器质性病变障碍是指残疾患者本身生殖器官的病损所致的性功能障碍，如阳痿、生殖器感染、生殖器伤残、生殖系统癌症等。

4. 其他　包括社会、家庭、生活压力等多种因素都可能导致性功能障碍。

二、常见的性保健常识

根据男性和女性生殖器的结构和功能特点，我们可以了解一些常规的性保健常识。

1. 男性生殖器的保健　常见的性保健常识有预防阴茎包皮过长，保护睾丸适宜的生理环境（勿穿过紧的内裤），讲究个人卫生，培养积极健康的心态（勿过度手淫，减少性幻想），预防生殖器各种疾病等。

2. 女性生殖器的保健　女性生殖器相对男性的更为复杂，更需要特别保护。常见的性保健常识有维护月经周期的规律性，保持健康的生活习惯，维护内分泌平衡，防护生殖道逆行性感染，预防不正当性行为，尽量减少边缘性行为等。

总之，我们可以根据生殖器的正常结构和生理功能，分析正常的性保健原理，并积极采用先进的康复训练技术或借助器械、药物等手段帮助患者解决性康复难题。

项目小结

本项目主要包括对消化系统、呼吸系统、泌尿系统和生殖系统的结构认识。通过学习，认识和了解了人体内脏器官的结构及主要生理功能，并将各内脏器官之间及其与全身其他系统器官之间的功能联系起来。

消化系统由消化管和消化腺组成。消化管包括口腔、咽、食管、胃、小肠和大肠，各段消化管又有其自身结构和功能特征，临床病损表现多见；消化腺包括大消化腺和散在分布的消化腺组织，其中肝是人体最大的消化腺，具有分泌胆汁、代谢、解毒和防御功能，肝小叶是肝的结构和功能的基本单位。胰的外分泌部分泌胰液参与对食物的消化，内分泌部分泌胰岛素和胰高血糖素，参与对血糖浓度的调节。同时，腹膜在腹壁、盆壁之间形成具有临床特征意义的腹膜腔、陷凹、韧带、系膜和网膜等结构。

呼吸系统由鼻、咽、喉、气管、支气管和肺组成。喉腔中最狭窄的部位是声门裂，临床上上呼吸道感染十分常见。气管和左、右主支气管由"C"形软骨环、平滑肌和结缔组织构成。肺位于胸腔内，左右各一，右肺分为三个肺叶，左肺分为两个肺叶。肺实质内

的导气部包括肺叶支气管、段支气管、小支气管、细支气管、终末细支气管,呼吸部包括呼吸性细支气管、肺泡管、肺泡囊和肺泡;肺间质包括散在于实质间的血管、神经、结缔组织等,具有支持、连接、营养和保护等作用。纵隔是左、右纵隔胸膜之间的全部器官、结构和结缔组织的总称,分为上纵隔和下纵隔,下纵隔又分前、中、后三部分。

泌尿系统是由肾、输尿管、膀胱和尿道组成,主要功能是排出溶于水的代谢产物。肾是生成尿液的器官,肾的被膜从内向外依次为纤维膜、脂肪囊和肾筋膜。肾单位是肾的结构和功能的基本单位,由肾小体和肾小管组成。输尿管是输送尿液的肌性管道,在其走行途中形成有三处生理性狭窄。膀胱是储存尿液的器官,膀胱位于小骨盆腔前部,耻骨联合后方。尿道起于尿道内口,止于尿道外口,有明显的性别差异。女性尿道特点为短、平、直,易引起逆行感染。

男性生殖系统由睾丸、附睾、输精管、射精管、尿道、精囊、前列腺、尿道球腺、阴囊和阴茎组成。睾丸产生精子并分泌雄激素。精囊、前列腺、尿道球腺的分泌物参与构成精液。女性生殖系统由卵巢、输卵管、子宫、阴道、前庭大腺和女阴构成。卵巢功能为排卵,并分泌性激素。输卵管是输送卵细胞的管道,分为子宫部、峡部、壶腹部和漏斗部四部。子宫位于盆腔的中央,分为底、体、颈三部,为受精卵着床并孕育胎儿提供适宜的生理环境。

 能力检测

1. 胆汁的作用是参与对脂肪的消化和吸收,请思考肝产生的胆汁是如何到达小肠的?

2. 试述经鼻腔给氧,氧气到达肺部毛细血管血液中的途径。

3. 请描述男性肾盂结石排出体外的途径。

4. 请列举正常人体结构的中空器官中,哪些具有生理性狭窄,并说出狭窄的部位。

5. 请列举正常人体结构的实质性器官中,哪些具有门,并说出各门出入的结构名称。

6. 分组讨论如何维护生殖健康。

(朱秉裙)

项目四 脉管系统正常结构

心血管疾病在临床实践中具有十分重要的地位,心血管疾病在社会生活中致残率、致死率较高,已成为严重危害人类健康和影响生活质量的重要因素。在康复实践中,现代和传统康复治疗技术的应用均应将心血管功能的评定作为重要参考依据,以利于指导合理选择康复治疗方案和评价治疗效果。通过本项目的学习,认识脉管系统的正常结构,理解其生理机能,显得尤为重要。

脉管系统是封闭的管道系统(图 4-1),包括心血管系统和淋巴系统。心血管系统由心、动脉、毛细血管和静脉组成,血液在其中循环流动。淋巴系统包括淋巴管道、淋巴器官和淋巴组织。淋巴管道可视为静脉的辅助管道。脉管系统的主要功能是物质运输,即将消化系统吸收的营养物质和肺摄取的氧运送到全身器官的组织和细胞,同时将组织和细胞的代谢产物(如二氧化碳及尿素)等运送到肺、肾和皮肤等,并排出体外,以保证机体新陈代谢的不断进行。脉管系统还兼具内分泌、免疫防御功能。

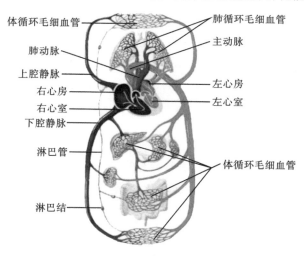

图 4-1　脉管系统示意图

一、心血管系统的组成

1. 心　心主要由心肌构成,不仅是连接动脉和静脉的枢纽,而且还是心血管系统血液运行的"动力泵",同时具有内分泌功能。心内部被房间隔和室间隔分为互不相通(婴儿或胎儿时期可相通)的左、右两部分,每部分又分为心房和心室,故心有四个腔:左心房、左心室、右心房和右心室。心房接受静脉,心室发出动脉。同侧心房和心室借房

室口相通。在房室口和动脉口处均有瓣膜,它们颇似泵的阀门,可顺血流而开启,逆血流而关闭,保证血液定向流动。

2. 动脉 动脉是运送血液离心的管道,管壁较厚,可分为三层:内膜薄而光滑,腔面为一层内皮细胞,能减少血流阻力;中膜较厚,含平滑肌、弹性纤维和胶原纤维,大动脉以弹性纤维为主,中、小动脉以平滑肌为主;外膜由疏松结缔组织构成,含胶原纤维和弹性纤维,可防止血管过度扩张。动脉在行径中不断分支,越分越细,最后移行为毛细血管。

3. 毛细血管 毛细血管是连接动脉、静脉末梢间的管道,管径一般为 6～8 μm,管壁主要由一层内皮细胞和基膜构成。毛细血管彼此吻合成网,除软骨、角膜、晶状体、毛发、牙釉质和被覆上皮外,遍布于全身各处。毛细血管数量多,管壁薄,通透性大,管内血流缓慢,是血液与血管外组织液进行物质交换的场所。

4. 静脉 静脉是引导血液回心的血管。小静脉由毛细血管会合而成,在向心回流过程中不断接受属支,最后注入心房。静脉管壁也可以分内膜、中膜和外膜三层,但其界线常不明显。与相应的动脉比较,静脉管壁薄,管腔大,弹性小,容血量较大。

在神经、体液的共同调节下,血液从心射出,经动脉、毛细血管、静脉返回心,这种周而复始循环流动的过程,称为血液循环。血液由左心室射出,经主动脉及其分支到达全身毛细血管,血液在此与周围的组织、细胞进行物质交换,再通过各级静脉,最后经上、下腔静脉及心冠状窦返回右心房,这一循环途径称为体循环(大循环)。血液由右心室搏出,经肺动脉干及其各级分支到达肺泡壁毛细血管网进行气体交换,再经肺静脉进入左心房,这一循环途径称为肺循环(小循环)。体循环和肺循环同时进行,体循环的路程长,流经范围广,以动脉血滋养全身各部,并将全身各部的代谢产物和二氧化碳运回心。肺循环路程较短,只通过肺,主要使静脉血转变成饱含氧的动脉血。

二、血管吻合及其功能意义

人体的血管除经动脉-毛细血管-静脉相连通外,动脉与动脉之间,静脉与静脉之间甚至动脉与静脉之间,也可通过血管支(吻合支或交通支)彼此连接,形成血管吻合(图4-2)。

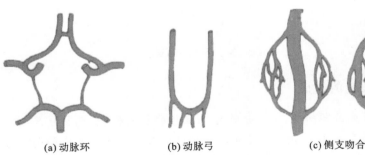

(a) 动脉环   (b) 动脉弓   (c) 侧支吻合

图 4-2 血管吻合示意图

1. 动脉间吻合 在经常活动或易受压部位,其邻近的多条动脉分支常互相吻合成动脉网,动脉网具有缩短循环时间和调节血流量的作用。

2. 静脉间吻合 静脉间吻合比动脉间吻合要丰富,有利于保证在脏器扩大或腔壁受压时血流通畅。

3. 动、静脉吻合 在体内的许多部位,小动脉和小静脉之间可借助于血管支直接相连,这种动、静脉吻合具有缩短循环途径、调节局部血流量和体温的作用。

4. 侧支吻合 有些血管的主干在行进中发出与其平行的、同级的一些侧副管,形成侧支吻合。当主干阻塞(如结扎、血栓、长期的挤压等)时,侧副管逐渐增粗,血流可经扩大的侧支吻合到达阻塞以下的血管主干,使血管受阻区的血液循环得到不同程度的代偿恢复。这种通过侧支吻合建立的循环途径称为侧支循环或侧副循环(图 4-3),侧支循环的建立对于保证器官在病理状态下的血液供应具有重要意义。

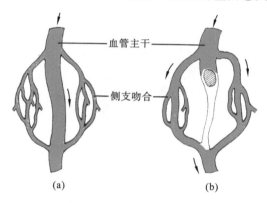

(a)   (b)

图 4-3 侧支循环示意图

任务一 心

情景设置

患者,男,55 岁,2 h 前搬重物时突然感到胸骨后疼痛,疼痛为压榨性,有濒死感,休息与口含硝酸甘油均得不到缓解,伴大汗、恶心,呕吐过两次,为胃内容物,大、小便正常。既往无高血压和心绞痛病史,无药物过敏史,吸烟 20 余年,每天 1 包。经诊断为"心肌梗死"。在临床实践中,我们也经常遇到冠心病、先天性心脏病等,生活中人们常说"扪心自问"、"心有所思"等,是不是我们的思维、思想都由心来完成?

心的功能和结构紧密联系,只有正确认识正常心的结构,才能为临床和康复实施有效治疗措施奠定形态学基础。

子任务一　心的位置、外形和体表投影

一、心的位置和毗邻

心位于胸腔的中纵隔内,约 2/3 位于正中线的左侧,约 1/3 位于正中线的右侧(图 4-4)。心的前方对向胸骨体和第 2～6 肋软骨,后方平对第 5～8 胸椎,两侧与胸膜腔和肺相邻,上方连接出入心的大血管,下方邻膈。心有时因胚胎发育的原因,可以为反位,称为右位心,同时常伴有腹腔内脏器官的反位。

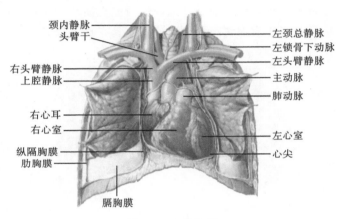

图 4-4　心的位置

二、心的外形

心的外形似倒置的、前后稍扁的圆锥体,周围裹以心包,大小与本人拳头相似(图 4-5)。心可分为一尖、一底、两面、三缘,心表面有四条沟。

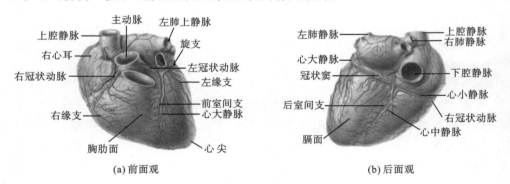

(a) 前面观　　　　　　　　　　　　　　(b) 后面观

图 4-5　心的外形及血管

1. 心尖　心尖由左心室构成,朝向左前下方,与左胸前壁接近,故在人体左侧第 5

肋间隙锁骨中线内侧 1～2 cm 处可扪及心尖搏动。

2. 心底 心底朝向右后上方,主要由左心房和小部分右心房构成。上、下腔静脉分别从上、下方向注入右心房;左、右肺静脉分别从两侧注入左心房。

3. 两面 心的两面即胸肋面(前面)和膈面(下面)。胸肋面(前面),朝向前上方,大部分由右心房和右心室构成,小部分由左心耳和左心室构成,该面大部分隔心包被胸膜和肺遮盖,小部分隔心包与胸骨体下部和左侧第 4～6 肋软骨邻近,故在左侧第 4 肋间隙旁胸骨左侧缘处进行心内注射,以免伤及肺和胸膜。膈面(下面),几乎呈水平位,朝向下方并略朝向后,隔心包与膈毗邻,大部分由左心室构成,小部由右心室构成。

4. 三缘 心的三缘由左、右、下缘组成。左缘(钝缘)大部分由左心室构成,右缘由右心房构成,下缘由右心室和心尖构成。

5. 四条沟 心表面有四条沟,可作为四个心腔的表面分界。冠状沟(房室沟)是心表面心房与心室分界的标志。前室间沟和后室间沟是左心室和右心室在心表面的分界。前室间沟和后室间沟在心尖右侧的会合处稍凹陷,形成心尖切迹。在心底,右心房与右上、下肺静脉根部交界处的浅沟称为后房间沟,其与房间隔后缘一致,是左心房和右心房在心表面的分界。后房间沟、后室间沟与冠状沟的相交处称为房室交点,它是心表面的一个重要标志。

三、心的体表投影

心的体表投影(图 4-6)可分为心外形和瓣膜位置的体表投影。心外形的体表投影通常采用四点连线法来确定:①左上点,位于左侧第 2 肋软骨的下缘,距胸骨侧缘约 12 mm 处;②右上点,位于右侧第 3 肋软骨上缘,距胸骨侧缘约 10 mm 处;③右下点,位于右侧第 6 胸肋关节处;④左下点,位于左侧第 5 肋间隙,距前正中线 70～90 mm。左上点、右上点连线为心的上界。左下点、右下点连线为心的下界。右上点与右下点之间微向右凸的弧形连线为心的右界,左上点与左下点之间微向左凸的弧形连线为心的左界。

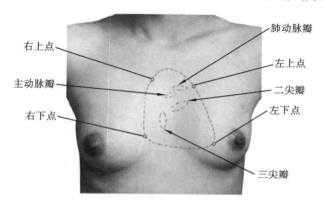

图 4-6 心的体表投影

心各瓣膜位置的体表投影:①肺动脉瓣(肺动脉口),在左侧第 3 胸肋关节的稍上

方,部分位于胸骨之后;②主动脉瓣(主动脉口),在胸骨左缘第 3 肋间隙,部分位于胸骨之后;③二尖瓣(左房室口),在左侧第 4 胸肋关节处及胸骨左半侧的后方;④三尖瓣(右房室口),在胸骨正中线的后方,平对第 4 肋间隙。

子任务二　心腔的形态

心被心间隔分为左、右两半,左、右半心各又被分成左、右心房和左、右心室四个腔,同侧心房和心室借房室口相通。

一、右心房

右心房位于心的右上部,壁薄而腔大(图 4-7)。其前上部呈锥体形突出的盲囊部分,称为右心耳,后部为腔静脉窦。其内面有许多大致平行排列的肌束,称为梳状肌。在右心房后部的上、下方分别有上腔静脉口和下腔静脉口,在下腔静脉口的前方有冠状窦口。右心房后内侧壁的右侧面中下部有一个卵圆形凹陷,称为卵圆窝,它为胚胎时期卵圆孔闭合后的遗迹,是房间隔缺损的好发部位。右心房的前下部为右房室口,血液由此流入右心室。

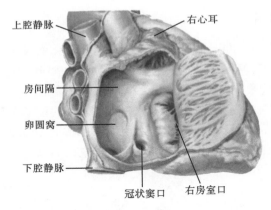

图 4-7　右心房

二、右心室

右心室位于右心房的左前下方,位于胸骨左缘第 4、5 肋软骨的后方,在胸骨旁第 4 肋间隙做心内注射时多注入右心室(图 4-8)。右心室腔被一个弓形肌性隆起,即室上嵴,分成右心室后下方的流入道(窦部)和前上方的流出道(漏斗部)。

(一)流入道

右心室流入道又称固有心腔。心室壁有许多纵横交错的肌性隆起,称为肉柱;心室腔的锥体形肌性隆起,称为乳头肌,分为前、后、隔侧三群。乳头肌根部有一条肌束横过

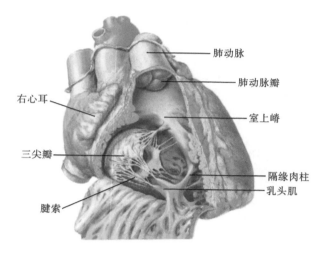

肺动脉

肺动脉瓣

右心耳

室上嵴

三尖瓣

隔缘肉柱

乳头肌

腱索

图 4-8　右心室

心室腔至室间隔的下部,称为隔缘肉柱。

右房室口是右心室的流入道,其周围由致密结缔组织构成的三尖瓣环围绕。三尖瓣基底附着于该环上,三尖瓣游离缘借腱索连于乳头肌。三尖瓣环、三尖瓣、腱索和乳头肌在结构和功能上是一个整体,称为三尖瓣复合体。当右心室收缩时,三尖瓣关闭,可防止血液逆流。

（二）流出道

右心室流出道又称动脉圆锥,位于右心室前上方,内壁光滑无肉柱,呈锥体状,其上端借肺动脉口通肺动脉干。肺动脉口周缘有三个彼此相连的半月形纤维环,称为肺动脉环,环上附有三个半月形的肺动脉瓣,可阻止血液逆流入心室。

三、左心房

左心房位于右心房的左后方,构成心底的大部,是四个心腔中最靠后的一个(图4-9)。前方有升主动脉和肺动脉,后方与食管相毗邻。左心房因病扩大时,可压迫后方的食管,进行 X 线钡餐造影检查,可依此诊断左心房有无扩大。左心房可分为前部的左心耳和后部的左心房窦。左心耳结构与右心耳相似,左心房窦又称固有心房,其后壁两侧有左、右各一对肺静脉开口,开口处无静脉瓣;前下部借左房室口通左心室。

四、左心室

左心室位于右心室的左后方,呈圆锥形,锥底被左房室口和主动脉口所占据。左心室壁厚度是右心室的三倍。左心室腔以二尖瓣前尖为界,分为左心室左后方的流入道和右前方的流出道两部分(图4-9)。

（一）流入道

左心室流入道又称为左心室窦部,位于二尖瓣前尖的左后方,其主要结构为二尖瓣

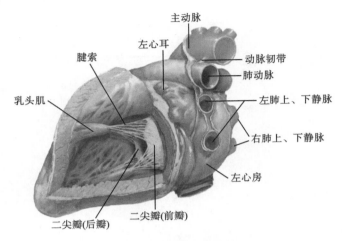

图 4-9　左心房和左心室

复合体,包括二尖瓣环、二尖瓣、腱索和乳头肌,结构和功能与三尖瓣复合体相似。

（二）流出道

左心室流出道又称主动脉前庭,由室间隔上部和二尖瓣前尖组成。该流出道的上界为主动脉口,位于左房室口的右前上方,左房室口周围附有三个半月形的主动脉瓣,可防止血液逆流。

子任务三　心的传导系统

心肌细胞按形态和功能可分为普通心肌细胞和特殊心肌细胞。心的传导系统（图4-10）由特化的特殊心肌细胞构成,包括窦房结、房室结、房室束、左束支、右束支和浦肯野纤维网。

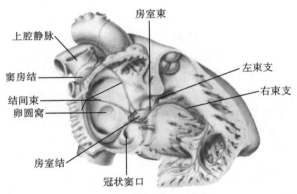

图 4-10　心的传导系统

一、窦房结

窦房结是心的正常起搏点,位于上腔静脉口与右心房交界处的心外膜深面。

二、房室结

房室结是心的传导系统在心房与心室互相连接部位的特化心肌结构,位于房室隔内。房室结将来自窦房结的兴奋延搁后下传至心室,使心房和心室肌依次按先后顺序分开收缩。许多复杂的心律失常在该区发生。

三、房室束

房室束又称 His 束,分为左束支和右束支。

四、浦肯野纤维网

左束支和右束支的分支在心内膜下交织成心内膜下浦肯野纤维网。

子任务四 心的血管和被膜

心由左、右冠状动脉供血。回流的静脉血,绝大部分经冠状窦汇入右心房。

一、动脉

动脉分为左、右冠状动脉。

(一)左冠状动脉

左冠状动脉起于主动脉根部的左前壁,向左前方行于左心耳与肺动脉干之间,然后分为前室间支和旋支。

1. 前室间支 前室间支也称前降支,沿前室间沟下行,与后室间支末梢吻合。前室间支及其分支分布于左室前壁、前乳头肌、心尖、右室前壁一小部分、室间隔的前 2/3 及心传导系统的右束支和左束支的前半部。前室间支的主要分支有左室前支、右室前支和室间隔前支等。

2. 旋支 旋支从左冠状动脉主干发出后即走行于左侧冠状沟内,绕心左缘至左心室膈面,主要分布于左心房、左心室前壁的一小部分、左心室侧壁和左心室后壁的一小部分或大部分,甚至可达左心室后乳头肌,约 40% 的人分布于窦房结。

(二)右冠状动脉

右冠状动脉起于主动脉的右冠状动脉窦,行于右心耳与肺动脉干之间,沿冠状沟向右行,绕过心右缘进入膈面的冠状沟内,主要分布于右心室、室间隔后 1/3、右心房、部分左心室后壁、窦房结、房室结等处。

二、静脉

心的静脉有三种方式回心。

（一）冠状窦

冠状窦位于心膈面左心房与左心室之间的冠状沟内，其主要属支有心大静脉、心中静脉、心小静脉。

（二）心前静脉

心前静脉可有 1～4 支起于右心室前壁，向上越过冠状沟直接注入右心房。

（三）心最小静脉

心最小静脉是位于心壁内的小静脉，自心壁肌层的毛细血管丛开始，直接开口于心房或心室腔。

三、心包

心包（图 4-11）是包裹心和出入心的大血管根部的纤维浆膜囊，分为内、外两层，外层为纤维心包，内层是浆膜心包。

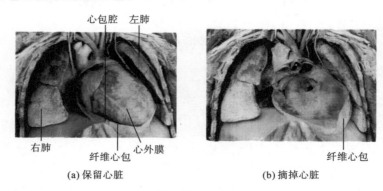

（a）保留心脏
（b）摘掉心脏

图 4-11　心包

纤维心包由坚韧的纤维性结缔组织构成。浆膜心包位于心包囊的内层，又分为脏、壁两层。壁层衬贴于纤维心包的内面，与纤维心包紧密相贴；脏层包于心肌的表面，称为心外膜。脏、壁两层在出入心的大血管根部互相移行，两层之间的潜在腔隙称为心包腔，腔内含少量浆液，起润滑作用。

 知识链接

心壁的微细结构

心壁由心内膜、心肌层和心外膜组成，它们分别与血管的三层膜相对应。心肌层是构成心壁的主要部分。

（1）心内膜是被覆于心腔内面的一层滑润的膜，由内皮和内皮下层构成。心瓣膜是由心内膜向心腔折叠形成的。

（2）心肌层包括心房肌和心室肌两部分。心房肌较薄,心室肌较厚,尤以左心室为甚,心肌层一般分为浅、中、深三层。

（3）心外膜即浆膜心包的脏层,包裹在心肌的表面。

任务二　血　管　系　统

 情景设置

某患者,患慢性浅表性胃炎,护士经左手背静脉网注射药物,同时口服雷尼西丁药丸;某农民在田间劳作时感染血吸虫病,并侵入肝细胞。在这些案例中,药物经何途径到达胃? 血吸虫卵经何途径到达肝脏? 通过本任务的学习,全面认识和理解全身血管的分布、分支及连通关系,并将这些知识充分应用到对临床实践和日常生活相关问题的分析和处理中。

子任务一　全身血管概述

一、动脉

动脉是从心运送血液到全身各器官的血管(图4-12,图4-13)。由左心室发出的主动脉及其各级分支运送动脉血,而由右心室发出的肺动脉干及其分支则输送静脉血。全身动脉的分布规律:①动脉分布具有左、右对称性;②人体每一大局部(头颈、躯干、上肢和下肢)都有1或2条动脉干;③躯干部在结构上有体壁和内脏之分,动脉也分为壁支和脏支;④动脉常与深静脉、神经伴行,构成血管神经束;⑤动脉在行径中,多居于身体的屈侧、深部或安全隐蔽的部位;⑥动脉常以最短距离到达它所分布的器官。

二、静脉

静脉是运送血液回心的血管,起始于毛细血管,止于心房。静脉的数量比动脉多,管径较粗,管腔较大。与伴行的动脉相比,静脉管壁薄而柔软,弹性也小。静脉有下列特点:①管壁有静脉瓣,具有保证血液向心流动和防止血液逆流的作用;②分为浅、深两类,浅静脉位于皮下浅筋膜内,又称皮下静脉,浅静脉不与动脉伴行,最后注入深静脉;深静脉位于深筋膜深面,多与动脉伴行,又称伴行静脉;③静脉吻合比较丰富;④特殊的静脉,包括硬脑膜窦和板障静脉等。

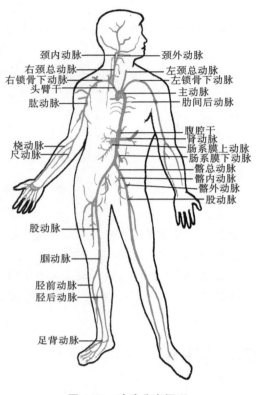

图 4-12 动脉分布概况

(a) 放射状分布(脊髓) (b) 横行分布(肠管)

(c) 纵行分布 (d) 自门进入 (e) 纵行分布(肌)
(输尿管) (肾)

图 4-13 器官内动脉分布模式图

子任务二 肺循环的血管

一、肺循环的动脉

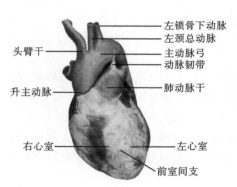

图 4-14 肺动脉干

肺动脉干起自右心室,在升主动脉前方向左后上方斜行,至主动脉弓下方分为左、右肺动脉,分别进入左、右肺。在肺动脉干分叉处稍左侧的上方有一纤维性的动脉韧带(图 4-14),它是胚胎时期动脉导管闭锁后的遗迹。

二、肺循环的静脉

肺静脉包括左上、左下肺静脉和右上、右下肺静脉,共四支。肺静脉由肺内各级小静脉汇合而来,出肺门后注入左心房。

子任务三 体循环的动脉

主动脉由左心室发出,分为升主动脉、主动脉弓、降主动脉三段。升主动脉向右前上方斜行,达第2胸肋关节高度处移行为主动脉弓,再弯向左后方,达第4胸椎体下缘处移行为降主动脉,沿脊柱左侧下行逐渐转至其前方,达第12胸椎高度穿经膈的主动脉裂孔,穿经膈前的一段称为胸主动脉,其到腹腔后沿脊柱左前方下降,其至第4腰椎体下缘处分为左、右髂总动脉,自膈肌至髂总动脉前的一段称为腹主动脉(图4-15)。髂总动脉沿腰大肌内侧下行,至骶髂关节处分为髂内动脉和髂外动脉。

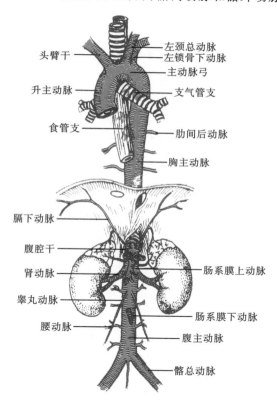

图 4-15 主动脉走行及其分布概况

升主动脉发出左、右冠状动脉。主动脉弓壁外膜下有丰富的游离神经末梢,称为压力感受器。在主动脉弓下,靠近动脉韧带处有2~3个粟粒样小体,称为主动脉小球,属化学感受器。主动脉弓凹侧发出数支细小的支气管支和气管支。主动脉弓凸侧从右向左发出三大分支:头臂干、左颈总动脉和左锁骨下动脉。头臂干粗而短,向右上方斜行至右胸锁关节后方,分为右颈总动脉和右锁骨下动脉。

全身体循环各大局部的动脉主干可以大体概括为:颈总动脉(头颈部的动脉主干)、

锁骨下动脉（上肢的动脉主干）、胸主动脉（胸部的动脉主干）、腹主动脉（腹部的动脉主干）、髂外动脉（下肢的动脉主干）、髂内动脉（盆部的动脉主干）。

一、颈总动脉

颈总动脉左侧发自主动脉弓，右侧起于头臂干。两侧颈总动脉均经胸锁关节后方，沿食管、气管和喉的外侧上行，至甲状软骨上缘平面分为颈内动脉和颈外动脉（图4-16）。颈总动脉上段位置表浅，在活体上可摸到其搏动。在颈动脉分叉处有颈动脉窦和颈动脉小球两个重要结构。颈动脉窦是颈总动脉末端和颈内动脉起始部的膨大部分，通过窦壁上压力感受器，可感受血压变化。颈动脉小球是一个扁椭圆形小体，位于颈总动脉分叉处的后方，是化学感受器，可感受血液中二氧化碳浓度的变化。

1. 颈外动脉 颈外动脉自颈总动脉发出，走行于颈内动脉前内侧，上行穿过腮腺至下颌颈处，分为颞浅动脉和上颌动脉两个终支。颈外动脉的主要分支有：甲状腺上动脉、舌动脉、面动脉、颞浅动脉及上颌动脉等（图4-16）。

（1）面动脉：沿下颌角起始，向前经下颌下腺深面，于咬肌前缘绕过下颌骨下缘至面部，沿口角及鼻翼外侧，可以迂曲上行至内眦，移行为内眦动脉。面动脉分支分布于下颌下腺、面部和腭扁桃体等处。面动脉在咬肌前缘绕下颌骨下缘处的位置表浅，在活体上可摸到动脉搏动。当面部出血时，可在出血处压迫止血（图4-17）。

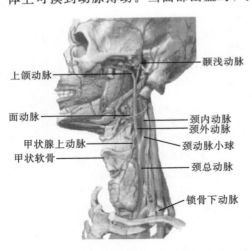

图 4-16 颈总动脉及其分支

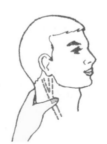 

(a) 压迫颈总动脉止血　　(b) 压迫面动脉止血

图 4-17 颈总动脉和面动脉止血点

（2）颞浅动脉：在外耳门前方上行，越过颧弓根至颞部皮下，分支分布于腮腺、额、颞和顶部软组织。在活体外耳门前上方颧弓根部可摸到颞浅动脉搏动，可在此处进行压迫止血（图4-18）。

（3）上颌动脉：经下颌颈深面入颞下窝，向前内走行至翼腭窝，沿途分支至外耳道、鼓室、牙及牙龈、鼻腔、腭、咀嚼肌、硬脑膜等处。其中分布于硬脑膜的一支称为脑膜中动脉，在下颌颈深面发出后向上穿棘孔入颅腔，分前、后两支，紧贴颅骨内面走行，分布

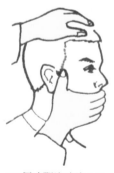
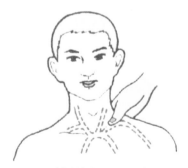

(a) 压迫颞浅动脉止血   (b) 压迫锁骨下动脉止血

图 4-18　颞浅动脉和锁骨下动脉止血点

于颅骨和硬脑膜。前支经过颅骨翼点内面,颞部骨折时易受损伤,引起硬膜外血肿。

2. 颈内动脉　颈内动脉(图 4-19)由颈总动脉发出后,垂直上升至颅底,经颈动脉管入颅腔,分支分布于视器和脑。

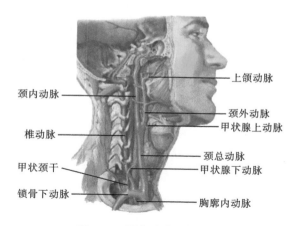

图 4-19　颈内动脉和椎动脉

二、锁骨下动脉

锁骨下动脉的左侧起自主动脉弓,右侧起自头臂干。锁骨下动脉从胸锁关节后方斜向外侧,穿经斜角肌间隙,至第 1 肋外缘延续为腋动脉。当上肢出血时,可于锁骨中点上方的锁骨上窝处向后下将锁骨下动脉压向第 1 肋进行止血(图 4-18)。

锁骨下动脉的主要分支如下(图 4-20)。①椎动脉:从前斜角肌内侧起始,向上穿经第 6～1 颈椎的横突孔,经枕骨大孔入颅腔,其分支分布于脑和脊髓(图 4-19)。②胸廓内动脉:在椎动脉起点的相对侧发出,向下入胸腔,沿第 1～6 肋软骨后面下行,其分支分布于胸前壁、心包、膈和乳房等处。其较大的终支称为腹壁上动脉,穿膈进入腹直肌鞘内,在腹直肌鞘深面下行,分支营养腹直肌和腹膜。③甲状颈干:为一短干,在椎动脉

外侧,前斜角肌内侧缘附近起始,分为甲状腺下动脉、肩胛上动脉等数支,分布于甲状腺、咽、食管、喉和气管,以及肩部肌、脊髓及其被膜等处。

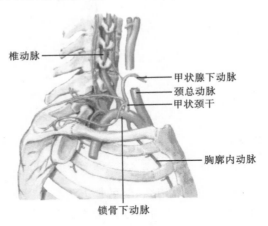

图 4-20　锁骨下动脉

1. 腋动脉　腋动脉的主要分支如下(图 4-21):①胸肩峰动脉:分布于三角肌、胸大肌、胸小肌和肩关节。②胸外侧动脉:分布于前锯肌、胸大肌、胸小肌和乳房。③肩胛下动脉:在肩胛下肌下缘附近发出,向后下行,分为胸背动脉和旋肩胛动脉,前者至背阔肌和前锯肌,后者穿经三边孔至冈下窝,营养附近诸肌,并与肩胛上动脉吻合。④旋肱后动脉。

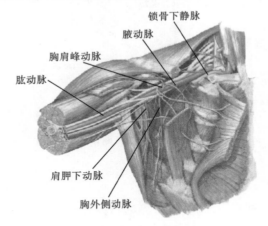

图 4-21　腋动脉及其分支

2. 肱动脉　肱动脉续于腋动脉(图 4-22),沿肱二头肌内侧缘下行至肘窝,分为桡动脉和尺动脉。肱动脉位置比较表浅,能触知其搏动,当前臂和手部出血时,可在臂中部将该动脉压向肱骨以暂时止血(图 4-23)。肱动脉最主要的分支是肱深动脉,分支营养肱三头肌和肱骨,其终支参与肘关节网。

3. 桡动脉　桡动脉(图 4-24)由肱动脉分出,经肱桡肌与旋前圆肌之间下行,与尺动脉掌深支吻合,形成掌深弓。桡动脉下段仅被皮肤和筋膜覆盖,是临床上触摸脉搏的常用

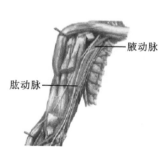

图 4-22 肱动脉

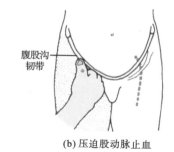

(a) 压迫肱动脉止血 (b) 压迫股动脉止血

图 4-23 肱动脉和股动脉止血点

部位。其掌浅支与尺动脉末端吻合,形成掌浅弓。

4. 尺动脉 尺动脉(图 4-24)由肱动脉分出,经尺侧腕屈肌与指浅屈肌之间下行,经豌豆骨桡侧至手掌,与桡动脉掌浅支吻合,形成掌浅弓。

5. 掌浅弓和掌深弓

(1)掌浅弓:由尺动脉末端与桡动脉掌浅支吻合而成,位于掌腱膜深面,掌浅弓的凸缘约平对掌骨中部(图 4-25)。

(2)掌深弓:由桡动脉末端和尺动脉掌深支吻合而成,位于屈指肌腱深面,掌深弓的凸缘在掌浅弓近侧,约平对腕掌关节高度(图 4-25)。

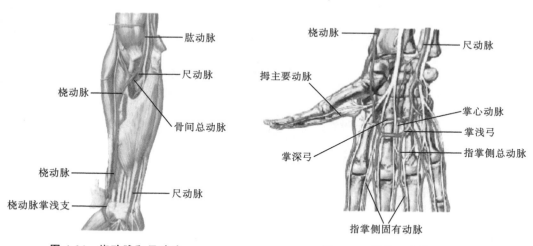

图 4-24 桡动脉和尺动脉

图 4-25 掌浅弓和掌深弓

三、胸主动脉

胸主动脉(图 4-26)是胸部的动脉主干,其分支有壁支和脏支两种。壁支有肋间后动脉、肋下动脉和膈上动脉,分布于胸壁、腹壁上部、背部和脊髓等处。脏支包括支气管支、食管支和心包支,均细小,为一些分布于气管、支气管、食管和心包的细小分支。

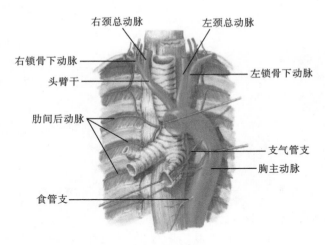

右颈总动脉　　　　　　　　左颈总动脉
右锁骨下动脉
头臂干　　　　　　　　　　左锁骨下动脉
肋间后动脉
　　　　　　　　　　　　　支气管支
　　　　　　　　　　　　　胸主动脉
食管支

图 4-26　胸主动脉及其分支

四、腹主动脉

腹主动脉(图 4-27)是腹部的动脉主干,其分支有壁支和脏支两种,但脏支远较壁支粗大。

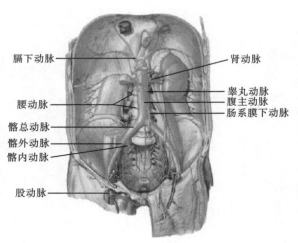

膈下动脉　　　　　　　　　肾动脉
　　　　　　　　　　　　　睾丸动脉
腰动脉　　　　　　　　　　腹主动脉
髂总动脉　　　　　　　　　肠系膜下动脉
髂外动脉
髂内动脉
股动脉

图 4-27　腹主动脉及其分支

1. 壁支　壁支主要有腰动脉、膈下动脉和骶正中动脉等,分布于腹后壁、脊髓、膈下面和盆腔后壁等处,其中膈下动脉还发出细小的肾上腺上动脉至肾上腺。

2. 脏支　脏支分为成对脏支和不成对脏支两种。成对脏支有肾上腺中动脉、肾动脉、睾丸动脉(男性)或卵巢动脉(女性);不成对脏支有腹腔干、肠系膜上动脉和肠系膜下动脉。

(1) 肾上腺中动脉:约平第 1 腰椎高度,起自腹主动脉,分布于肾上腺。

(2) 肾动脉:起自腹主动脉,横行向外,在入肾门之前发出肾上腺下动脉至肾上腺。

（3）睾丸动脉：细而长，在肾动脉起始处稍下方由腹主动脉前壁发出，沿腰大肌前面斜向外下方走行，穿入腹股沟管，参与精索组成，分布至睾丸和附睾，故又称其为精索内动脉。在女性则为卵巢动脉，经卵巢悬韧带下行入盆腔，分布于卵巢和输卵管壶腹部。

（4）腹腔干：为一粗短的动脉干，起自腹主动脉前壁，分为胃左动脉、肝总动脉和脾动脉（图 4-28）。

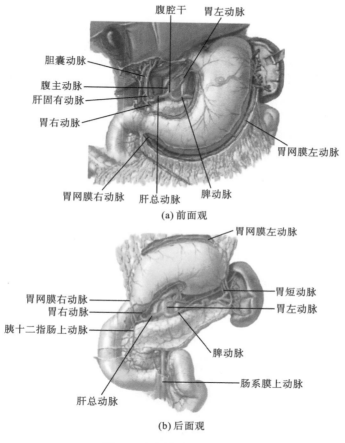

(a) 前面观

(b) 后面观

图 4-28　腹腔干及其分支

① 胃左动脉：向左上方行至胃贲门附近，沿胃小弯向右行于小网膜两层之间，沿途分支至食管腹段、贲门和胃小弯附近的胃壁。

② 肝总动脉：向右行至十二指肠上部的上缘进入肝十二指肠韧带，分为肝固有动脉和胃十二指肠动脉（图 4-29）。a. 肝固有动脉：行于肝十二指肠韧带内，在肝门静脉前方、胆总管左侧上行至肝门，分为左、右支，分别进入肝左、右叶。右支在进入肝门之前发出一支胆囊动脉，分支分布于胆囊。肝固有动脉又分出胃右动脉，分布于十二指肠上部和胃小弯附近的胃壁。b. 胃十二指肠动脉：经胃幽门下缘，分为胃网膜右动脉和胰十二指肠上动脉，分布于胃、大网膜、胰和十二指肠。

③ 脾动脉:沿胰上缘行至脾门,在脾门附近,发出3~5支胃短动脉,胃短动脉分布于脾和胃底。

(5) 肠系膜上动脉:在腹腔干稍下方,约平第1腰椎高度,起自腹主动脉前壁,经胰头与胰体交界处后方下行,越过十二指肠水平部前面进入小肠系膜根,向右髂窝方向走行,其主要分支有胰十二指肠下动脉、空肠动脉、回肠动脉、回结肠动脉、右结肠动脉和中结肠动脉(图4-30)。

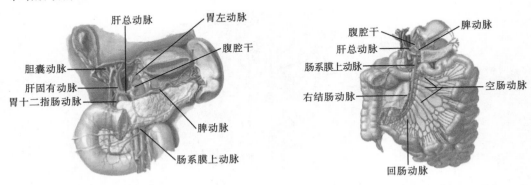

图 4-29 肝总动脉及其分支   图 4-30 肠系膜上动脉及其分支

(6) 肠系膜下动脉:约平第3腰椎高度,起自腹主动脉前壁,在腹膜壁后面沿腹后壁向左下方走行,其主要分支有左结肠动脉、乙状结肠动脉和直肠上动脉(图4-31),分布于降结肠、乙状结肠和直肠上部。

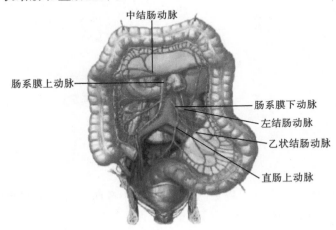

图 4-31 肠系膜下动脉及其分支

五、髂内动脉

髂内动脉(图4-32)是盆部的动脉主干,为一短粗干,沿盆腔侧壁下行,发出壁支和脏支。

1. 壁支

(1) 闭孔动脉:沿骨盆侧壁行向前下方,穿经闭膜管至大腿内侧,分支分布于大腿

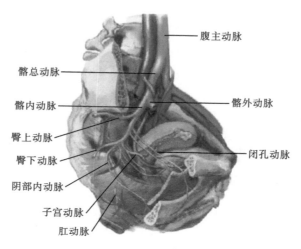

图 4-32　髂内动脉

内侧肌群和髋关节。

（2）臀上动脉和臀下动脉：分别经梨状肌上、下孔穿出至臀部，分支分布于臀肌和髋关节等处。

此外，髂内动脉还发出髂腰动脉和骶外侧动脉，分支分布于髂腰肌、盆腔后壁及骶管内结构。

2. 脏支

（1）脐动脉：胎儿时期的动脉干，出生后其远侧段管腔闭锁形成脐内侧韧带，近侧段管腔未闭锁，与髂内动脉起始段相连。

（2）子宫动脉：沿盆腔侧壁下行，进入子宫阔韧带底部两层腹膜之间，在距子宫颈外侧约 2 cm 处从输尿管前上方跨过，再沿子宫外侧缘迂曲上行至子宫底。子宫动脉（图 4-33）的分支分布于子宫、阴道、输卵管和卵巢，并与卵巢动脉吻合。

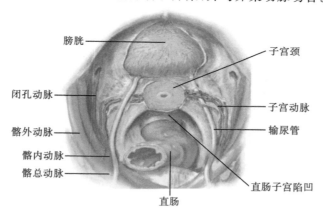

图 4-33　子宫动脉

（3）阴部内动脉：经梨状肌下孔出盆腔，发出肛动脉、会阴动脉、阴茎（蒂）动脉等分支，分布于肛门和外生殖器等处。

此外，还有膀胱下动脉，其分布于膀胱底、精囊和前列腺（男性），对于女性则分布于膀胱和阴道；直肠下动脉分布于直肠下部、前列腺（男性）或阴道（女性）等处。

六、髂外动脉

髂外动脉（图 4-34）沿腰大肌内侧缘下行，经腹股沟韧带中点深面至股前部，移行为股动脉。髂外动脉在腹股沟韧带稍上方发出腹壁下动脉，该动脉进入腹直肌鞘，分布于腹直肌，并与腹壁上动脉吻合。股动脉是髂外动脉的直接延续，也是下肢的动脉主干。

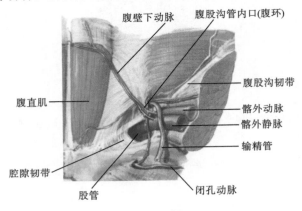

图 4-34　髂外动脉

1. 股动脉　股动脉（图 4-35）在股三角内下行，经收肌管至腘窝，移行为腘动脉。在腹股沟韧带稍下方，股动脉位置表浅，在活体上可摸到其搏动，当下肢出血时，可在该处将股动脉压向耻骨下支进行压迫止血（图 4-23）。股动脉的分支分布于股前肌群、内侧肌群和后部肌群。

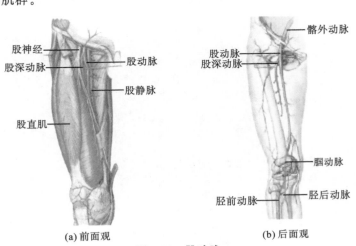

图 4-35　股动脉

2. 腘动脉 腘动脉在腘窝深部下行,分为胫前动脉和胫后动脉,其分支分布于膝关节和其附近肌(图 4-36)。

3. 胫后动脉 胫后动脉沿小腿后面浅、深两层屈肌之间下行,经内踝后方转至足底,分为足底内侧动脉和足底外侧动脉两个终支。胫后动脉的主要分支为腓动脉、足底内侧动脉和足底外侧动脉(图 4-36,图 4-37)。

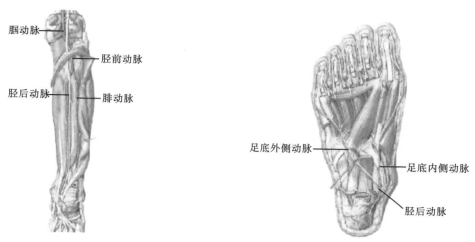

图 4-36　腘动脉及其分支

图 4-37　胫后动脉及其分支

4. 胫前动脉 胫前动脉由腘动脉发出后,穿小腿骨间膜至小腿前面,在小腿前群肌之间下行,至踝关节前方移行为足背动脉(图 4-38)。胫前动脉沿途分布于小腿前群肌,其分支参与膝关节网。

5. 足背动脉 足背动脉在踝关节的前方续于胫前动脉,经拇长伸肌腱的外侧前行,至足背分为第一趾背动脉和足底深动脉,沿途分布于足背、足趾等处。足背动脉位置表浅,在踝关节前方及拇长伸肌腱外侧可触及其搏动,临床上常将此处作为压迫止血点(图 4-39)。

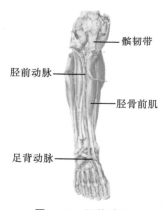

图 4-38　胫前动脉

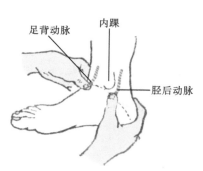

图 4-39　足背动脉和胫后动脉的压迫止血点

体循环的主要动脉及其分支如图 4-40 所示。

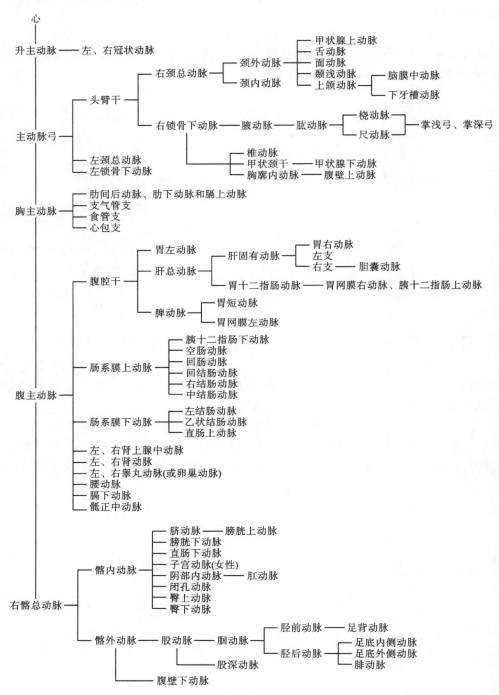

图 4-40　体循环的主要动脉及其分支

子任务四　体循环的静脉

体循环的静脉（图 4-41）包括上腔静脉系、下腔静脉系和心静脉系。下腔静脉系中收集腹腔内不成对器官（肝除外）的静脉血液的血管组成肝门静脉系。

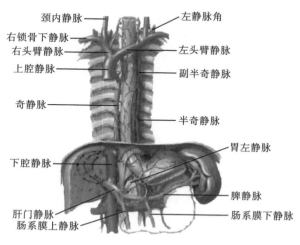

图 4-41　体循环的静脉

一、上腔静脉系

上腔静脉系由上腔静脉及其属支组成，收集头颈部、上肢和胸部（心和肺除外）等上半身的静脉血。

1. 头颈部静脉　头颈部静脉的浅静脉主要包括面静脉、颞浅静脉、颈前静脉和颈外静脉，其深静脉包括颅内静脉、颈内静脉和锁骨下静脉等。

（1）面静脉：起自内眦静脉，在面动脉的后方下行（图 4-42）。在下颌角下方跨过颈内动脉和颈外动脉的表面，下行至舌骨大角附近注入颈内静脉。面静脉通过眼上静脉和眼下静脉与颅内的海绵窦交通，并通过面深静脉与翼静脉丛交通，继而与海绵窦交通。由于面静脉缺乏静脉瓣，所以面部发生化脓性感染或处理不当（如挤压等），可导致颅内感染，故将鼻根至两侧口角的三角区称为"危险三角"。

（2）下颌后静脉：由颞浅静脉和上颌静脉在腮腺内汇合而成。上颌静脉起自翼内肌和翼外肌之间的翼静脉丛。下颌后静脉下行至腮腺下端处分为前、后两支，前支汇入面静脉，后支与耳后静脉和枕静脉汇合成颈外静脉。下颌后静脉收集面侧区和颞区的静脉血。

（3）颈外静脉：由下颌后静脉的后支与耳后静脉和枕静脉在下颌角处汇合而成，沿胸锁乳突肌表面下行，注入锁骨下静脉或静脉角，主要收集头皮和面部的静脉血（图 4-43）。

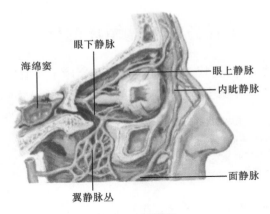

眼下静脉

海绵窦

眼上静脉

内眦静脉

面静脉

翼静脉丛

图 4-42   面静脉

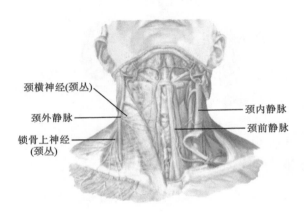

颈横神经(颈丛)

颈外静脉

锁骨上神经
(颈丛)

颈内静脉

颈前静脉

图 4-43   颈外静脉

（4）颈前静脉：起自颏下方的浅静脉，沿颈前正中线两侧下行，注入颈外静脉末端或锁骨下静脉。左、右颈前静脉在胸骨柄上方常吻合成颈静脉弓。

（5）颈内静脉：于颈静脉孔处续于乙状窦，在颈动脉鞘内沿颈内动脉和颈总动脉外侧下行，至胸锁关节后方与锁骨下静脉汇合成头臂静脉（图 4-44）。

（6）锁骨下静脉：在第 1 肋外侧续于腋静脉，至胸锁关节后方与颈内静脉汇合成头臂静脉，汇合处所形成的夹角称为静脉角，此区域是临床上静脉导管插入和静脉穿刺的常用部位。

2. 上肢静脉

（1）上肢浅静脉：包括头静脉、贵要静脉、肘正中静脉、前臂正中静脉及其属支（图 4-45）。临床上常在手背静脉网、前臂和肘部前面的浅静脉处进行取血、输液和注射药物。

①头静脉：起自手背静脉网的桡侧，沿前臂下部的桡侧、前臂上部和肘部的前面及肱二头肌外侧沟上行，再经三角肌与胸大肌间沟行至锁骨下窝，穿深筋膜注入腋静脉或

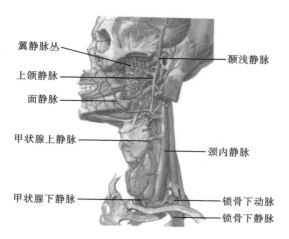

图 4-44 颈内静脉

图中标注（由上至下、左右）：翼静脉丛、颞浅静脉、上颌静脉、面静脉、甲状腺上静脉、颈内静脉、甲状腺下静脉、锁骨下动脉、锁骨下静脉

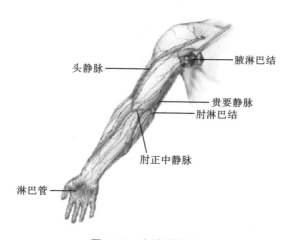

图 4-45 上肢浅静脉

图中标注：头静脉、腋淋巴结、贵要静脉、肘淋巴结、肘正中静脉、淋巴管

锁骨下静脉。头静脉收集手和前臂桡侧浅层结构的静脉血。

② 贵要静脉：起自手背静脉网的尺侧，沿前臂尺侧上行，于肘部转至前面，在肘窝处接受肘正中静脉，再经肱二头肌内侧沟行至臂中点平面，穿深筋膜注入肱静脉，或伴肱静脉上行，注入腋静脉。贵要静脉收集手和前臂尺侧浅层结构的静脉血。

③ 肘正中静脉：变异较多，通常在肘窝处连接头静脉和贵要静脉。

④ 前臂正中静脉：起自手掌静脉丛，沿前臂前面上行，注入肘正中静脉。

（2）上肢深静脉：与同名动脉伴行，但臂部以下为两条静脉与一条动脉伴行，至腋窝汇合成一条腋静脉。

3. 胸部静脉 胸部静脉主要有头臂静脉、上腔静脉、奇静脉及其属支（图 4-41）。

（1）头臂静脉：由颈内静脉和锁骨下静脉在胸锁关节后方汇合而成。头臂静脉还收集椎静脉、胸廓内静脉、肋间最上静脉和甲状腺下静脉的静脉血。

（2）上腔静脉：由左、右头臂静脉汇合而成，沿升主动脉右侧下行，平第 3 胸肋关节下缘，注入右心房，有奇静脉注入。

（3）奇静脉：起自右腰升静脉，沿食管后方和胸主动脉右侧上行，至第 4 胸椎体高度向前勾绕右肺根上方，注入上腔静脉。奇静脉沿途收集右侧肋间后静脉、食管静脉、支气管静脉和半奇静脉的静脉血。奇静脉上连上腔静脉，下借右腰升静脉连于下腔静脉，故奇静脉是沟通上腔静脉系和下腔静脉系的重要通道之一。

（4）半奇静脉：起自左腰升静脉，沿胸椎体左侧上行，注入奇静脉。半奇静脉收集左侧下部肋间后静脉、食管静脉和副半奇静脉的静脉血。

（5）副半奇静脉：沿胸椎体左侧下行，注入半奇静脉或向右跨过脊柱前面注入奇静脉。副半奇静脉收集左侧上部肋间后静脉的静脉血。

二、下腔静脉系

下腔静脉系由下腔静脉及其属支组成（图 4-46），收集下半身的静脉血。

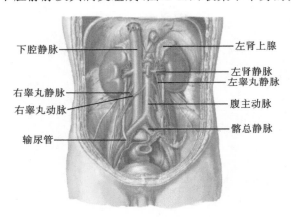

图 4-46　下腔静脉及其属支

1. 下肢静脉　下肢静脉比上肢静脉瓣膜多，其浅静脉与深静脉之间的交通丰富。

（1）下肢浅静脉：包括小隐静脉和大隐静脉及其属支（图 4-47）。

① 小隐静脉：起自足背静脉网，经外踝后方，沿小腿后面上行，注入腘静脉。小隐静脉收集足外侧部和小腿后部浅层结构的静脉血。

② 大隐静脉：全身最长的浅静脉，起自足背静脉网，经内踝前方，沿小腿内面、膝关节内后方、大腿内侧面上行，至耻骨结节外下方 3～4 cm 处穿经阔筋膜的隐静脉裂孔，注入股静脉。大隐静脉收集足、小腿、大腿的内侧部及大腿前部浅层结构的静脉血。

（2）下肢深静脉：与同名动脉伴行，收集同各动脉分布区域的血液。

2. 腹盆部静脉　腹盆部静脉主要有髂外静脉、髂内静脉、下腔静脉及其属支（图 4-48）。

（1）髂外静脉：股静脉的直接延续，收集腹壁下静脉和旋髂深静脉的血液。

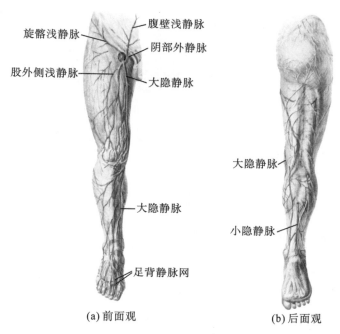

(a) 前面观　　　　(b) 后面观

图 4-47　下肢浅静脉

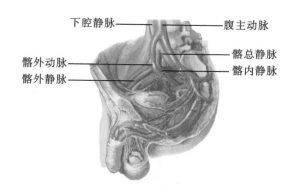

图 4-48　腹盆部静脉

（2）髂内静脉：沿髂内动脉后内侧上行，其属支与同名动脉伴行。

（3）髂总静脉：由髂外静脉和髂内静脉汇合而成。

（4）下腔静脉：由左、右髂总静脉在第 4～5 腰椎体右前方汇合而成，沿腹主动脉右侧和脊柱右前方上行，穿膈的腔静脉裂孔进入胸腔，注入右心房。

三、肝门静脉系

肝门静脉系由肝门静脉及其属支组成（图 4-49），收集腹盆部消化道（包括食管腹段，但齿状线以下的肛管除外）、脾、胰和胆囊的静脉血。

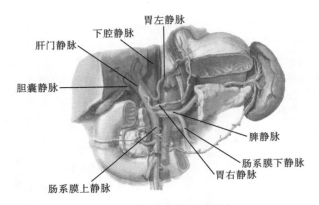

图 4-49　肝门静脉及其属支

（1）肝门静脉：由肠系膜上静脉和脾静脉汇合而成，其属支包括肠系膜上静脉、脾静脉、肠系膜下静脉、胃左静脉、胃右静脉、胆囊静脉和附脐静脉等，多与同名动脉伴行。其中附脐静脉起自脐周静脉网，沿肝圆韧带上行至肝下面，注入肝门静脉。

（2）肝门静脉系与上、下腔静脉系之间的交通（图 4-50）：①通过食管腹段黏膜下的食管静脉丛形成肝门静脉系的胃左静脉与上腔静脉系的奇静脉和半奇静脉之间的交通；②通过直肠静脉丛形成肝门静脉系的直肠上静脉与下腔静脉系的直肠下静脉和肛静脉之间的交通；③通过脐周静脉网形成肝门静脉系的附脐静脉与上腔静脉系的胸腹壁静脉和腹壁上静脉或与下腔静脉系的腹壁浅静脉和腹壁下静脉之间的交通；④通过椎内、外静脉丛形成腹后壁前面的肝门静脉系的小静脉与上、下腔静脉系的肋间后静脉和腰静脉之间的交通。此外，肝门静脉系在肝裸区、胰、十二指肠、升结肠和降结肠等处的小静脉与上、下腔静脉系的膈下静脉、肋间后静脉、肾静脉和腰静脉等也可形成交通。

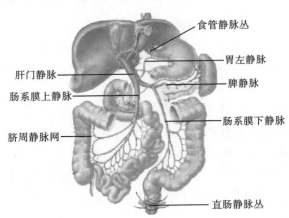

图 4-50　肝门静脉系与上、下腔静脉系之间的交通

在正常情况下，肝门静脉系与上、下腔静脉系之间的交通支细小，血流量少。肝硬化、肝肿瘤、肝门处淋巴结肿大或胰头肿瘤等可压迫肝门静脉，导致肝门静脉回流受阻，

此时肝门静脉系的血液经上述交通途径形成侧支循环,通过上、下腔静脉系回流。由于血流量增多,交通支变得粗大和弯曲,出现静脉曲张,如食管静脉丛、直肠静脉丛和脐周静脉网曲张。如果食管静脉丛和直肠静脉丛曲张破裂,则引起呕血和便血。当肝门静脉系的侧支循环失代偿时,可引起收集静脉血范围的器官淤血,出现脾肿大和腹腔积液等。

体循环的主要静脉及其回流途径如图 4-51 所示。

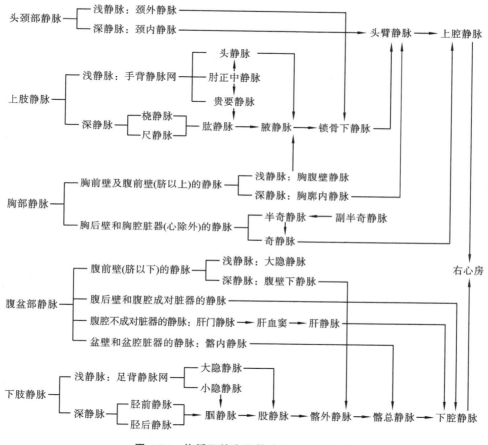

图 4-51 体循环的主要静脉及其回流途径

任务三 淋巴系统

 情景设置

人们罹患疾病如感冒,医生在询问病情时,经常会让患者张开口,用压舌板压住患

者的舌头进行观察,还会在患者的下颌、颈部周围触摸,这究竟是为什么? 本任务将认识机体重要的免疫系统的正常结构。

　　淋巴系统(图 4-52)由淋巴管道、淋巴组织和淋巴器官组成。淋巴管道和淋巴结的淋巴窦内含有无色透明的淋巴液,简称为淋巴。淋巴液沿淋巴管道和淋巴结的淋巴窦向心流动,最后流入静脉。淋巴系统是心血管系统的辅助系统,协助静脉引流组织液。此外,淋巴器官和淋巴组织具有产生淋巴细胞、过滤淋巴液和进行免疫应答的功能。

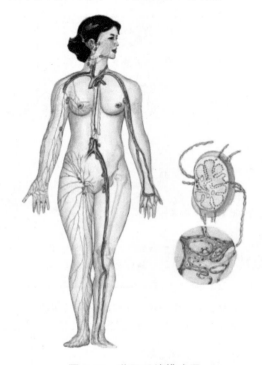

图 4-52　淋巴系统模式图

子任务一　淋巴管道

一、毛细淋巴管

　　毛细淋巴管以膨大的盲端起始,互相吻合成毛细淋巴管网,然后汇入淋巴管。毛细淋巴管由内皮细胞构成,通透性较大,蛋白质、细胞碎片、异物、细菌和肿瘤细胞等容易进入毛细淋巴管。上皮、角膜、晶状体、软骨、脑和脊髓等处无毛细淋巴管。

二、淋巴管

　　淋巴管由毛细淋巴管吻合而成,管壁结构与静脉相似。淋巴管内有很多瓣膜,瓣膜具有防止淋巴液逆流的功能。浅淋巴管位于浅筋膜内,与浅静脉伴行。深淋巴管位于深筋膜深面,多与深部血管、神经伴行。浅、深淋巴管之间存在丰富的交通。

三、淋巴干

淋巴管注入淋巴结,由淋巴结发出的淋巴管汇合成淋巴干。淋巴干包括腰干、支气管纵隔干、锁骨下干、颈干各两条和一条肠干,共九条淋巴干(图 4-53)。

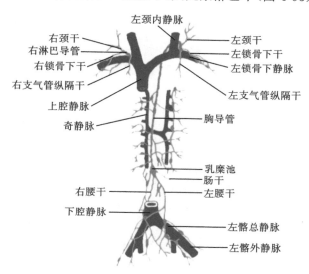

图 4-53　淋巴干和淋巴导管

四、淋巴导管

九条淋巴干汇合成两条淋巴导管,即胸导管和右淋巴导管(图 4-53),两者分别注入左、右静脉角。

(一)胸导管

胸导管是全身最大的淋巴导管,平第 12 胸椎下缘高度,起自乳糜池,经主动脉裂孔进入胸腔,沿脊柱右前方和胸主动脉与奇静脉之间上行,至第 5 胸椎高度后沿脊柱左前方上行,在左颈总动脉和左颈内静脉的后方转向前内下方,注入左静脉角(图 4-54)。乳糜池位于第 1 腰椎前方,呈囊状膨大,接受左、右腰干和肠干。胸导管在注入左静脉角处接受左颈干、左锁骨下干和左支气管纵隔干。胸导管收集下肢、盆部、腹部、左上肢、左胸部和左头颈部的淋巴,即全身约 3/4 部位的淋巴。

(二)右淋巴导管

右淋巴导管长 1~1.5 cm,由右颈干、右锁骨下干和右支气管纵隔干汇合而成,注入右静脉角。右淋巴导管收集来自右上肢、右胸部和右头颈部的淋巴,即全身约 1/4 部位的淋巴。右淋巴导管与胸导管之间相通。

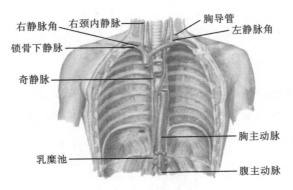

图 4-54 淋巴导管

五、淋巴组织

淋巴组织可分为弥散淋巴组织和淋巴小结两类。除淋巴器官外,消化道、呼吸道、泌尿生殖管道及皮肤等处含有丰富的淋巴组织,起着防御屏障的作用。弥散淋巴组织主要位于消化道和呼吸道的黏膜固有层。淋巴小结包括小肠黏膜固有层内的孤立淋巴滤泡和集合淋巴滤泡,以及阑尾壁内的淋巴小结等。

子任务二 淋巴器官

淋巴器官包括淋巴结、胸腺、脾和扁桃体。

一、淋巴结

淋巴结为大小不一的圆形或椭圆形的灰红色小体,一侧隆凸,另一侧凹陷,凹陷中央处为淋巴结门。与淋巴结凸侧相连的淋巴管称为输入淋巴管,数目较多。淋巴结门有神经和血管出入,出淋巴结门的淋巴管称为输出淋巴管。淋巴结按位置不同分为浅淋巴结和深淋巴结。浅淋巴结位于浅筋膜内,深淋巴结位于深筋膜深面。淋巴结多沿血管排列,位于关节屈侧和体腔的隐藏部位,如肘窝、腋窝、腘窝、腹股沟、脏器门和体腔大血管附近。淋巴结的主要功能是滤过淋巴、产生淋巴细胞和进行免疫应答。

引流某一器官或部位淋巴的第一级淋巴结,称为局部淋巴结。当某器官或部位发生病变时,细菌、毒素、寄生虫或肿瘤细胞可沿淋巴管进入相应的局部淋巴结,致使淋巴结肿大。

(一)头颈部的淋巴结

头颈部的淋巴结在头、颈交界处呈环状排列,在颈部沿静脉纵向排列,少数淋巴结位于消化道和呼吸道周围。头颈部淋巴结的输出淋巴管下行,直接或间接地注入颈外侧下深淋巴结(图 4-55)。

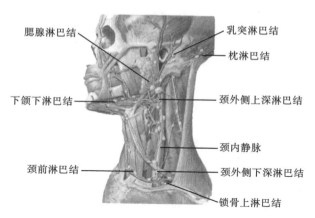

腮腺淋巴结　　　　　　　　　　　乳突淋巴结

　　　　　　　　　　　　　　　　枕淋巴结

下颌下淋巴结　　　　　　　　　　颈外侧上深淋巴结

　　　　　　　　　　　　　　　　颈内静脉

颈前淋巴结　　　　　　　　　　　颈外侧下深淋巴结

　　　　　　　　　　　　　　　　锁骨上淋巴结

图 4-55　头颈部淋巴结

1. 头部淋巴结

　　头部淋巴结多位于头、颈交界处,主要引流头面部淋巴,输出淋巴管直接或间接注入颈外侧上深淋巴结。头部淋巴结包括枕淋巴结、耳后淋巴结、腮腺淋巴结、下颌下淋巴结和颏下淋巴结。

2. 颈部淋巴结

　　(1)颈前淋巴结:又分浅、深两群,位于舌骨下方及喉、甲状腺、气管等的前方,收集上述器官的淋巴管,其输出淋巴管注入颈外侧深淋巴结。

　　(2)颈外侧淋巴结:①颈外侧浅淋巴结:沿颈外侧静脉排列,引流颈外侧浅层结构的淋巴,并收集枕淋巴结、耳后淋巴结和腮腺淋巴结的输出淋巴管,其输出淋巴管注入颈外侧深淋巴结。②颈外侧深淋巴结:主要沿颈内静脉排列,部分淋巴结沿副神经和颈横血管排列,以肩胛舌骨肌为界,分为颈外侧上深淋巴结和颈外侧下深淋巴结两群。

　　(二)上肢淋巴管和淋巴结

　　上肢浅、深淋巴管分别与浅静脉和深血管伴行,直接或间接注入腋淋巴结。

　　1. 肘淋巴结　肘淋巴结位于肱骨内上髁上方和肘窝深血管周围,有一个或两个,引流手尺侧半和前臂尺侧半的淋巴,其输出淋巴管注入腋淋巴结。

　　2. 锁骨下淋巴结　锁骨下淋巴结位于锁骨下,在三角肌与胸大肌间沟内,沿头静脉排列,收集沿头静脉上行的浅淋巴管,其输出淋巴管注入腋淋巴结,少数注入锁骨上淋巴结。

　　3. 腋淋巴结　腋淋巴结位于腋窝疏松结缔组织内,沿血管排列,按位置分为五群,包括胸肌淋巴结、外侧淋巴结、肩胛下淋巴结、中央淋巴结和尖淋巴结(图 4-56)。

　　(三)胸部淋巴管和淋巴结

　　胸部淋巴结位于胸壁内和胸腔器官周围。

　　1. 胸壁淋巴结　胸壁淋巴结包括胸骨旁淋巴结、肋间淋巴结、膈上淋巴结等,收集胸壁浅、深部的淋巴管。

2. 胸腔器官淋巴结 胸腔器官淋巴结包括纵隔前淋巴结、纵隔后淋巴结,以及气管、支气管和肺的淋巴结等,收集相应范围的淋巴管的淋巴。

(四)下肢淋巴管和淋巴结

下肢浅、深淋巴管分别与浅静脉和深血管伴行,直接或间接注入腹股沟淋巴结。此外,臀部的深淋巴管沿深血管注入髂内淋巴结。

1. 腘淋巴结 腘淋巴结分为浅、深两群,分别沿小隐静脉末端和腘血管排列,引流足外侧缘和小腿后外侧部的浅淋巴管及足和小腿的深淋巴管,其输出淋巴管沿股血管上行,注入腹股沟深淋巴结。

2. 腹股沟淋巴结

(1)腹股沟浅淋巴结:位于腹股沟韧带下方,分为上、下两群。上群与腹股沟韧带平行排列,引流腹前外侧壁下部、臀部、会阴和子宫底的淋巴。下群沿大隐静脉末端分布,收纳除足外侧缘和小腿后外侧部之外的下肢浅淋巴管。腹股沟浅淋巴结(图 4-57)的输出淋巴管注入腹股沟深淋巴结或髂外淋巴结。

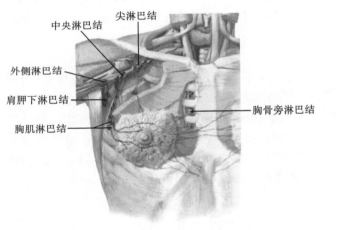

图 4-56　腋淋巴结　　　　　　图 4-57　腹股沟浅淋巴结

(2)腹股沟深淋巴结:位于股静脉周围和股管内,引流大腿深部结构和会阴的淋巴,并收纳腘淋巴结深群和腹股沟浅淋巴结的输出淋巴管,其输出淋巴管注入髂外淋巴结(图 4-58)。

(五)盆部淋巴管和淋巴结

盆部淋巴结沿盆腔血管排列,包括髂内淋巴结、骶淋巴结、髂外淋巴结、髂总淋巴结等。

(六)腹部淋巴管和淋巴结

腹部淋巴结位于腹后壁和腹腔器官周围,沿腹腔血管排列。

1. 腹壁淋巴结 脐平面以上腹前外侧壁的浅、深淋巴管分别注入腋淋巴结和胸骨

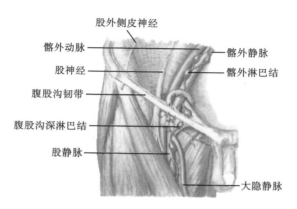

图 4-58　腹股沟深淋巴结

旁淋巴结,脐平面以下腹壁的浅淋巴管注入腹股沟浅淋巴结,其深淋巴管注入腹股沟深淋巴结、髂外淋巴结和腰淋巴结。

2. 腹腔器官淋巴结　腹腔成对器官的淋巴管注入腰淋巴结,不成对器官的淋巴管注入沿腹腔干、肠系膜上动脉和肠系膜下动脉及其分支排列的淋巴结。腹腔淋巴结(图 4-59)、肠系膜上淋巴结和肠系膜下淋巴结的输出淋巴管汇合成肠干。

二、胸腺

胸腺(图 4-60)位于胸骨柄后方,上纵隔的前上部,分为大小不对称的左、右两叶。胸腺有明显的年龄变化,新生儿和幼儿时期的胸腺相对较大,至青春期后逐渐萎缩退化,成年后胸腺腺组织常被脂肪组织所代替。

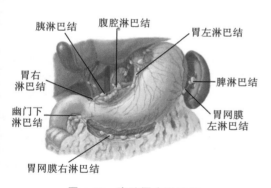

图 4-59　腹腔器官淋巴结

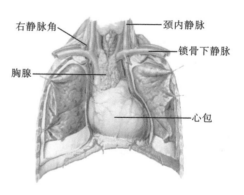

图 4-60　胸腺

胸腺既是淋巴器官,又有内分泌功能,主要产生 T 淋巴细胞及分泌胸腺素。胸腺素能使来自骨髓等处的淋巴细胞,从无免疫功能转化为有免疫功能的 T 细胞,参与细胞免疫功能。

三、脾

脾（图 4-61）是人体最大的淋巴器官，具有储血、造血、清除衰老红细胞和进行免疫应答的功能。

脾位于左季肋部，胃底与膈之间，第 9～11 肋的深面，其长轴与第 10 肋一致。正常人在左肋弓下缘触不到脾。脾的位置可随呼吸变化和因体位不同而变化，站立时比平卧时低 2.5 cm。脾由胃脾韧带、脾肾韧带、膈脾韧带和脾结肠韧带支持固定。脾呈暗红色，质软而脆。脾可分为膈、脏两面，前、后两端和上、下两缘。膈面光滑隆凸，与膈相贴。脏面凹陷，中央处有脾门，为血管、神经和淋巴管出入的部位。脾的上缘有 2～3 个脾切迹，为触诊脾的标志。

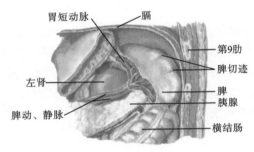

图 4-61　脾

 综合能力训练

一、经口腔摄入食物的营养成分到达胃的途径

食物→口腔→口咽→喉咽→食管→胃、小肠、大肠→胃左静脉、胃右静脉、肠系膜上静脉→肝门静脉（入肝）→肝内循环→肝静脉→第二肝门（出肝）→下腔静脉→右心房→右心室→肺动脉干→左、右肺动脉→左、右肺→肺内血管分支→肺泡周围毛细血管→毛细静脉（逐级汇集）→肺静脉（出肺）→左心房→左心室→主动脉干→胸主动脉→腹主动脉→腹腔干→肝总动脉、脾动脉、胃左动脉及其分支→胃网膜左、右动脉，胃左、右动脉，胃短动脉→胃壁组织→分支胃毛细血管网→细胞周围组织液→组织细胞。

提示：根据全身血液循环途径，可以分析理解人体任何部位类似血液流向的途径。该综合训练具有三个特点，一是将消化管与体循环、肺循环联系了起来；二是考虑到了正常生理状态下的肝门静脉循环途径；三是人体某一个器官的血液供应可能会涉及多条血管分支来源，如胃。

二、经鼻腔摄入一氧化碳中毒的循环途径

一氧化碳→鼻腔→鼻咽→口咽→喉咽→喉→气管→左、右主支气管→肺叶支气管→肺段支气管→支气管树及各级分支→终末细支气管→肺泡管、肺泡囊、肺泡→气-血

屏障→毛细血管网→一氧化碳与血红蛋白结合（两者的结合能力强于血红蛋白与氧的结合能力）→毛细静脉逐级汇集→肺静脉→左心房→左心室→升主动脉→主动脉弓→左颈总动脉、左锁骨下动脉、右头臂干→颈内动脉、椎动脉→颅。

　　提示：在该循环途径中，也具有三个特点，一是将呼吸系统结构与血液循环途径紧密联系起来，二是要明白肺内气-血交换原理，三是一氧化碳入颅后，还应了解脑的血管分布运输过程及一氧化碳对神经系统毒性作用原理，此处略。

项目小结

　　根据血液在心血管系统内循环途径的不同，可将血液循环分为体循环（大循环）和肺循环（小循环）两种。体循环是指血液从左心室流入主动脉，再经各级动脉分支到达全身各部的毛细血管，血液在此进行物质交换和气体交换后，血液变成含有代谢产物及较多二氧化碳的暗红色的静脉血，再经各级静脉逐级汇集，最后通过上、下腔静脉和心冠状窦等三种途径流回右心房的过程。肺循环是指血液从右心室流入肺动脉干，再经左、右肺动脉入肺，经其各级分支最后到达肺泡壁的毛细血管网，血液在此进行氧和二氧化碳的交换，使静脉血变成动脉血，再经毛细静脉端逐级汇集形成肺静脉返回左心房的过程。由于心被心间隔分为左、右两半，所以动脉血和静脉血完全分流不相混合。左心房和左心室内含动脉血，右心房和右心室内含静脉血。

　　心位于胸腔的中纵隔内。心腔分为右心房、右心室、左心房、左心室四个腔。心肌的搏动依靠心传导系统的节律性兴奋来完成。心自身的营养由左、右冠状动脉及其分支提供，代谢产物经心的大、中、小静脉注入冠状窦，而后注入右心房。心包是一个纤维浆膜囊，包绕心及大血管根部，可分为纤维心包和浆膜心包。

　　全身各器官组织的血液供应是在体循环和肺循环的共同管道输送下完成的。体循环的动脉血管中流动的是动脉血，静脉血管中流动的是静脉血，肺循环则相反。动脉干及其各级分支构成了全身体循环的主要血管，相互连续；肺动脉干及其分支构成了肺循环的主要分支，并通过心腔内的瓣膜作用，使全身血液循环形成一个完整的整体循环，同时正常血液循环保持定向流动，而不能逆流。全身的静脉血管分为浅、深两组，浅静脉数量及血管吻合比深静脉的更丰富，但浅静脉必定经一定途径最终注入深静脉。肝门静脉系作为一个相对独立的静脉系统，通过丰富的血管吻合将全身的上、下腔静脉网连成一个整体，具有十分重要的临床意义。

　　淋巴系统可以看做是心血管系统及血液循环的一个重要补充。全身主要部位的淋巴结具有免疫功能。按照各级淋巴管收集淋巴的范围，全身共具有九条淋巴干，后汇入两条淋巴导管，分别经左、右静脉角流入静脉血液，从而实现了全身血液循环的平衡。

 正常人体结构

 能力检测

1. 在心的标本上指认心的各腔及相连大血管的出入口、位置、结构、瓣膜名称及数量,总结归纳其特点,并描述血液的定向流动方向。

2. 以小组为单位在活体上描记心的体表投影。

3. 某农民在稻田劳作时,不慎感染血吸虫病,并在肝脏中发现虫卵,最终引起全身水肿、腹腔积液、身体消瘦等症状,试应用血液循环、淋巴循环、肝门脉循环等的相关知识分析该患者的发病原理。

(巨国哲　张维杰)

192

项目五

感觉器正常结构

感觉器是感受器及其辅助装置的总称。感受器是机体接受内、外界环境各种刺激的结构。感受器能够特异地接受某种刺激,通过换能作用,把刺激能量转变为神经冲动,经感觉神经传至大脑皮质的相应中枢,产生各种感觉。感受器有多种,有的感受器比较复杂(如视器和前庭蜗器等),具有多种辅助结构,辅助结构对感受器起保护作用或者使其能充分发挥感受器的功能。

根据感受器所在部位和所接受刺激的来源,感受器可以分为以下三类。

(1)内感受器:分布在内脏(包括嗅黏膜和味蕾)和心血管等处,接受来自内脏和心血管的刺激,如压力、化学、温度和渗透压等刺激。

(2)本体感受器:分布在肌、肌腱、关节、韧带和内耳平衡器等处,接受机体在运动过程中和在空间内的平衡刺激。

(3)外感受器:分布在皮肤、口腔黏膜、鼻腔、视器和听器等处,接受来自外界环境的刺激,如压力、痛、温度、光和声等物理和化学刺激。

本项目主要叙述视器和前庭蜗器的结构,其他感受器参考有关内容。

任务一 视 器

视器能感受光波的刺激,并转变为神经冲动,经视觉传导通路传至视觉中枢和脑的其他部分,产生视觉。

子任务一 眼 球

眼球为视器的主要部分,位于眶腔的前部,其后端借视神经连于间脑,周围有眼副器(如眼球筋膜)和脂肪组织起支撑和保护作用。

一、眼球的外形

眼球近似球形,其前、后面的正中点分别称为前极和后极(图 5-1)。平眼球前极和后极连线的中点绕眼球表面所作的环行线,称为赤道。自前极至后极的矢状轴称为眼轴,眼轴长约 2.4 cm。光线进入眼球后,通过瞳孔中央至视网膜中央凹的连线称为视轴。眼轴与视轴交叉成锐角。

二、眼球的构造

眼球由眼球壁和眼球内容物两部分组成。

(一)眼球壁

眼球壁(图 5-2)由外向内依次为眼球外膜、眼球中膜和眼球内膜三层结构。

1. 眼球外膜 眼球外膜即纤维膜,位于眼球的最外面,主要由纤维结缔组织构成,对维持眼球外形和保护眼球内容物起着重要作用。纤维膜包括角膜和巩膜。

(1)角膜位于眼球正前方,占纤维膜的前 1/6,无色透明,曲度较大,有折光作用。角膜内无血管,而有大量的感觉神经末梢分布,感觉灵敏,所以当角膜发生病变时,疼痛明显。

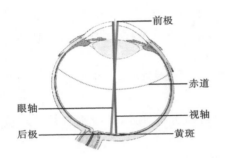

图 5-1 眼球的外形

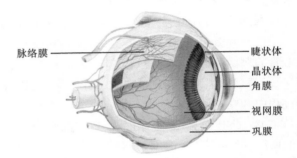

图 5-2 眼球壁的构造(矢状面)

(2)巩膜占纤维膜的后 5/6,为乳白色不透明的纤维膜,厚而坚韧,血管少。小儿的巩膜较薄,血管膜的色素可透露出来,故呈蓝白色。老年人的巩膜呈淡黄色。巩膜与角膜交接处的巩膜深部有环行的小管,称为巩膜静脉窦,它是房水回流的通道。巩膜后方被视神经的纤维穿通,呈筛状,称为巩膜筛板。

2. 眼球中膜 眼球中膜即血管膜,位于纤维膜内面,含有丰富的血管和色素细胞,呈黑褐色,有营养眼内组织、调节进入眼球光量和产生房水的作用。血管膜自前向后可分为虹膜、睫状体和脉络膜三部分。

(1)虹膜位于血管膜的最前部(图 5-3)。虹膜的颜色因所含色素的多少和分布的不同而异。中国人的虹膜多呈棕色。虹膜呈圆盘状,中央有一圆孔,称为瞳孔,直径为 1.5~8 mm。透过角膜可以看到虹膜和瞳孔。虹膜内有两种平滑肌:一种环绕于瞳孔周围,称为瞳孔括约肌,收缩时使瞳孔缩小;另一种以瞳孔为中心呈放射状排列,称为瞳孔开大肌,收缩时使瞳孔开大。这两种平滑肌的功能是调节射入眼球内的光线量。当光线强烈时,瞳孔括约肌收缩,使进入眼球的光线量减小;当外界光线较弱时,瞳孔开大肌收缩,允许更多的光线进入眼球内。眼球通过瞳孔的调节,始终保持适量的光线进入眼睛,使投射在视网膜上的物体成像既清晰,又不会有过量的光线灼伤视网膜。

(2)睫状体位于巩膜与角膜移行部的内面,是血管膜呈环形的增厚部分(图 5-4)。前部有 60~80 条向内突出并呈放射状排列的皱襞,称为睫状突,睫状突借睫状小带连

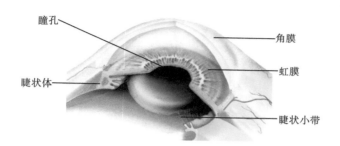

图 5-3　眼球的构造(外上面观)

于晶状体。睫状体后部平坦光滑,称为睫状环。睫状体内有平滑肌,称为睫状肌。睫状肌舒张和收缩时,通过睫状小带牵拉晶状体改变晶状体的曲度,借以调节远、近视力。睫状体产生房水,营养眼内组织。

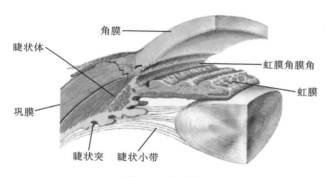

图 5-4　睫状体

　　(3)脉络膜占血管膜的后 2/3。脉络膜含有丰富的血管和色素细胞,其内面与视网膜的色素上皮层紧密相贴,外面与巩膜相连,有营养视网膜外层和遮光的作用。

　　3. 眼球内膜　眼球内膜即视网膜,紧贴在血管膜的内面,分为内、外两层。外层为色素部,由单层色素上皮构成;内层为神经部,可分为虹膜部、睫状体部和视部三部。其中睫状体部和虹膜部贴附在睫状体和虹膜的内面,无感光作用,故称为盲部。通常所说的"视网膜"指的就是其视部,视部由高度分化的神经组织构成,有感光作用。视部贴附于脉络膜的内面,光滑透明,呈淡紫色,其后部较厚,越向前越薄。视部由三层神经细胞组成:最外层为视杆细胞和视锥细胞,接受光线刺激;中层为双极细胞,传递神经冲动;内层为节细胞。节细胞的轴突在视网膜后部集结成束,形成呈圆盘状的隆起,称为视神经盘(视神经乳头),穿过巩膜筛板和眼球后壁,形成视神经。视神经盘在活体上呈淡红色,正常时边缘清楚,有视网膜中央血管在此出入眼球,此处无感光作用,称为生理盲点。在视神经盘的颞侧稍偏下方约 0.35 cm 处,有呈黄色的小区,称为黄斑(图 5-5)。黄斑中央的凹陷,称为中央凹,是视觉最敏锐的地方。视网膜内、外两层之间连接疏松,在病理情况下两层发生分离,便形成视网膜剥离症,即通常所说的"视网膜脱落"。临床上用检眼镜检查眼底,能观察到视网膜和视神经盘等存在的异常和病变,并可根据这些

变化帮助诊断某些眼底、颅内、心血管或内分泌等方面的全身性疾病。

（二）眼球内容物

眼球内容物包括眼球房、房水、晶状体和玻璃体（图5-6）。这些结构因没有血管而呈无色透明状，和角膜一起组成眼球的折光装置，通过调节折射，使物体在视网膜上反映出清晰的物像，对维持正常视力有重要作用。

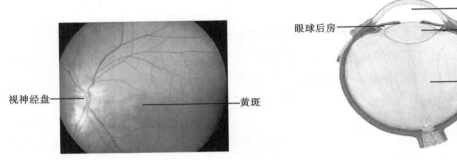

图5-5　视网膜

图5-6　眼球内容物

1. 眼球房和房水

（1）眼球房：位于角膜、晶状体、睫状小带和睫状体之间的空隙，被虹膜分为眼球前房和眼球后房，二者借瞳孔相通。眼球房内充满房水。在眼球前房的周边，由虹膜与角膜相交所形成的环形区域，称为虹膜角膜角。虹膜角膜角的前外侧壁是由小梁构成的栅状壁，栅的空隙称为虹膜角膜角隙。眼球前房经此空隙通入巩膜静脉窦，该通道是房水回流的通道。

（2）房水由睫状体产生，充满于眼球房内，为无色透明的液体。房水的生理功能除有折光作用外，还有营养角膜和晶状体及维持眼内压的作用。

房水由睫状体产生后，充填于眼球后房，经瞳孔到达眼球前房，然后经虹膜角膜角隙回流入巩膜静脉窦，最后汇入静脉（图5-7）。房水的产生和回流可保持动态平衡，使眼内正常房水量恒定。若房水产生过多或回流受阻，可引起眼内压增高而影响视力，临

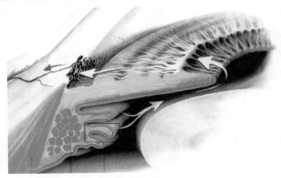

图5-7　房水的产生和循环途径

床上称为青光眼。

2. 晶状体 晶状体位于虹膜和玻璃体之间,呈双凸透镜状,后面较前面隆凸。晶状体透明而富有弹性,无血管和神经分布。晶状体外包有一层透明而富有弹性的被膜,称为晶状体囊,其周缘借睫状小带连于睫状体的睫状突上。当视近物时,睫状肌收缩,睫状体向前内方移行,睫状小带松弛,此时晶状体依靠其本身的弹性回缩,曲度增大,折光能力增强,使物像清晰地在视网膜上形成。视远物时,则与上述情况相反。随着年龄增长(40岁以后),晶状体变硬,弹性减退,其调节能力也随之减弱,看近物时模糊不清,看远物时则清晰,称为"老花眼"。若晶状体由于发育异常、损伤、中毒、代谢障碍或年龄等原因,发生混浊,影响视力,称为白内障。

3. 玻璃体 玻璃体为无色透明的胶状物,表面被覆有玻璃体囊,充满于晶状体与视网膜之间。玻璃体除具有折光作用外,还对视网膜起支撑作用。若支撑作用减弱,则易导致视网膜剥离。若玻璃体发生混浊或炎症形成瘢痕,可影响视力。

眼球的折光和调节是由眼球折光装置的角膜、房水、晶状体和玻璃体等共同完成的。外界物体发射或反射出来的光线,经过眼球折光装置折射后,在视网膜上形成清晰的物像,这种视力称为正视。若眼球折光装置的折光率过强,或眼轴过长,则可发生近视。相反,若折光率不足,或眼轴过短,则可发生远视。

子任务二 眼 副 器

眼副器是指保护、运动和支持眼球的一些结构,包括眼睑、结膜、泪器、眼球外肌和眶内结缔组织等。

一、眼睑

眼睑盖在眼球前方,为能活动的皮肤皱襞,保护眼球免受伤害和防止角膜干燥。眼睑分为上睑和下睑。两眼睑之间的裂隙称为睑裂。睑裂的内、外侧端分别称为内眦和外眦。眼睑的游离缘称为睑缘。上、下睑缘的内侧端处各有一个隆起,称为泪乳头,其中央有泪小管的开口,称为泪点。上、下睑缘均生有睫毛。睫毛根部有睫毛腺,此腺若发生急性炎症,称为外麦粒肿(外麦粒肿是眼科的常见病之一)。

眼睑由浅及深分为皮肤、皮下组织、肌层、睑板和睑结膜五层。眼睑的皮肤细薄,皮下组织疏松,当眼睑感染或患肾炎等症时,可出现眼睑显著水肿。肌层内有眼轮匝肌和上睑提肌。眼轮匝肌收缩时关闭睑裂;上睑内的上睑提肌,由宽阔的腱板分为三层,分别止于上睑的结膜上穹、睑板和皮肤。其中附于上睑板上缘的一层中含有平滑肌,称为上睑板肌。此肌由交感神经支配,若该神经出现障碍,可致上睑下垂。睑板由致密结缔组织构成,呈半月形,内、外侧端借睑内、外侧韧带附于眶缘。睑板内有许多与睑缘垂直排列的睑板腺,开口于睑缘,分泌脂性物,有滑润睑缘和防止泪液外溢的作用。若腺管阻塞,可发生囊肿,称为霰粒肿;若患急性炎症,则称为内麦粒肿。

二、结膜

结膜为连接于眼球和眼睑之间的薄膜,透明而富有血管,表面光滑,按其所在部位可分为以下三部分。①睑结膜:起于睑缘,覆盖于上、下睑内面的部分。睑结膜光滑而透明,透过此膜可见到其深面的睑板腺和血管。②球结膜:覆盖于眼球巩膜前面、止于角膜缘的部分。球结膜与巩膜连接较疏松,故易发生球结膜下水肿与结膜下出血。③结膜上穹和结膜下穹(穹窿结膜):分别为上、下睑结膜与球结膜相移行的部分,结膜上穹比结膜下穹深。眼睑闭合时,结膜形成的囊状腔隙,称为结膜囊,通过睑裂与外界相通。

三、泪器

泪器(图 5-8)由分泌泪液的泪腺和排泄泪液的泪道组成。

(一)泪腺

泪腺位于眶上壁前外侧部分的泪腺窝内。其排泄小管有 10~20 条,开口于结膜上穹的外侧部。泪腺分泌的泪液含有特殊的溶菌酶,有冲洗结膜囊内异物、维持眼球表面洁净、保持角膜湿润、抑制细菌繁殖等作用。

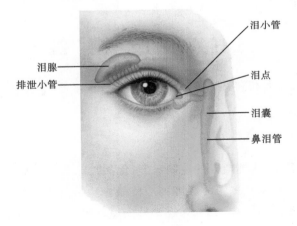

图 5-8　泪器

(二)泪道

泪道包括泪点、泪小管、泪囊和鼻泪管。

(1) 泪点:位于上、下睑缘内侧端泪乳头的中央,为泪小管的开口,是泪道的起始部分。

(2) 泪小管:起自泪点,为连接结膜囊与泪囊的部分,分为上泪小管和下泪小管。上、下泪小管最初分别垂直向上、向下走行,然后分别以几乎直角的方向转向内下方和内上方,彼此汇聚分别开口于泪囊上部。

(3) 泪囊:为一膜性囊,位于眶内侧壁前下方的泪囊窝内。泪囊的上端为盲端,下端移行于鼻泪管,前有睑内侧韧带。眼轮匝肌部分肌纤维附于泪囊后面,该肌收缩时可扩大泪囊,促使泪液排入鼻腔。

(4)鼻泪管:为一续于泪囊下端的膜性管,长约 1.2 cm,它是泪囊内泪液自眶腔进入鼻腔的通道。上部埋在骨性鼻泪管内,下部在鼻腔侧壁的黏膜深面,开口于下鼻道的外侧壁的前部。开口处的黏膜内富含静脉,故感冒时,黏膜易充血和肿胀,使鼻泪管闭塞,泪液向鼻腔引流不畅,故感冒时常有流泪现象。

四、眼球外肌

眼球外肌共七块,均属随意肌,是眼球的运动装置,包括四块直肌、两块斜肌和一块上睑提肌(图 5-9)。

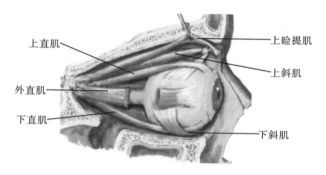

图 5-9 眼球外肌(侧面观)

直肌分为上直肌、下直肌、内直肌和外直肌,它们均起自于视神经管周围的总腱环,沿眼球壁向前行,以肌腱分别止于眼球赤道前方的上、下、内、外侧的巩膜上,其作用分别是使眼球前极转向上内方、下内方、内侧和外侧。

两块斜肌是上斜肌和下斜肌。上斜肌也起自总腱环,在内直肌和上直肌之间向前行,并以细腱经过眶前内上方的滑车后,转向后外侧,经上直肌的下方,以肌腱止于眼球赤道后外方的巩膜上,其作用是使眼球前极转向下外方。下斜肌起自眶下壁的前内侧,斜行走向后外上方,经下直肌的下方,以肌腱止于眼球赤道后外方的巩膜上,其作用是使眼球前极转向上方。

上睑提肌在上直肌的上方前行,以肌腱止于上睑的皮肤、睑板和结膜上穹,作用为提上睑,开大睑裂。

眼球运动并非单一肌肉的作用,而是两眼数块肌肉的共同作用。如两眼向上仰视时,必须两眼的上直肌和下斜肌共同收缩。又如两眼向左侧斜视时,左眼的外直肌和右眼的内直肌必须共同收缩,而且它们的拮抗肌还必须共同放松,才能有效地完成这一动作。因此,当某一运动眼球的肌肉瘫痪引起作用力不平衡时,可出现眼球偏斜(称为斜视)。

五、眶内结缔组织

眶内有大量脂肪组织,称为眶脂体,充填于眶内各结构之间的间隙中,对眶内各结构起支持和保护作用。在眼球外面有一致密的纤维膜,称为眼球鞘,前方起自角膜缘,后方止于视神经周围,包绕眼球的大部分。眼球鞘与眼球之间的空隙,称为巩膜外隙,眼球在此空隙中可以灵活转动。做眼球摘除术时,应保留眼球鞘,以利于放置假眼和防止发生颅内感染。

六、眼的血管和神经

(一)眼动脉

眼的血液供应来自颈内动脉发出的眼动脉(图5-10)。眼动脉自颈内动脉发出后,随视神经一起经视神经管入眶腔,先行于视神经的外侧,后经其上方转至其内侧。眼动脉的主要分支如下。

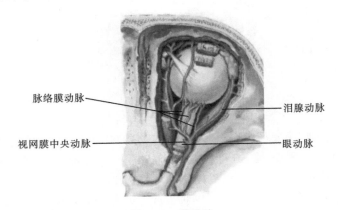

脉络膜动脉　　泪腺动脉
视网膜中央动脉　　眼动脉

图 5-10　眼动脉

1. 视网膜中央动脉　视网膜中央动脉为眼动脉入眶后的第一条分支,细小,在眼球后方1.0~1.5 cm处从下面穿入视神经内,在视神经中央前行至视神经盘处分为上、下两支,然后再分为视网膜颞侧上、下小动脉和视网膜鼻侧上、下小动脉,主要营养视网膜的内层。黄斑的中央凹0.5 mm范围处无血管分布。临床上可用检眼镜直接观察视网膜中央动脉分支的形态变化,以帮助诊断某些疾病。

2. 脉络膜动脉　脉络膜动脉也称睫后短动脉,为许多小支,沿视神经周围向前行,穿巩膜,分布于脉络膜。

3. 虹膜动脉　虹膜动脉也称睫后长动脉,有两支,穿巩膜后沿眼球侧壁在巩膜和脉络膜之间前行,到虹膜后缘各分上、下两支,与睫前动脉小支吻合,形成虹膜动脉大环。由虹膜动脉大环发出许多细支至瞳孔周边,再吻合形成虹膜动脉小环。此动脉营养虹膜和睫状体。

此外,眼动脉还发出额动脉、泪腺动脉、筛动脉和肌支等,分布于相应结构。

（二）视器的静脉

1. 眼静脉 眼静脉分为眼上静脉和眼下静脉。

眼上静脉起自眶的前内侧，与内眦静脉吻合，收集与眼动脉分支伴行的静脉，向后经眶上裂注入海绵窦。此静脉与面静脉有吻合，且无瓣膜，因此面部感染可经此侵袭颅内。

眼下静脉起自眶下壁前方附近，收集附近的小静脉后向后行，一支注入眼上静脉，另一支经眶下裂注入翼丛。

2. 视网膜中央静脉 收集视网膜的静脉，位于同名动脉外侧并伴行。

（三）眼的神经

除视神经外，还包括支配上直肌、内直肌、下直肌、下斜肌和上睑提肌的动眼神经，支配上斜肌的滑车神经和支配外直肌的展神经，支配眼球感觉的眼神经，支配瞳孔括约肌和睫状肌的副交感神经及支配瞳孔开大肌的交感神经。

知识链接

常见的视觉异常

近视和远视是常见的视觉异常。

近视是指眼在不使用调节时，平行光线通过眼的屈光系统屈折后，焦点落在视网膜前的一种屈光状态。

近视患者不能看清远方的目标，若将目标逐渐向眼移近、发出的光线对眼呈一定程度的散开，形成的焦点就向后移，目标成像就清楚一些。近视发生的原因大多为眼球前后轴过长（称为轴性近视），其次为眼的屈光力较强（称为屈率性近视）。近视多发生在青少年时期，遗传因素有一定影响，但与灯光照明差、阅读姿势不当、长时间近距离工作等有密切关系。随着年龄增大，近视程度逐年加深，到发育成熟以后即不发展或发展缓慢。常见症状为远视力下降，高度近视常伴有视网膜、脉络膜变性，肌性视疲劳和眼轴增长、眼球突出等。临床上常采用框架凹透镜纠正视远物不清的症状。角膜接触镜在特殊需要人群中采用广泛，但使用要求高，患并发症概率大。另外，利用准分子激光进行近视治疗在临床上已开展多年，技术已较成熟，手术时间短、可靠性高，可作为适宜人群进行近视矫正的备选方法。

远视是指平行光线进入眼内后在视网膜之后形成焦点，外界物体在视网膜上不能形成清晰的影像。轻度的远视如果不引起视力障碍、视疲劳，且健康状况良好，则无矫正的必要；反之，如果引起视疲劳或斜视，则应戴适度的眼镜予以矫正。在睫状肌麻痹条件下，验光后配以凸透镜矫正屈光不正的度数。7岁以下的儿童，有轻度远视是生理

现象,无须配镜,但如果远视度数过高、视力降低或伴有斜视,就应当配镜矫正。

任务二　前庭蜗器

前庭蜗器(位听器)又称为耳,包括平衡器和听器,这两种感受器都位于内耳,两者结构密切相关。前庭蜗器按部位可分为外耳、中耳和内耳三部分(图 5-11)。外耳和中耳是声波传导的装置,内耳是接收声波和平衡觉刺激的器官。

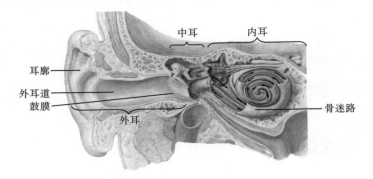

图 5-11　前庭蜗器的构造

子任务一　外　　耳

外耳包括耳廓、外耳道和鼓膜三部分。

一、耳廓

耳廓位于头部两侧,前外面凹陷,后内面隆凸,呈漏斗状。前外面的前部有一孔,称为外耳门。耳廓通过外耳门与外耳道相接,收集声波。耳廓以弹性软骨和结缔组织作为支架,外面覆以皮肤,皮下组织少。耳廓仅下方一小部分皮下无软骨,内含结缔组织和脂肪,称为耳垂,耳垂是临床上常用的采血部位。

二、外耳道

外耳道是指从外耳门至鼓膜之间的弯曲管道,成人长 2.1~2.5 cm,由外向内的方向是先向前上方(可动),继而稍向后方,最后弯向前下方(不能动),所以在检查成人鼓膜时,需将耳廓向后上方牵引才能矫正外耳道弯曲得以观察鼓膜。外耳道外侧 1/3 为软骨部,内侧 2/3 为骨部,两部交界处较为狭窄,为异物易于嵌顿处。外耳道软骨部的皮肤含有毛囊、皮脂腺和耵聍腺。耵聍腺的构造与汗腺相似,分泌的黏稠液体称为耵聍,有保护作用。外耳道皮下组织少,皮肤与骨膜及软骨膜附着紧密,分布有丰富的感觉神经末梢,所以患外耳道疖和炎症肿胀时疼痛较剧烈。

三、鼓膜

鼓膜为椭圆形半透明的薄膜,位于外耳道底,作为外耳与中耳的分界(图 5-12)。鼓膜的位置倾斜,与外耳道下壁之间成 45°~50°角,故外耳道的前下壁比后上壁长。婴儿的鼓膜更为倾斜,几乎呈水平位。鼓膜呈浅漏斗状,凹面向外,其中最内陷的部分称为鼓膜脐,对着锤骨柄的下端。用耳窥镜检查鼓膜时,在鼓膜脐的前下方,可见一个反光发亮的三角区,称为光锥。当鼓膜内陷时,此光锥可变形或消失。自鼓膜脐开始,有一条向前上方走行的白线,称为锤纹,锤纹是锤骨柄透过鼓膜于表面所形成的。锤纹上端向前、后有锤骨前、后两个皱

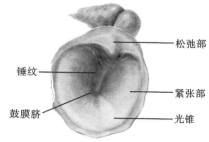

图 5-12 鼓膜的构造

襞,将鼓膜分为上方大约占 1/4 的松弛部和下方大约占 3/4 的紧张部。松弛部呈三角形,薄而松弛,在活体中显淡红色;紧张部附于颞骨的鼓膜沟中,较坚韧,在活体中呈银灰色,富有光泽。

子任务二 中 耳

中耳位于内耳和外耳之间,为一个含气的不规则腔隙,位于颞骨的岩部内,是传导声波的主要部分,包括鼓室、咽鼓管、乳突窦和乳突小房。

一、鼓室

鼓室位于鼓膜与内耳外侧壁之间,是颞骨岩部内形状不规则的含气小腔,具有六个壁,是中耳最主要的部分(图 5-13)。鼓室内有三块听小骨,以及韧带、肌肉、血管和神经。鼓室经咽鼓管与鼻咽部相通,经乳突窦与乳突小房相通。

(一) 鼓室壁

(1) 盖壁(上壁):为一薄骨板,分隔鼓室和颅中窝。小儿在两岁以前,盖壁的骨缝未闭。因此,中耳炎症可腐蚀盖壁骨质引起颅内感染或直接侵入颅内。

(2) 颈静脉壁(下壁):分隔鼓室与颈内静脉起始部,此壁骨质极薄,或有先天性缺损,致使颈内静脉起始部突入鼓室。在施行鼓室或鼓膜手术时,若伤及此静脉,可发生严重出血。

(3) 颈动脉壁(前壁):即颈动脉管的后壁,此壁上部有两个小管通入鼓室。上方的称为鼓膜张肌半管,内容纳鼓膜张肌;下方的称为咽鼓管半管,构成咽鼓管的骨部。

(4) 乳突壁(后壁):此壁上部有乳突窦的开口,由此向后可经乳突窦连通乳突小房,故中耳炎症可经此蔓延至乳突窦和乳突小房。在开口的下方,有一个骨性隆起,称

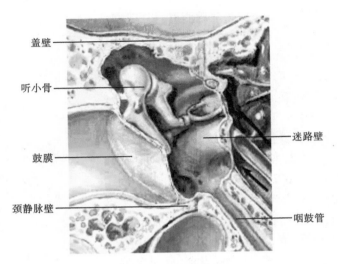

图 5-13　鼓室(前面观)

为锥隆起,内藏镫骨肌。在此隆起后下方有面神经鼓索自面神经管穿出,进入鼓室。

(5)鼓膜壁(外侧壁):大部分由鼓膜构成,上部则由鼓室上隐窝的侧壁形成。

(6)迷路壁(内侧壁):分隔鼓室和内耳前庭,此壁中部有一个隆凸,称为岬。岬的后上方有一个呈卵圆形的孔,称为前庭窗(卵圆窗),岬的后下方有一个圆形的孔,称为蜗窗(圆窗)。

(二)听小骨

听小骨有三块,即锤骨、砧骨和镫骨(图 5-14)。

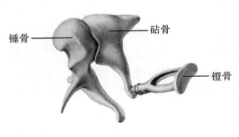

图 5-14　听小骨

锤骨位于外侧,以锤骨柄连接鼓膜。镫骨在内侧,以镫骨底和环状韧带封闭前庭窗。砧骨连于锤骨和镫骨之间。三块听小骨借关节相接形成听小骨链,它使鼓膜与前庭窗连接起来。当声波振动鼓膜时,引起听小骨链的杠杆运动,使镫骨底在前庭窗上来回摆动,将声波的振动传入内耳。因此,听小骨链是维持听力的重要结构,若有损坏即可使听力下降。

听小骨的运动与鼓室内的鼓膜张肌和镫骨肌的作用相关。鼓膜张肌起于鼓膜张半管内,止于锤骨柄上端,可调节鼓膜的紧张度和振动幅度。镫骨肌起于锥隆起内,止于镫骨,牵拉镫骨底向外运动,从而调节声波所致的对内耳的压力。

二、咽鼓管

咽鼓管是沟通鼓室与鼻咽部的管道,长 3.5～4.0 cm,可分为软骨部和骨部,两部相接处为管道的最窄处(图 5-15)。咽鼓管咽口和软骨部平时处于关闭状态,吞咽、打呵欠、唱歌时开放,以便空气进入鼓室,以保持鼓膜两侧压力的平衡,维持鼓膜的正常振动。当鼻咽部炎症或咽扁桃体过分增大引起咽口阻塞时,鼓室内的空气逐渐被吸收,内压下降,于是鼓膜内陷而影响听力,并伴有耳痛、耳鸣和耳闷等症状。咽鼓管的黏膜与鼻咽部及鼓室的黏膜相延续。小儿的咽鼓管较成人的短而宽,且略呈水平位,故咽部炎症易沿咽鼓管感染鼓室,引起中耳炎。

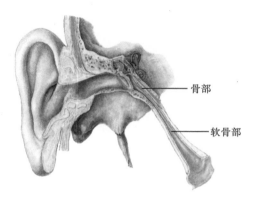

图 5-15 咽鼓管(前面观)

三、乳突窦和乳突小房

乳突窦是鼓室与乳突小房之间的小腔,向前经乳突窦口通鼓室,向后与乳突小房相通。乳突小房为额骨乳突内的许多含气小腔。

子任务三 内   耳

内耳又称迷路,分为骨迷路和膜迷路两部分。骨迷路由致密骨质构成;膜迷路为膜性结构,套在骨迷路内,形状与之相似,小部分附着于骨迷路上,大部分与骨迷路之间形成腔隙,腔内充满外淋巴。膜迷路内含有内淋巴,内淋巴和外淋巴互不相通。

一、骨迷路

骨迷路分为耳蜗、前庭和骨半规管三部分(图 5-16)。

(一) 前庭

前庭在骨迷路中部,正对中耳的鼓室,为略呈椭圆形的腔隙。其后上方以五个小孔通三个骨半规管,前下方以一个较大的孔通耳蜗的前庭阶。

(二) 骨半规管

骨半规管有三个,即前、后、外骨半规管,三个骨半规管间互相垂直排列,位于前庭的后上方。每个骨半规管均呈半环形,约为圆周的 2/3,具有两脚,脚与前庭相连形成的膨大部分称为骨壶腹,前、后骨半规管的单骨脚合成一个总骨脚。因此,三个骨半规

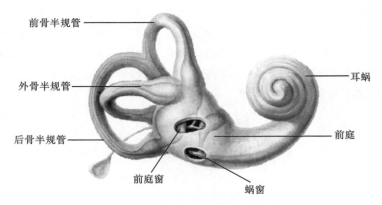

前骨半规管

外骨半规管

后骨半规管

前庭窗

耳蜗

前庭

蜗窗

图 5-16　骨迷路(前面观)

管仅以五个孔开口于前庭。

（三）耳蜗

　　耳蜗形似蜗牛壳,位于前庭的前下方(图 5-17)。耳蜗的顶端称为蜗顶,朝向前外方,并稍向下倾斜;底端称为蜗底,朝向后内方,对着内耳道底;中央有呈锥形的蜗轴,其骨质疏松,有血管和神经穿行其间。耳蜗由蜗螺旋管环绕蜗轴卷曲两圈半构成,此管起于前庭,以盲端止于蜗顶。自蜗轴发出的骨螺旋板伸入蜗螺旋管内,但未至管的外侧壁。因此,将蜗螺旋管不完全地分隔为上、下两部。上部为前庭阶,下部为鼓阶,两阶的基底段分别通至前庭窗和蜗窗,并充以外淋巴。在蜗顶处,骨螺旋板与蜗轴间形成一孔,称为蜗孔,前庭阶经此孔与鼓阶相连通。

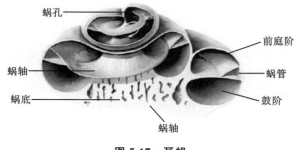

蜗孔

蜗轴

蜗底

前庭阶

蜗管

鼓阶

蜗轴

图 5-17　耳蜗

二、膜迷路

　　膜迷路是位于骨迷路内的膜性管或囊,形态与骨迷路相似。膜迷路自前向后可分为蜗管、球囊、椭圆囊和膜半规管(图 5-18),其中蜗管与听觉相关,其他与平衡觉相关。以上各部互相连接形成一个密闭的管道,容纳内淋巴。

（一）球囊和椭圆囊

　　两者均位于前庭内,球囊在前下方,椭圆囊在后上方,球囊下端以连合管连于蜗管。

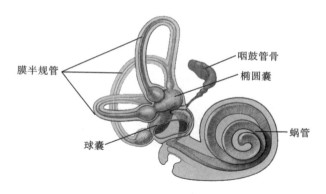

图 5-18　膜迷路

椭圆囊后壁上有膜半规管的五个开口,前壁则以椭圆球囊管接球囊,并自此管延伸出内淋巴管和内淋巴囊。球囊和椭圆囊的壁上分别有球囊斑和椭圆囊斑,均为平衡觉感受器,不仅能感受静止时的位置变化,还能感受直线变速运动时位置变化的刺激。

（二）膜半规管

膜半规管有三个,分别称为前、后、外膜半规管,在骨半规管内,形状虽类似骨半规管,但管径仅为其 1/3。在骨壶腹内膜半规管相应膨大的部分,称为膜壶腹,壁上有隆起的壶腹嵴。壶腹嵴也是平衡觉感受器,能感受旋转变速运动时位置变化的刺激。同骨半规管相似,三个膜半规管也以五个孔开口于椭圆囊后壁。

（三）蜗管

蜗管在耳蜗内,卷曲两圈半,起自前庭,终于蜗顶。蜗管横切面略呈三角形,有三个壁。上壁为蜗管前庭壁,分隔前庭阶与蜗管。外侧壁为蜗管外壁,较厚,富有血管,与蜗螺旋管的骨膜相结合,与内淋巴的产生有关。下壁由骨螺旋板和蜗管鼓壁(螺旋膜或基底膜)组成。蜗管鼓壁上有螺旋器(Corti 器),为听觉感受器。蜗管鼓壁的下方为鼓阶,鼓阶被蜗管完全与前庭阶隔开,两阶仅在蜗顶处借蜗孔相通。

三、内耳道

内耳道位于颞骨岩部后面的中部,起自内耳门,终于内耳道底,长约 10 mm,是面神经、前庭神经、蜗神经及迷路血管出入内耳的通道。

 综合能力训练

声波传导的途径

声波由外界传入内耳的感受器有两条途径:空气传导和骨传导。正常情况下以空气传导为主。

　　空气传导是指耳廓将收集的声波经外耳道传至骨膜，引起鼓膜振动，中耳鼓室内的听小骨链随之运动，把声波转换成机械能并加以放大，经镫骨底传至前庭窗，引起前庭阶的外淋巴流动，经蜗孔再传至鼓阶的外淋巴，通过振动前庭膜或直接振动基底膜使内淋巴流动，刺激螺旋器并产生神经冲动，经蜗神经传入大脑皮质听觉中枢，产生听觉。

　　在鼓膜穿孔时，外耳道的空气振动经蜗窗传向鼓阶，引起鼓阶的外淋巴流动，使基底膜振动以兴奋螺旋器。通过这条途径，也能产生一定的听觉。

　　骨传导是指声波经颅骨、骨迷路传入内耳的过程。声波的冲击和骨膜的振动可经颅骨和骨迷路传入，使内耳的内淋巴流动，也可以使基底膜上的螺旋器产生神经兴奋。

　　空气传导途径一：声波→外耳道→鼓膜→听小骨链→前庭窗→前庭阶的外淋巴→螺旋器（产生神经冲动）→蜗神经→大脑皮质听觉中枢。

　　空气传导途径二：声波→外耳道→鼓膜→中耳鼓室内的空气→蜗窗的第二鼓膜→鼓阶的外淋巴→蜗管的内淋巴→螺旋器（产生神经冲动）→蜗神经→大脑皮质听觉中枢。

　　骨传导途径：声波→颅骨→骨迷路→前庭阶和鼓阶的外淋巴→蜗管的内淋巴→螺旋器（产生神经冲动）→蜗神经→大脑皮质听觉中枢。

　　(1) 在实践教师的指导下，结合模型、标本分组讨论并学习前庭蜗器的主要形态结构。

　　(2) 选读一段教材，使用录音设备录制朗读的声音并播放，感受一下录制的声音和自己感觉的差异，指出感受差异的原因。

 知识链接

常见的听力异常

　　常见的听力异常可分为传导性耳聋和神经性耳聋。外耳和中耳引起的耳聋称为传导性耳聋。此时空气传导途径阻断，但骨传导途径尚可部分地代偿，故不会产生完全性耳聋。内耳、蜗神经、听觉传导通路及大脑皮质听觉中枢疾病引起的耳聋，称为神经性耳聋。此时空气传导和骨传导途径虽属正常，但不能引起听觉，故为完全性耳聋。

 知识链接

皮肤的正常结构

　　皮肤覆盖在身体表面，表面积约为 $1.7 \, m^2$，柔软而富有弹性，全身各处皮肤厚薄不一。由外向内可分为三层：表皮、真皮、皮下组织。此外，皮肤中还含有一些附属器，它们是皮脂腺、汗腺、毛发、指甲等。

表皮是皮肤的最外层，是复层鳞状上皮层，无血管分布。手掌面和足底的皮肤最厚。表皮由外向内可分为角质层、透明层、颗粒层、棘层和基底层。基底层的细胞之间，有色素细胞。色素细胞的多少是决定肤色的主要因素。在表皮的最外层有一层弱酸性保护膜，是由皮脂腺分泌的皮脂和汗腺分泌的汗液乳化融合而成的，具有抑制细菌繁殖，防止水分入侵的作用。

真皮位于表皮之下，与表皮紧密相连，厚度约为表皮的10倍，主要由胶原纤维和弹性纤维交织而成。真皮还含有从表皮陷入的毛发和腺体，以及从深层来的血管、淋巴管、神经及其末梢。真皮从上往下分成两层，分别为乳头层和网状层。

皮肤为身体的表层器官，它具有多种功能：①防止体液丧失；②作为机体免疫的第一道防线，防御微生物的侵害；③毛囊、细胞和细胞间隙具有吸收功能，对水溶性的物质吸收较好；④具有呼吸功能，呼出二氧化碳，吸入氧气，皮肤呼吸相当于肺部呼吸的1‰；⑤具有分泌、排泄功能，分泌皮脂、排泄汗液，同时调节体温；在皮肤内含有多种感受器，如接受痛觉、温度觉、触觉、压觉等刺激的感受器。

项目小结

感觉器是感受器及其辅助装置的总称。感受器是机体接受内、外界环境各种刺激的结构。感受器可以分为内感受器、外感受器和本体感受器。人体的视器和前庭蜗器高度进化，成为复杂的感觉器官。视器包括眼球和眼副器。眼球包括眼球壁和眼球内容物。眼球壁由外向内依次包括纤维膜、血管膜和视网膜三层。纤维膜包括角膜和巩膜；血管膜包括虹膜、睫状体和脉络膜；视网膜可分为视部和盲部。眼球内容物包括眼球房、房水、晶状体和玻璃体。眼球的折光装置无色透明，包括角膜、眼球房、房水、晶状体和玻璃体。眼副器包括眼球外肌、眼睑、结膜、泪器等结构。前庭蜗器分为外耳、中耳和内耳，平衡器和听器位于内耳。在五官科临床或康复医学工作中，要清楚地认识视器和前庭蜗器的形态结构，掌握声波的传导途径对判断传导性耳聋和神经性耳聋有重要意义。学生在学习过程中应熟悉检眼镜、耳窥镜等五官科简单检查器械的操作方法。

能力检测

1. 以组为单位，相互观察所能见到的眼的结构；或借用检眼镜，观察眼底结构。

2. 借用模型或标本,相互讨论并描述眼球壁和眼球内容物的形态结构。

3. 眼球的屈光系统包括哪些结构?近视的发病机制是什么?

4. 什么是传导性耳聋?什么是神经性耳聋?耳聋的类型对听力恢复有何影响?

（王鹏）

项目六 神经系统正常结构

神经系统由位于颅腔内的脑、椎管内的脊髓及与之相连并遍布全身的周围神经组成，在人体各系统中处于主导地位。神经系统既能调节人体各系统的机能活动，维持内环境的稳定，使人体成为一个完整的有机整体，又能通过各类感受器接受外环境刺激，并做出反应，使人体与外环境保持平衡和统一，从而保证生命活动的正常进行。例如，当人们从事体力劳动时，骨骼肌收缩，心跳加速，呼吸加快，而胃肠运动减弱，这些活动都是在神经系统的支配下有条不紊地进行的；同时其他各系统也支持和影响着脑力活动状态，循环系统及时向脑运输氧气和营养物质，并运走代谢产物，从而保证了脑正常活动的进行。人脑的功能不仅与各种感觉和运动行为相关，而且体现在复杂的高级神经活动中。

任务一　神经系统的基本知识

子任务一　神经系统的组成

为了学习和研究的方便，通常将神经系统（图 6-1）分为中枢部和周围部。中枢部即中枢神经系统，包括脑和脊髓，脑分为端脑、间脑、小脑和脑干四部分，其中脑干自上而下又分为中脑、脑桥和延髓三部分。周围部即周围神经系统，按与中枢部相连的部位分为与脑相连的 12 对脑神经和与脊髓相连的 31 对脊神经；按分布区域，周围神经系统可分为躯体神经和内脏神经，躯体神经分布于体表、骨、关节和骨骼肌，内脏神经分布于心肌、平滑肌和腺体。躯体神经和内脏神经含有感觉纤维和运动纤维，感觉纤维即传入纤维，它将机体感受器接受的内、外环境刺激转化为神经冲动传向中枢部；运动纤维即传出纤维，它将中枢部发放的神经冲动传向效应器。内脏神经的传出纤维（即内脏运动神经）支配心肌、平滑肌和腺体的活动，不受主观意识控制，故又称为自主神经或植物神经。内脏运动神经据其功能不同，又分为交感神经和副交感神经（表6-1）。

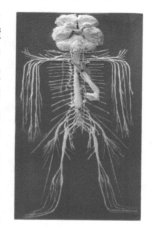

图 6-1　神经系统概观

表 6-1　神经系统的组成

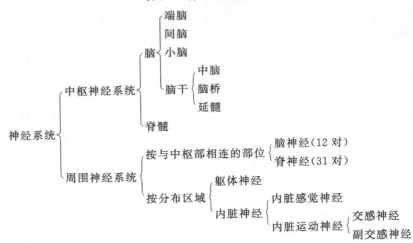

子任务二　神经组织的基本结构

神经组织是构成神经系统的主要成分,由神经细胞(又称神经元)和神经胶质细胞构成。神经元是神经系统中结构和功能的基本单位,有感受刺激、整合信息和传导冲动的功能;神经胶质细胞对神经组织具有支持、绝缘、保护和营养等功能。

神经组织在体内分布广泛,遍布身体各部组织和器官,将机体各部联系成一个整体,主宰着机体的生命活动。

一、神经元的形态结构

一个典型的神经元由细胞体和突起两部分组成(图 6-2)。

(一) 细胞体

细胞体是神经元的营养和机能中心。细胞体的大小、形态有很大差别,可呈圆形、梨形、锥体形、梭形和星形等。细胞体由细胞膜、细胞质和细胞核构成。

1. 细胞核　细胞核较大,呈圆形,位于细胞的中央。核膜明显,核仁有 1～2 个,清楚可见。染色质呈细粒状,散布于细胞核内。当各种病变或轴突损伤后,细胞核常发生偏位现象。

2. 细胞质　细胞质是一种流动的胶体,其中除含有一般细胞器外,还有两种是神经细胞所特有的成分,即尼氏体和神经原纤维。

(1) 尼氏体:细胞质内的一种嗜碱性物质,又称嗜染质。尼氏体存在于各种神经细胞的细胞质中,其形态、大小和数量各不相同,在较大的运动神经元中的尼氏体多呈块状,聚集在细胞核的附近。在较小的感觉神经元中的尼氏体常呈颗粒状,分散在细胞质的外周。

电镜观察发现,尼氏体是由发达的粗面内质网和游离的核糖体组成的,因此,尼氏体与蛋白质的合成有关。神经元在传递冲动过程中,不断地消耗某些蛋白质类物质,尼氏体可以为合成新的蛋白质提供补充。

尼氏体的含量及大小常随细胞的种类、生理状态的不同而改变。神经元受损、中毒、发炎、过度疲劳及衰老等因素,都能引起尼氏体的减少、解体甚至消失。去除有害因素或损伤恢复后,尼氏体又重新出现。因此,尼氏体可作为神经元机能状态的标志。

(2)神经原纤维:一种很细的纤维,分布于所有神经元中,在细胞体内神经原纤维交错成网,在轴突、树突中平行排列直达末端。通过电镜观察发现,神经原纤维是由一些极细的微管和神经丝组成的,神经丝是中间丝的一种,由神经丝蛋白构成,与微管一起交叉排列成网,除了构成神经元骨架外,还参与物质的运输。

3. 细胞膜 细胞膜是敏感而易兴奋的膜,膜上有各种受体和离子通道,具有接受刺激和传导冲动的功能。

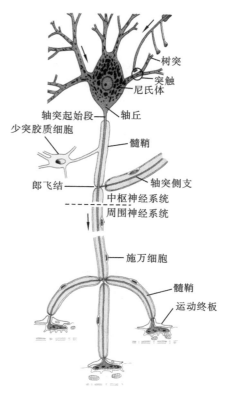

图 6-2 神经元的形态结构模式图

(二)突起

突起是细胞体伸出的部分,数量不同,长短粗细也不等,根据其形态和机能可分两种,即轴突和树突。

1. 轴突 轴突是由神经元的细胞体发出的突起,短者仅数微米,长者可达 1 m,每个神经元只有一个轴突。轴突表面的膜称为轴膜,实际上它是神经元细胞膜的延伸。在光镜下可见神经元细胞体发出轴突的部位常呈圆锥形,称为轴丘,轴丘内无尼氏体,故染色较浅。

轴突内的细胞质称为轴质,轴突中含有大量的神经丝、微管、微丝、滑面内质网和线粒体。轴突直径均一,表面光滑,分支较小,细而长,末端的分支较多,形成轴突末梢。轴突内无粗面内质网和游离的核糖体。轴突上的侧支与其成直角发出,轴突借助其侧支将神经冲动传递给较多的神经元或效应器。轴突的主要功能是传递神经冲动和运输物质。

2. 树突 每个细胞体可伸出一个或数个树突,连接细胞体部分较粗,经反复分支,形似树枝状,故称为树突。树突中含有尼氏体、线粒体和神经原纤维,能接受刺激,将神经冲动转向细胞体。

（三）神经元的分类

（1）根据神经元的形态将神经元分为以下三类（图6-3）。

(a) 视网膜的双极神经元　　(b) 脊神经节的假单极神经元　　(c) 脊髓前角的多极神经元

图6-3　神经元分类

①多极神经元，有一个轴突，多个树突。②双极神经元，有一个轴突和一个树突。③假单极神经元，由细胞体发出一个突起，在离细胞体不远处即分为两支：一支伸入脊髓或脑，称为中枢突；另一支伸入其他组织或器官，称为周围突。

（2）根据神经元的功能，也可将神经元分为以下三类。

① 感觉神经元，又称传入神经元，是指将机体内、外环境的各种信息自周围部传向中枢部的神经元，如脊神经节的假单极神经元，即属于感觉神经元，其周围突可以感受刺激。

② 运动神经元又称传出神经元，是指将神经冲动自中枢部传至周围部的神经元。其功能是支配肌的收缩或腺的分泌，如脊髓前角的多极神经元等。

③ 中间神经元又称联络神经元，位于感觉神经元和运动神经元之间，起联络作用。

从以上三种功能不同的神经元来看，感觉神经元的周围突末梢，伸入其他组织接受刺激，并把刺激变为神经冲动，经中枢突，传给一个或多个中间神经元，再将神经冲动传给运动神经元，运动神经元的轴突传到它所支配的肌肉或腺体，从而引起肌肉的收缩和腺体的分泌。

（四）突触

突触是神经元之间或神经元与非神经细胞之间的一种细胞连接，是神经元传递信息的重要结构。

1. 突触的类型　根据神经冲动在突触传导的方向来分，有轴-树突触，即神经冲动由一个神经元的轴突传给另一个神经元的树突，此外，还有轴-体突触、轴-轴突触、树-树突触和体-树突触等。根据神经冲动的传导方式，又可把突触分为电突触和化学突触。

2. 化学突触的结构　在银染色标本中，在光镜下可见轴突终末呈球状或纽扣状膨大，并附着在另一个神经元的树突或细胞体表面。通过电镜观察可见，突触包括突触前成分、突触间隙和突触后成分三部分。突触前成分和突触后成分（图6-4）彼此相对的细胞膜，分别称为突触前膜和突触后膜。

当神经冲动沿突触前神经元的细胞膜,传到突触处,突触小泡移向突触前膜,有些突触小泡和突触前膜紧贴,突触小泡的膜与突触前膜相连接处出现一个小孔,神经递质以出胞方式释放到突触间隙,然后和突触后膜相应的受体结合。从而引起效应器细胞生理功能上的变化。

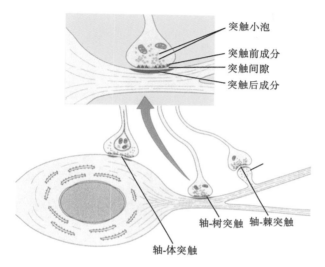

图 6-4　突触模式图

二、神经胶质细胞

神经胶质细胞也是有突起的细胞,但突起不分树突和轴突。

在中枢神经系统内,主要的神经胶质细胞类型如下(图 6-5)。①星形胶质细胞:呈星形,数量多、体积大,为神经元和毛细血管之间进行物质交换的媒介。②少突胶质细胞:细胞突起少,可以形成中枢神经系统内神经纤维的髓鞘。③小胶质细胞:有吞噬功能。④室管膜细胞:分布于脑室及脊髓中央管的内面,为单层上皮,具有支持和保护功能。

在周围神经系统内,主要的神经胶质细胞类型如下。①神经膜细胞:又称施万细胞,包裹在周围神经纤维轴突的外面,可形成髓鞘。神经膜细胞的外面有一层基膜,对周围神经纤维的再生起着重要的诱导作用。②卫星细胞:又称被囊细胞,是神经节内包囊神经元细胞体的扁平细胞。

三、神经纤维

神经纤维由神经元的长突起及其周围的神经胶质细胞构成。根据神经胶质细胞是否形成髓鞘,可分为有髓神经纤维和无髓神经纤维。

（一）有髓神经纤维

1. 周围神经系统的有髓神经纤维　轴突外包髓鞘,髓鞘之外有神经膜。髓鞘是由

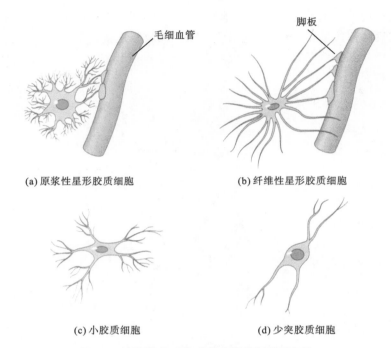

(a) 原浆性星形胶质细胞　　　　　　　(b) 纤维性星形胶质细胞

(c) 小胶质细胞　　　　　　　　　　(d) 少突胶质细胞

图 6-5　中枢神经系统内的主要神经胶质细胞

施万细胞的细胞膜呈同心圆状反复包卷轴突并相互融合而成的,故呈明暗相间的板层样结构。髓鞘的主要化学成分是髓磷脂和蛋白质。施万细胞的神经膜和髓鞘都呈节段状,两节段之间的狭窄处称为神经纤维结(即郎飞结)(图 6-6)。

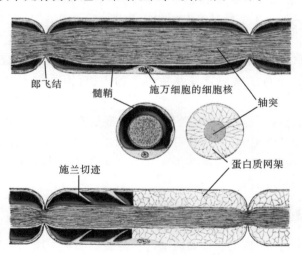

图 6-6　周围神经系统的有髓神经纤维

2. 中枢神经系统的有髓神经纤维　少突胶质细胞的多个突起末端呈叶片状,反复包裹数根轴突,参与数条神经纤维髓鞘的形成。中枢神经系统的有髓神经纤维外无基膜。

（二）无髓神经纤维

1. 周围神经系统的无髓神经纤维　轴突较细,外有神经膜细胞包裹,但不形成髓鞘,也无郎飞结。

2. 中枢神经系统的无髓神经纤维　轴突外面没有任何髓鞘、神经膜,轴突是裸露的。该无髓神经纤维分布于有髓神经纤维和神经胶质细胞之间。

有髓神经纤维的神经冲动传导方式为跳跃式,速度较快;无髓神经纤维神经的神经冲动传导的速度较慢。

四、神经末梢

神经末梢是周围神经系统神经纤维的终末部分,可形成多种特殊结构,按功能分为感受器和效应器。

（一）感受器

感受器,又称感觉神经末梢,是由感觉神经元周围突的末端在其他组织内形成的结构。感受器能接受刺激,并把接受的刺激转变为神经冲动。根据感受器的结构可分为游离神经末梢和有被囊的神经末梢两类。

1. 游离神经末梢　游离神经末梢(图 6-7)多分布于上皮组织,其神经纤维末梢反复分支,末端失去髓鞘并稍膨大,其裸露的细支广泛分布于表皮、角膜黏膜上皮、浆膜、深筋膜、肌肉和结缔组织中。游离神经末梢主要感受痛、冷、热的刺激。

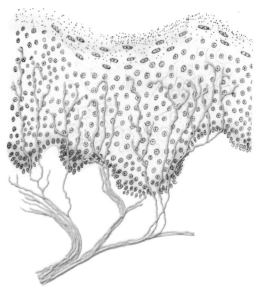

图 6-7　游离神经末梢

2. 有被囊的神经末梢　此类神经末梢外包裹有结缔组织囊,常见有以下几种类型(图 6-8)。

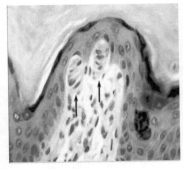
(a) 触觉小体

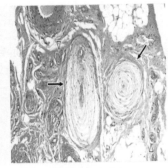
(b) 环层小体

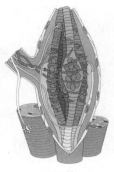
(c) 肌梭

图 6-8　有被囊的神经末梢

(1) 触觉小体:分布于皮肤的真皮乳头上,以手指掌侧和足趾底面分布最多,为椭圆形小体,内有数层扁平的触觉细胞,外包结缔组织囊。神经纤维在结缔组织囊内失去髓鞘,分成细支,缠绕在触觉细胞表面。其功能是感受触觉。

(2) 环层小体:广泛分布于皮下组织、腹膜、肠系膜、骨膜、韧带和关节囊等处。其主要功能是感受压觉、振动觉和张力觉等。

(3) 肌梭:广泛分布于全身骨骼肌中的细长梭形小体,表面有结缔组织囊,内含若干条较细的骨骼肌纤维,称为梭内肌纤维,其两端分布有运动神经末梢。肌梭位于肌纤维束之间,当肌肉收缩或舒张时梭内肌纤维被牵拉,从而刺激神经末梢,产生神经冲动,并传向中枢神经系统而产生感觉,故肌梭是感受肌肉运动和肢体位置变化的一种本体感受器,在骨骼肌的活动中起重要作用。

(二) 效应器

运动神经元的轴突末梢与肌纤维或腺细胞等构成的突触称为效应器。常见效应器如下。

1. 神经肌突触　运动神经元的轴突末梢与肌纤维连接处构成了神经肌突触(图 6-9),也称运动终板。在电镜下观察,其结构和前述的突触结构相似,突触前膜为运动神经元的轴突末梢的膜,末端膨大部内有突触小泡,突触小泡内的神经递质为乙酰胆碱,突触后膜为肌膜,肌膜凹陷成许多小槽,肌膜上有乙酰胆碱的受体。当突触小泡释放乙酰胆碱,并与肌膜的受体结合时,即可引起肌纤维收缩。

2. 支配内脏的运动神经纤维末梢　支配内脏的运动神经纤维末梢分布在心肌、平滑肌和腺细胞等处,其神经纤维较细,无髓鞘,分支末段呈串珠样膨大部,贴附于肌纤维表面或穿行于腺细胞之间,与相应的细胞构成突触。

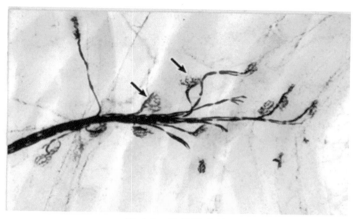

图 6-9　神经肌突触

子任务三　神经系统的活动方式

　　神经系统的基本活动方式是反射,反射活动的结构基础是反射弧。反射弧包括五个环节:感受器、传入(感觉)神经、神经中枢、传出(运动)神经和效应器。例如,膝跳反射(又称髌反射)(图 6-10)的感受器是髌韧带内的张力感受器,传入神经是股神经的感觉纤维,神经中枢是脊髓的腰段,传出神经是股神经的运动纤维,效应器是股四头肌。如果反射弧中任何一个环节因病变而遭到破坏,反射弧结构和功能就不完整,反射就会出现障碍。因此临床上常用检查反射的方法协助诊断神经系统的某些疾病。神经系统的常见反射见表 6-2。

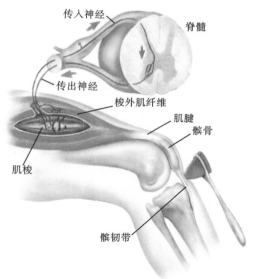

图 6-10　膝跳反射示意图

表 6-2 神经系统常见反射

反射名称	刺激	传入神经	神经中枢	传出神经	效应器	反应
瞳孔对光反射	用手电照射眼	视神经	中脑	动眼神经	瞳孔括约肌	瞳孔缩小
角膜反射	用细棉絮轻触角膜	三叉神经	脑桥	面神经	眼轮匝肌	眨眼
咽反射	用压舌板轻触咽后壁	舌咽神经、迷走神经	延髓	迷走神经	软腭肌、咽肌	软腭上举，恶心欲吐
肱二头肌反射	叩击肱二头肌肌腱	肌皮神经	$C_5 \sim C_6$	肌皮神经	肱二头肌	屈肘
肱三头肌反射	叩击鹰嘴上方肱三头肌肌腱	桡神经	$C_6 \sim C_7$	桡神经	肱三头肌	伸肘
腹壁反射	用棉签钝端自外向内划腹壁皮肤	肋间神经	$T_7 \sim T_{12}$	肋间神经	腹肌	腹肌紧张收缩
提睾反射	用棉签钝端划大腿内侧根部皮肤	闭孔神经	$L_1 \sim L_4$	生殖股神经	睾提肌	睾丸上提
膝反射	叩击髌骨下方髌韧带	股神经	$L_2 \sim L_4$	股神经	股四头肌	伸小腿
屈跖反射	用棉签钝端自后向前划足底外侧皮肤	胫神经	$S_1 \sim S_2$	胫神经	屈趾肌等	足趾屈曲
跟腱反射	叩击跟腱	胫神经	$S_1 \sim S_2$	胫神经	腓肠肌、比目鱼肌	足踝跖屈
肛反射	用棉签钝端划肛门周围皮肤	肛神经	$S_4 \sim S_5$	肛神经	肛门括约肌	肛门外括约肌收缩

子任务四 神经系统的常用术语

1. **灰质与白质** 中枢神经系统内，由神经元细胞体和树突聚集而成，因在新鲜标本上色泽灰暗，故称为灰质；中枢神经系统内，由神经纤维聚集而成，因多数纤维外包有髓鞘，在新鲜标本上色泽白亮，故称为白质。分布在大脑、小脑表面的灰质层称为皮质；分布在大脑、小脑深部的白质称为髓质。

2. **神经核与神经节** 中枢神经系统内，由形态与功能相似的神经元细胞体聚集而成的团块，称为神经核；位于周围神经系统内的称为神经节。

3. **纤维束与神经** 中枢神经系统内，起止、行程和功能相同的神经纤维聚集成束，称为纤维束；周围神经系统内，神经纤维聚集而成粗细不等的条索状结构，称为神经。

4. **网状结构** 中枢神经系统内，某些部位的神经纤维交织成网，灰质团块散在其中，此部位称为网状结构。

知识链接

神经系统在康复工作中的重要地位

面对神经系统结构损伤或功能障碍的各类康复患者,作为康复治疗技术人员,无论是运用现代康复或传统康复治疗手段,在具体的康复评定或康复训练等实际工作过程中,都必须要有扎实的神经系统的基本结构及功能知识作为支撑。通过对神经系统基本结构及功能的认识,运用正常人体神经系统的基本形态知识区别正常与异常结构,并能对中枢神经系统及周围神经系统进行准确定位,有利于治疗师正确判断、分析患者神经系统功能障碍的表现、发生机制等,从而为患者制订科学的治疗方案、实施有效的康复治疗奠定必要的形态学基础。例如,针对脑卒中患者进行康复治疗时,康复治疗技术人员首先就需要对正常人体中枢神经系统中脑的基本结构组成及功能、脑血管的基本结构及其分支分布概况、内囊位置及其在运动感觉传导路径中的地位等有一个十分清晰的认识。一句话,熟悉神经系统正常结构及功能就如军事家必须熟悉地图一样,才能"知己知彼、百战不殆"。

任务二 中枢神经系统

情景设置

患者,男,40岁,半年前背部曾受外伤,现检查结果如下:①右腿瘫痪,肌张力增高,肌不萎缩;②右膝跳反射亢进,右侧病理反射阳性;③右腿本体感觉消失;④右半身自乳头以下部位精细触觉消失;⑤左半身剑突水平以下部位痛温觉消失;⑥其他未见异常。

试分析病变部位、损伤结构,并解释出现上述表现的原因。(提示:病变部位在脊髓胸髓第4节段右半横断;脊髓后索薄束、楔束,脊髓丘脑束,皮质脊髓侧束等结构受损。)

子任务一 脊 髓

一、脊髓的位置和外形

脊髓位于椎管内,上端于枕骨大孔处续接延髓,下端在成人约平第1腰椎体的下缘,在新生儿约平第3腰椎体的下缘。成人脊髓长42~45 cm。

脊髓呈前后稍扁的圆柱形(图6-11),全长粗细不等,有两处膨大,上方的称为颈膨

大,位于第 5 颈髓节段至第 1 胸髓节段之间;下方的称为腰骶膨大,位于第 2 腰节至第 3 骶节之间。这两处膨大的形成是由于两处脊髓节段的神经元数量相对较多,两处是分别发出支配上肢、下肢各对脊神经的部位。脊髓末端变细呈圆锥状,称为脊髓圆锥。自脊髓圆锥向下延续为一条无神经组织组成的细丝,称为终丝,向下终止于尾骨背面。

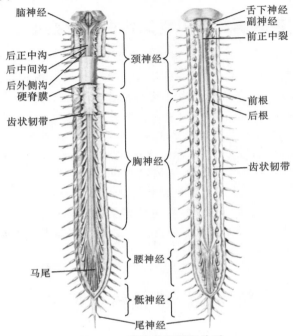

图 6-11 脊髓的位置和外形

脊髓表面有 6 条纵行的沟裂。前面正中较深的沟称为前正中裂,后面正中较浅的沟称为后正中沟,在前正中裂和后正中沟的两侧,各有两条浅沟,分别为前外侧沟和后外侧沟,自上而下分别连有 31 对脊神经的前根和后根。每侧对应的前根和后根在椎间孔处合成一条脊神经,从相应的椎间孔穿出。每条脊神经的后根上均有一个膨大的脊神经节(图 6-12)。

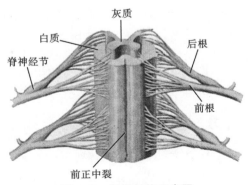

图 6-12 脊髓结构示意图

二、脊髓节段与椎骨位置的对应关系

脊髓两侧连有 31 对脊神经,一般将每一对脊神经相连的一段脊髓区域称为一个脊髓节段。脊髓共有 31 个脊髓节段,即颈髓节段(C)8 个、胸髓节段(T)12 个、腰髓节段(L)5 个、骶髓节段(S)5 个及尾髓节段(Co)1 个。

在胚胎 3 个月以前,脊髓与椎管的长度接近,脊神经根呈水平位伸向相应的椎间孔。自胚胎 4 个月开始,脊柱椎骨的生长速度比脊髓要快,因脊髓上端连接脑处位置固定,结果使脊髓下端逐渐上移,出生时新生儿脊髓下端移至第 3 腰椎水平,成人则上移至第 1 腰椎下缘水平,所以成人的脊髓节段与相应的椎骨并不完全对应。因椎管长于脊髓,使脊神经根与相应椎间孔的距离越来越远,脊神经根自上而下逐渐下行,腰、骶、尾部的脊神经根近乎垂直下行。在脊髓圆锥下方,腰、骶、尾部的脊神经根在脊髓尾端围绕终丝形成马尾。在成人第 1 腰椎体以下已无脊髓而只有马尾,故临床上常选择在第 3、4 或第 4、5 腰椎棘突之间行腰椎穿刺术,而不至于损伤脊髓。

掌握脊髓节段与脊柱椎骨的对应关系,对脊髓损伤平面的定位具有重要的临床意义,其推算方法大致见表 6-3 和图 6-13。

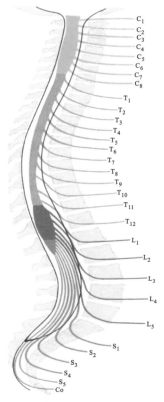

图 6-13 脊髓节段与脊柱椎骨的对应关系

表 6-3 脊髓节段与脊柱椎骨的对应关系

脊髓节段	脊柱椎骨	推算举例
$C_1 \sim C_4$	与同序数椎骨同高	第 3 颈髓节段平对第 3 颈椎
$C_5 \sim C_8$ 和 $T_1 \sim T_4$	较同序数椎骨高 1 块椎骨	第 3 胸髓节段平对第 2 胸椎
$T_5 \sim T_8$	较同序数椎骨高 2 块椎骨	第 6 胸髓节段平对第 4 胸椎
$T_9 \sim T_{12}$	较同序数椎骨高 3 块椎骨	第 10 胸髓节段平对第 7 胸椎
$L_1 \sim L_5$	平对第 10~11 胸椎	—
$S_1 \sim S_5$ 和 Co	平对第 12 胸椎和第 1 腰椎	—

三、脊髓的内部结构

横断面上脊髓由灰质、白质和中央管三部分构成。中央管贯穿脊髓全长,中央管周围是灰质,灰质周围是白质。

（一）灰质

灰质近似呈"H"形，前端扩大部分称为前角，后端细长部分称为后角（图 6-14），在胸髓节段和上 3 节腰髓节段（$T_1 \sim L_3$）的前角和后角之间向外侧突出的部分称为侧角，连接两侧灰质的横行部分称为灰质连合。

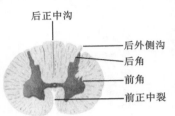

图 6-14　脊髓的内部结构示意图

后正中沟

后外侧沟
后角
前角
前正中裂

1. 前角　前角又称前柱，主要由运动神经元组成。其轴突组成脊神经前根中的躯体运动纤维，支配骨骼肌的运动。前角运动神经元分为内、外侧群，内侧群支配躯干肌；外侧群支配四肢肌。前角运动神经元还可根据其形态和功能分为大、小两型细胞：大型细胞为 α 神经元，支配骨骼肌的运动；小型细胞为 γ 神经元，其作用与肌张力调节有关。

2. 后角　后角又称后柱，主要由联络神经元（即中间神经元）组成，接受脊神经后根的传入纤维，其轴突可进入对侧白质形成上行纤维束，将脊神经后根传入的神经冲动传导至大脑皮层，也可在不同脊髓节段间起联络作用。

3. 侧角　侧角又称侧柱，仅见于 $T_1 \sim L_3$ 的脊髓节段，是交感神经的低级中枢，内含交感神经元，其轴突组成脊神经前根中内脏运动的交感神经纤维。在 $S_2 \sim S_4$ 的脊髓节段，虽无侧角但相当于侧角的部位，由副交感神经元细胞体组成的核团，称为骶副交感核，它是副交感神经的低级中枢。副交感神经元的轴突构成脊神经前根中内脏运动的副交感神经纤维。

（二）白质

每侧的白质借脊髓表面的沟、裂分为三部分，前正中裂与前外侧沟之间的白质称为前索；前外侧沟和后外侧沟之间的白质称为外侧索；后外侧沟与后正中沟之间的白质称为后索。在灰质连合前部，两侧前索相连的部分称为白质前连合。

白质内由上、下纵行的纤维束组成，其中向上传递神经冲动的传导束称为上行（感觉）纤维束，向下传递神经冲动的传导束称为下行（运动）纤维束（图 6-15）。

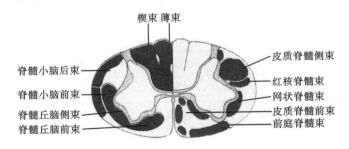

楔束　薄束

脊髓小脑后束
脊髓小脑前束
脊髓丘脑侧束
脊髓丘脑前束

皮质脊髓侧束
红核脊髓束
网状脊髓束
皮质脊髓前束
前庭脊髓束

图 6-15　脊髓横断面示意图

1. 上行（感觉）纤维束

（1）薄束和楔束：位于后索，此二束均起自脊神经节内假单级神经元细胞体的中枢突,随脊神经后根入脊髓同侧后索直接上升,分别止于延髓内的薄束核和楔束核。薄束由脊髓第5胸髓节段以下的上行纤维组成,行于后索内侧;楔束由脊髓第4胸髓节段以上的上行纤维组成,行于后索外侧。此二束的功能是向大脑皮层传导躯干、四肢的本体感觉(来自肌肉、肌腱、关节、骨膜等处的位置觉、运动觉和振动觉)和精细触觉(辨别两点距离和物体的纹理粗细)。

（2）脊髓丘脑束:位于外侧索的前部和前索内,分为脊髓丘脑侧束和脊髓丘脑前束两部分,此束起自灰质后角神经元,其纤维大部分斜经白质前连合交叉至对侧,上行于外侧索和前索内,终于背侧丘脑。其功能是传导躯干、四肢的痛觉、温度觉、粗触觉和压觉。

2. 下行(运动)纤维束 下行(运动)纤维束主要有皮质脊髓束。皮质脊髓束行于外侧索和前索内,此束起自于大脑皮层躯体运动中枢的锥体运动神经元,下行至延髓下端,大部分纤维交叉至对侧组成皮质脊髓侧束,少数未交叉的纤维下行于同侧脊髓前索组成皮质脊髓前束。皮质脊髓侧束纤维纵贯脊髓全长,向下陆续止于同侧脊髓前角运动神经元;皮质脊髓前束向下止于双侧脊髓前角运动神经元。皮质脊髓侧束的功能是控制四肢骨骼肌的随意运动;皮质脊髓前束的功能是控制躯干肌的随意运动。

四、脊髓的功能

（1）传导功能:脊髓白质内上、下行的纤维是联系躯干、四肢的周围神经与高位神经中枢的枢纽,脊髓通过上行纤维束将躯干、四肢的各种感觉信息分别传至脑的各部,同时又通过下行纤维束将脑各部发出的运动冲动分别传至相应的效应器。

（2）反射功能:脊髓灰质内存在许多低级反射中枢,可完成一些反射活动,如排便反射、排尿反射、膝跳反射、屈曲反射、对侧伸肌反射等。

子任务二 脑

脑位于颅腔内,由端脑、间脑、小脑、中脑、脑桥及延髓组成(图6-16)。通常将中脑、脑桥和延髓三部分合称为脑干。

一、脑干

脑干自下而上由延髓、脑桥和中脑组成。延髓在枕骨大孔处续接脊髓,中脑向上与间脑相接,脑桥和延髓的背面与小脑相连。延髓、脑桥与小脑之间的腔隙,称为第四脑室(图6-17)。

（一）脑干的外形

1. 腹侧面 延髓位于脑干的最下部,向上借延髓脑桥沟与脑桥分界,下连脊髓,腹侧面上可见与脊髓相续的前正中裂和前外侧沟。前正中裂两侧的纵行隆起称为锥体,其内有锥体束的皮质脊髓束通过;锥体下端是锥体交叉,其内有锥体束的纤维交叉走行

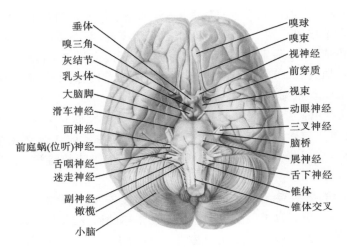

图 6-16　脑的底面

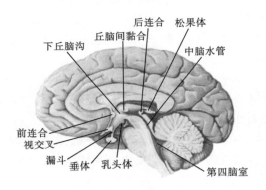

图 6-17　脑的正中矢状面

至脊髓对侧。锥体外侧的卵圆形隆起称为橄榄。延髓腹侧面连有四对脑神经:锥体与橄榄之间有舌下神经穿出;在橄榄后外侧,自上而下依次连有舌咽神经、迷走神经和副神经(图 6-18)。

　　脑桥位于脑干的中部,脑桥腹侧面上端与中脑的大脑脚相连接,下端即延髓脑桥沟。脑桥腹侧面的膨隆称为脑桥基底部,基底部正中有纵行浅沟,称为基底沟,有基底动脉通过。基底部向两侧延伸逐渐缩细形成小脑中脚,与小脑相连。脑桥腹侧面连有四对脑神经:基底部与小脑中脚移行处有粗大的三叉神经出入;延髓脑桥沟内,自内向外依次连有展神经、面神经和前庭蜗神经(图 6-18)。

　　中脑位于脑干的上部,腹侧面有一对粗大的柱状结构,称为大脑脚,两脚之间的凹陷称为脚间窝。脚间窝内有动眼神经穿出(图 6-18)。

　　2. 背侧面　　延髓背侧面下半部形似脊髓,其后正中沟两侧各有一对隆起,内侧隆起称为薄束结节,深面含薄束核;外侧隆起称为楔束结节(图 6-19),深面含楔束核。楔束结节外上方有小脑下脚。延髓上部中央管敞开参与组成菱形窝下部。

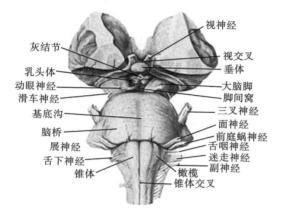

图 6-18　脑干腹侧面

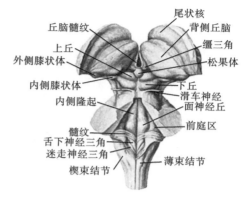

图 6-19　脑干背侧面

脑桥背侧面形成菱形窝的上部,其两侧为左、右小脑上脚和小脑中脚,两侧小脑上脚之间的薄层白质,称为上髓帆(前髓帆)。

中脑背侧面有两对圆形隆起,上方的一对称为上丘,是视觉反射中枢;下方的一对称为下丘,是听觉反射中枢。下丘下方有滑车神经(图 6-19)穿出,滑车神经也是唯一一对从脑干背面发出的脑神经。中脑内的室腔称为中脑水管。

菱形窝即第四脑室的底,呈菱形,由脑桥和延髓上半部背侧面构成,中部有横行的髓纹作为脑桥和延髓在背侧面的分界线。菱形窝正中有纵行的正中沟,正中沟两侧为内侧隆起,外侧还有纵行的界沟,界沟的外侧为呈三角形的前庭区,其深面有前庭神经核,前庭区的外侧角上有一个小隆起,称为听结节,内含蜗神经核。内侧隆起靠近髓纹上方的近似圆形隆起,称为面神经丘,其深面有展神经核。在髓纹以下可见两个三角区,位于外侧的称为迷走神经三角,内含迷走神经背核;位于内侧的称为舌下神经三角(图 6-19),内含舌下神经核。

3. 第四脑室　第四脑室是位于延髓、脑桥与小脑之间的腔隙。由菱形窝和第四脑室盖构成。第四脑室盖如同帐篷形,前部由上髓帆和小脑上脚组成,后部由下髓帆和第四脑室脉络组织构成。第四脑室脉络组织的两侧分别有两个第四脑室外侧孔,下部有一个第四脑室正中孔。第四脑室向上经中脑水管通第三脑室,并借第四脑室正中孔和外侧孔通蛛网膜下隙。

(二)脑干的内部结构

脑干的内部结构包括灰质、白质及网状结构,但其结构远比脊髓复杂。

1. 灰质　脑干内的灰质与脊髓不同,它不形成连续的灰质柱,而是分散成不连续的灰质团块,主要以神经核的形式存在。神经核分为两种:一种是与第 3~12 对脑神经相连的脑神经核;另一种是参与组成各种传导通路或反射通路的非脑神经核。

(1)脑神经核:脑神经的起始核或终止核,其位置与各对脑神经的连脑部位大致对应,由内侧向外侧呈纵行排列。脑神经核(图 6-20)按性质、功能不同可分四种类型,即

227

躯体运动核、内脏运动核、内脏感觉核和躯体感觉核。

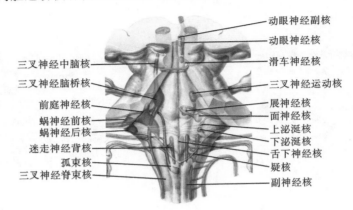

动眼神经副核
动眼神经核
滑车神经核
三叉神经运动核
展神经核
面神经核
上泌涎核
下泌涎核
舌下神经核
疑核
副神经核

三叉神经中脑核
三叉神经脑桥核
前庭神经核
蜗神经前核
蜗神经后核
迷走神经背核
孤束核
三叉神经脊束核

图 6-20　脑神经核示意图

① 躯体运动核:位居脑干内中线两侧,自上而下共分为以下 8 对核团(图 6-20)。

动眼神经核:位于中脑上丘平面,此核发出纤维加入动眼神经。

滑车神经核:位于中脑下丘平面,此核发出纤维组成滑车神经。

三叉神经运动核:位于脑桥中部展神经核的外上方,此核发出纤维加入三叉神经运动根。

展神经核:位于脑桥中下部面神经丘深面,此核发出纤维组成展神经。

面神经核:位于脑桥中下部,此核发出纤维加入面神经。

疑核:位于延髓上部,此核发出纤维分别加入舌咽神经、迷走神经和副神经。

舌下神经核:位于延髓上部舌下神经三角深面,此核发出纤维组成舌下神经。

副神经核:位于延髓下部和第 1～5 颈脊髓节段,此核发出纤维组成副神经根。

② 内脏运动核:位于躯体运动核的外侧,分为以下 4 对核团(图 6-20)。

动眼神经副核:位于动眼神经核上端的背内侧,发出纤维加入动眼神经。

上泌涎核:位于脑桥下部的网状结构内,发出纤维加入面神经。

下泌涎核:位于延髓上部的网状结构内,发出纤维加入舌咽神经。

迷走神经背核:位于迷走神经三角深面舌下神经核的外侧,发出纤维加入迷走神经。

③ 内脏感觉核:仅有 1 对孤束核,位于延髓上部界沟外侧,接受味觉及一般内脏感觉。

④ 躯体感觉核:位于内脏感觉核的腹外侧,分为以下 3 对核团。

三叉神经感觉核:纵贯脑干全长,由三叉神经中脑核、三叉神经脑桥核和三叉神经脊束核三部分组成。一般认为三叉神经中脑核接受头面部骨骼肌的本体感觉;三叉神经脑桥核接受头面部的触觉;三叉神经脊束核接受头面部的痛觉、温度觉。

蜗神经核:位于菱形窝听结节深面,接受蜗神经传入的听觉。

前庭神经核:位于第四脑室底前庭区的深面,接受前庭神经传入的平衡觉。

（2）非脑神经核：参与组成各种神经传导通路或反射通路，非脑神经核的主要核团有薄束核、楔束核、红核和黑质（图6-21，图6-22）。

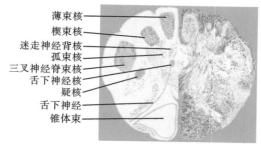
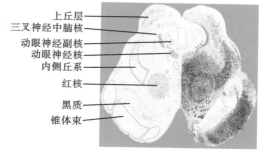

图 6-21　延髓横断面（经内侧丘系交叉）　　　　图 6-22　中脑横断面（经上丘）

① 薄束核和楔束核：分别位于延髓薄束结节和楔束结节的深面，接受薄束和楔束的纤维。由此两核发出的纤维，左、右交叉形成内侧丘系交叉，交叉后的纤维走向对侧形成内侧丘系，传导本体感觉和精细触觉。

② 红核：位于中脑上丘平面的被盖部，呈圆柱状，主要接受来自小脑和大脑皮质的传入纤维，并发出红核脊髓束，交叉后下行至脊髓。

③ 黑质：位于中脑被盖和大脑脚底之间的板状灰质，延伸于中脑全长。黑质细胞内含有黑色素，故呈黑色，同时还含有多巴胺。多巴胺是一种神经递质，经其传出纤维释放到大脑的新纹状体。临床上因黑质病变，多巴胺减少，可引起震颤麻痹或帕金森病。

2. 白质　白质由脑干内部的上行纤维束和下行纤维束组成。

（1）上行纤维束：

① 内侧丘系：属于上行传导束，由薄束核和楔束核发出的纤维，呈弓状绕过中央管，在其腹侧左、右交叉，称为内侧丘系交叉；交叉后的纤维在中线两侧集中上升为内侧丘系（图6-23）。内侧丘系传导来自对侧躯干和四肢的意识性本体感觉和精细触觉。

② 脊髓丘系：主要是脊髓丘脑束入脑干后的延续，行于延髓的外侧区，止于背侧丘脑的腹后外侧核（图6-24）。脊髓丘系传导对侧躯干及四肢的痛觉、温度觉和触觉。

③ 三叉丘系：由三叉神经脑桥核和三叉神经脊束核发出的传入纤维，交叉到对侧，行于内侧丘系外方，止于背侧丘脑的腹后内侧核（图6-25）。三叉丘系传导头面部的痛觉、温度觉和触觉。

④ 外侧丘系：蜗神经核发出的纤维在脑桥腹侧左、右交叉至对侧形成斜方体，斜方体的纤维折而上行，称为外侧丘系（图6-26）。外侧丘系止于间脑的内侧膝状体，传导听觉信息。

（2）下行纤维束：

锥体束：由大脑皮质发出的运动纤维下行而成，包括皮质核束和皮质脊髓束（图6-27，图6-28）。由大脑皮质发出的运动纤维一部分下行到脑干中，陆续终止于脑神经

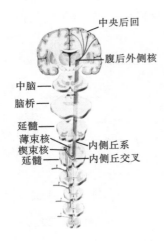

图 6-23　内侧丘系

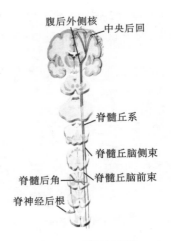

图 6-24　脊髓丘系

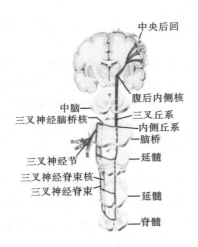

图 6-25　三叉丘系

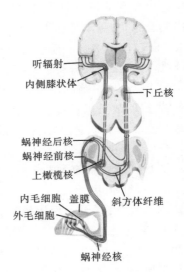

图 6-26　外侧丘系

运动核的称为皮质核束；另一部分继续下降至延髓上部构成锥体，在锥体下端，大部分纤维左、右相互交叉至对侧，下行于脊髓外侧索，即皮质脊髓侧束；小部分未交叉的纤维在脊髓的前索内下行，即皮质脊髓前束。

除锥体束外，还有红核脊髓束、前庭脊髓束等。

3. 网状结构　在脑干中有分布相当宽广、细胞体和纤维交错排列成网状的区域，称为网状结构。需说明的是其内的纤维和细胞排列并不是杂乱无章的，只是界限不分。网状结构内神经元的特点是树突多且很长，说明这些神经元可以接受和加工从各方面来的传入信息，即网状结构接受来自几乎所有感觉系统的信息，而其传出信息则直接或间接到达中枢神经系统的各个地方。因此，网状结构的功能也是多方面的，它涉及大脑

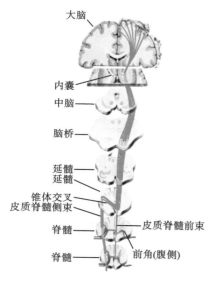

图 6-27 皮质脊髓束

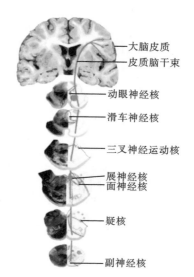

图 6-28 皮质核束

觉醒、脑和脊髓的运动控制及各种内脏活动的调节。

（三）脑干的功能

1. 传导功能　脑干可以联系大脑皮质与脊髓和小脑,脑干内上、下行传导束是实现传导功能的重要结构。

2. 反射功能　脑干内有许多反射的低级中枢,如延髓网状结构内有呼吸中枢和心血管活动中枢,这两个中枢又称为"生命中枢"。另外,脑桥内有角膜反射中枢、中脑内有瞳孔对光反射中枢等。

3. 网状结构的功能

（1）参与上行激动系统的构成,维持大脑皮质处于觉醒状态。

（2）参与躯体运动的调节,脑干网状结构内有两个区域对肌的运动和肌紧张起抑制或易化作用。

（3）参与内脏活动的调节。

二、小脑

（一）小脑的位置和外形

小脑占据颅后窝的大部分,成人约重 150 g,约占脑重的 10%,表面面积约 1 000 cm²,约占大脑皮质面积的 40%,然而其所含的神经元数量却超过全脑神经元数量的一半以上,大量的神经元细胞体集中于小脑的表面,形成小脑皮质,皮质表面可见许多大致平行的皱褶,若将小脑皮质的皱褶展平,其前后径可达 10 m。

小脑位于颅后窝内,上面平坦,被大脑半球遮盖;下面呈半球形,其中间部凹陷,容纳延髓。小脑中间部狭窄,称为小脑蚓,两侧部膨大,称为小脑半球。整个小脑表面有

许多平行的沟,将其分为许多小脑叶片。小脑半球上面前 1/3 与后 2/3 交界处,有一深沟,称为原裂。小脑半球下面靠近延髓的部分较突出,称为小脑扁桃体(图 6-29)。临床上当颅内压增高时,小脑扁桃体会被挤入枕骨大孔,形成小脑扁桃体疝,压迫延髓,危及生命。

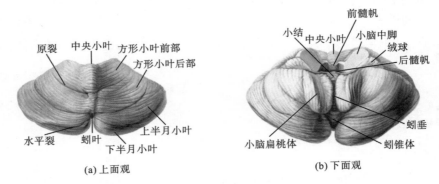

(a) 上面观   (b) 下面观

图 6-29 小脑的外形

根据小脑的发生、功能和纤维联系,可把小脑分为以下 3 叶。

(1) 绒球小结叶:包括小脑半球前部的绒球和小脑蚓下部的小结,其间有绒球脚相连。它在种系发生上最古老,称为古小脑,与小脑的平衡功能有关。

(2) 前叶:原裂以前的半球和蚓部称为前叶,加上后叶小脑蚓下部的蚓锥体和蚓垂,合称为旧小脑,它在种系发生上出现较早,与调节肌张力有关。

(3) 后叶:原裂以后,包括小脑半球大部分和小脑蚓的部分皆属后叶,后叶最大,它是随大脑的发展而变大起来的,又称为新小脑。其功能是参与精巧随意运动的调节及调节肌张力。

(二) 小脑的内部结构

小脑由表面的皮质、内部的髓质及深部的小脑核构成。

小脑核中有 4 对灰质核团,包括齿状核、顶核、栓状核和球状核(图 6-30)。其中齿状核最大,位于小脑半球的中心部,接受新小脑皮质的纤维,它是小脑传出纤维的主要发起核,它与球状核、栓状核的传出纤维共同组成小脑上脚。

小脑传出纤维主要发自齿状核,组成小脑上脚,在中脑交叉后,小部分纤维止于红核,大部分纤维止于背侧丘脑。

(三) 小脑的功能

小脑是重要的躯体运动调节中枢,其主要功能是维持身体平衡、调节肌张力和协调肌群的随意运动。

三、间脑

间脑位于两半球之间,连接大脑半球和中脑,上部被大脑半球覆盖,外侧与大脑半

球实质愈合,界限不清,仅有前下部及后方小部分游离。间脑的内腔为第三脑室(图
6-31),即两侧间脑之间的扁窄间隙。

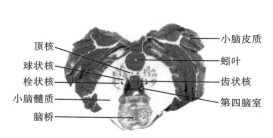

图 6-30　小脑水平切面(示小脑核)

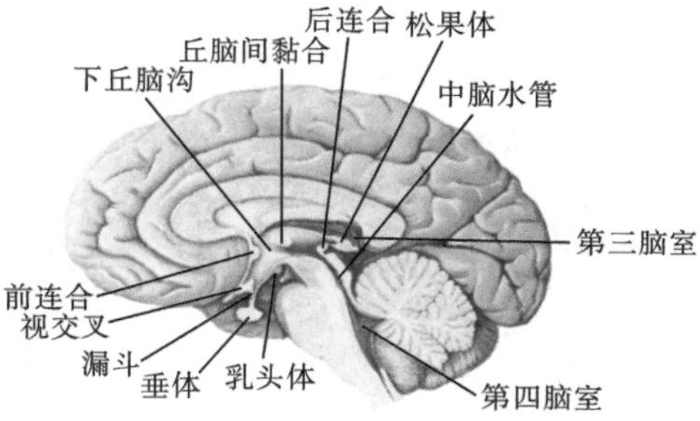

图 6-31　脑正中矢状面

（一）间脑的外形

间脑可分为背侧丘脑、上丘脑、后丘脑、底丘脑和下丘脑五部分。

1. 背侧丘脑　背侧丘脑为两个卵圆形灰质团,中间被第三脑室隔开,前端称为丘
脑前结节,后端称为丘脑枕。

2. 后丘脑　后丘脑位于丘脑枕的下方,包括内侧膝状体和外侧膝状体,前者借下
丘臂连于下丘,后者借上丘臂连于上丘。

3. 下丘脑　下丘脑位于丘脑沟以下,构成第三脑室侧壁的下份和底壁。在脑底
面,下丘脑由前向后可见到视交叉、视束、灰结节、漏斗和乳头体。漏斗下端连有
垂体。

4. 上丘脑　上丘脑位于第三脑室顶部周围,主要包括丘脑髓纹、缰三角和松果
体等。

5. 底丘脑　底丘脑为间脑和中脑的移行区。

第三脑室为两侧背侧丘脑和下丘脑之间的一个矢状位狭窄裂隙。其前部借左、右
室间孔与大脑半球左、右侧脑室相通,后方借中脑水管与第四脑室相通,顶部为第三脑
室脉络丛组织,可产生脑脊液。

（二）间脑的内部结构和功能

1. 背侧丘脑　背侧丘脑内部被"Y"形
的白质纤维板(称为内髓板)分为 3 个核群
(图 6-32),即前核群、内侧核群和外侧
核群。

（1）前核群:居于内髓板分叉处前方,与
内脏活动有关。

（2）内侧核群:居于内髓板内侧,可能为
联合躯体和内脏感觉的整合中枢。

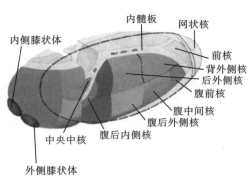

图 6-32　背侧丘脑核群示意图

(3) 外侧核群:居于内髓板外侧,可分为腹侧部和背侧部。腹侧部又可分为腹前核、腹中间核(腹外侧核)和腹后核,腹后核又再分为腹后内侧核和腹后外侧核。腹后内侧核接受三叉丘系和自孤束核发出的味觉纤维,腹后外侧核接受脊髓丘系和内侧丘系的纤维。来自躯体全身的浅、深感觉都要到腹后核中继后,才能传到大脑皮质。若背侧丘脑受损,患者常见表现为感觉丧失或过敏,并可伴有剧烈的自发疼痛。

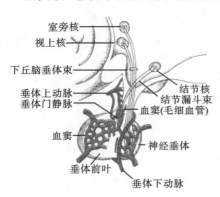

图 6-33　下丘脑的主要核团

2. 后丘脑　后丘脑包括内侧膝状体和外侧膝状体。

(1) 内侧膝状体:为听觉传导路的中继站,由此发出纤维组成听辐射将听觉冲动传导至大脑皮质听觉中枢。

(2) 外侧膝状体:为视觉传导路的中继站,由此发出纤维组成视辐射将视觉冲动传导至大脑皮质视觉中枢。

3. 下丘脑　下丘脑含有多个核团,重要的有视上核和室旁核(图 6-33)。其中视上核位于视交叉的外上方,主要分泌血管升压素(抗利尿激素);室旁核位于第三脑室侧壁内,主要分泌催产素(缩宫素)。视上核和室旁核分泌的激素,经下丘脑垂体束运输至神经垂体储存,并释放入血液发挥其作用。

四、端脑

端脑是中枢神经系统中最发达、最高级的部分。端脑被大脑纵裂分为左、右大脑半球,大脑纵裂底部有连接左、右大脑半球的白质纤维板,称为胼胝体。大脑半球与小脑之间为大脑横裂。大脑半球表层的灰质,称为大脑皮质;大脑皮质深面是髓质(白质),髓质内埋藏的灰质核团,称为基底核。每侧大脑半球内部的室腔称为侧脑室。

(一)大脑半球的外形与分叶

大脑半球表面凹凸不平,布满着深浅不同的沟,称为大脑沟,沟与沟之间的隆起称为大脑回。每侧的大脑半球(图 6-34,图 6-35)可分为 3 个面,即上外侧面、内侧面和下面,并借 3 条位置较恒定的大脑沟分为 5 个叶。

1. 大脑沟　①中央沟起自大脑半球上缘中点稍后方,向前下方斜行于大脑半球上外侧面,沟的上端延伸至大脑半球内侧面;②外侧沟起自大脑半球下面,转向上外侧面,行向后上方;③顶枕沟位于大脑半球内侧面后部,自胼胝体后端的稍后方,斜向后上方并延伸至大脑半球上外侧面。

2. 分叶　①额叶是中央沟前方、外侧沟上方的部分;②顶叶是中央沟后方、外侧沟上方的部分;③枕叶是顶枕沟以后较小的部分;④颞叶是外侧沟下方、枕叶前方的部分;⑤岛叶是藏于外侧沟深面的部分,被额叶、顶叶、颞叶所掩盖,也称脑岛。

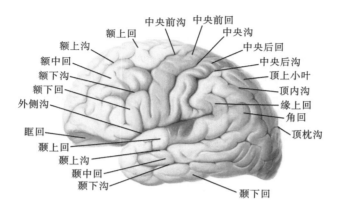

图 6-34 大脑半球(外侧面)

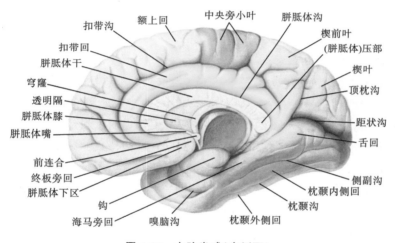

图 6-35 大脑半球(内侧面)

3. 大脑半球的主要沟、回

(1)上外侧面：

① 额叶：中央沟前方与之平行的沟称为中央前沟,中央沟与中央前沟之间的脑回称为中央前回;自中央前沟水平向前分出两条与大脑半球上缘几乎平行的沟,分别称为额上沟和额下沟,额上沟以上为额上回,额上沟、额下沟之间为额中回,额下沟以下为额下回。

② 顶叶：中央沟后方与之平行的沟称为中央后沟,中央沟与中央后沟之间的脑回称为中央后回;中央后沟中部向后发出与大脑半球上缘平行的沟称为顶内沟,顶内沟以上为顶上小叶,顶内沟以下为顶下小叶。顶下小叶又分为围绕外侧沟末端的缘上回和围绕颞上沟末端的角回。

③ 颞叶：有与外侧沟大致平行的颞上沟和颞下沟,两沟将颞叶分为颞上回、颞中回和颞下回;在颞上回中部、外侧沟深处横行的脑回称为颞横回。

④ 枕叶：在其上外侧面上的沟、回多不恒定。

（2）内侧面：内侧面中部有连接左、右大脑半球的胼胝体，胼胝体上方与之平行的沟称为胼胝体沟，此沟上方与之平行的沟称为扣带沟，扣带沟与胼胝体沟之间的脑回称为扣带回。扣带回外周部分的前份属额上回，中份为中央旁小叶，它是中央前、后回延伸至内侧面的部分。自顶枕沟前下端行向枕后部的弓形沟称为距状沟，顶枕沟与距状沟之间的三角区称为楔叶，距状沟以下为舌回。距状沟的前下方，自枕叶向前伸向颞叶的沟称为侧副沟，侧副沟的内侧为海马旁回，其前端弯曲向后的部分称为钩（图6-35）。

围绕在胼胝体周围的扣带回、海马旁回及钩等脑回，因其位置在大脑半球与间脑交界处的边缘，故总称为边缘叶。

（3）下面：额叶下面有纵行的白质带，称为嗅束，其前端膨大，称为嗅球，嗅球与嗅神经的嗅丝相连，嗅束向后扩大为嗅三角。嗅球、嗅束和嗅三角与嗅觉冲动的传导有关。

（二）大脑皮质的功能定位

大脑皮质是人体感觉、运动功能的最高级中枢和人类思维意识、语言活动的物质基础。人类在长期的进化过程和自身的实践活动中，通过感觉器官接受不同的感觉信息再传向大脑皮质，经过大脑皮质的整合分析，或产生特定的意识性感觉，或储存记忆，或产生运动信息。不同的功能区相对集中于大脑皮质某些特定的区域从而形成特定功能区，称为大脑皮质的功能定位区（图6-36，图6-37）。

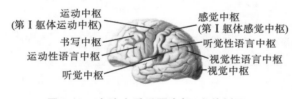

图6-36　大脑皮质重要中枢（上外侧面）　　图6-37　大脑皮质重要中枢（内侧面）

1. 躯体感觉中枢　躯体感觉中枢位于中央后回和中央旁小叶后部，接受背侧丘脑腹后核传来的对侧浅感觉和深感觉纤维。身体各部在此区的投射特点：①呈倒置人形，但头面部不倒置，自中央旁小叶后部开始依次是下肢、躯干、上肢、头颈部的投射区；②左、右交叉投射；③身体各部在该区投射范围的大小与该部感觉的敏感度成正比，如手指、唇、舌的感觉器丰富，感觉灵敏度高，在大脑皮质感觉区的投射范围就较大（图6-38（b））。

2. 躯体运动中枢　躯体运动中枢位于中央前回和中央旁小叶前部，管理全身骨骼肌的随意运动。身体各部在此区的投射特点与躯体感觉中枢相似：①呈倒置人形，但头面部不倒置。中央前回最上部和中央旁小叶前部与下肢和会阴部的运动有关，中部与躯干和上肢运动有关，下部与面、舌、咽、喉的运动有关；②左、右交叉支配，一侧运动区支配对侧肢体的运动，但一些与联合运动有关的肌，则受两侧运动区的支配，如面上部肌、眼球外肌、咽喉肌、咀嚼肌、呼吸肌和会阴肌等，故在一侧运动区受损后上述肌不表现瘫痪；③身体各部在该区投射范围的大小与该部运动的灵巧、精细程度成正比，如手的运动灵活程度高于足，在大脑皮质运动区的投射范围就远大于足的(图 6-38(a))。

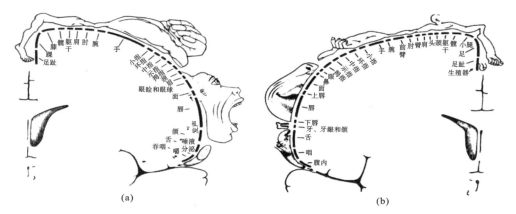

图 6-38 身体各部在大脑皮质运动区和感觉区的投射范围示意图

3. 视觉中枢 视觉中枢位于距状沟上、下的枕叶皮质内，接受同侧外侧膝状体发出的视辐射。

4. 听觉中枢 听觉中枢位于颞横回，每侧听觉中枢接受双侧的听觉冲动，故一侧听区受损，不会引起明显听觉障碍。

5. 语言中枢 语言中枢是人类区别于其他动物所特有的功能区。所谓语言功能是指能理解别人说话和写、印出来的文字，并能用文字或口语表达自己的思维活动。凡不是由于听觉、视觉或骨骼肌运动障碍而引起的语言功能障碍，均称为失语症。

(1)运动性语言中枢：又称说话中枢，位于额下回后部。此中枢受损时，患者虽可发音但丧失说话能力，称为运动性失语症。

(2)听觉性语言中枢：又称听话中枢，位于颞上回后部。此中枢受损时，患者听力虽正常，但听不懂别人讲话的意思，自己说话错误、混乱而不自知，称为感觉性失语症。

(3)视觉性语言中枢：又称阅读中枢，位于角回。此中枢受损时，患者视觉虽正常，但不能理解文字符号的意义，称为失读症。

(4)书写中枢：位于额中回后部。此中枢受损时，患者手的运动虽然正常，但不能写出正确的文字符号，称为失写症。

随着人类长期进化和发展，大脑皮质的结构和功能得到高度的分化。一般认为左侧大脑半球与语言、意识、数学分析等密切相关，右侧大脑半球主要感知非语言信息、音乐、图形和空间概念，左、右大脑半球各有分工、各有优势，它们相互协调配合表达出各种高级神经活动。

（三）端脑的内部结构

1. 基底核 基底核（图 6-39）为埋藏在大脑半球基底部白质内的灰质核团，包括尾状核、豆状核、屏状核和杏仁体。尾状核和豆状核合称为纹状体。

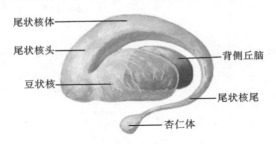

尾状核体

尾状核头

豆状核

背侧丘脑

尾状核尾

杏仁体

图 6-39 基底核（示左侧）

（1）尾状核：略呈"C"字形弯曲，分头、体、尾三部分。头端粗大，位于额叶内，并与豆状核相连；体部呈弓形向后围绕豆状核和背侧丘脑；尾部向前伸入颞叶。

（2）豆状核：位于尾状核和背侧丘脑的外侧，岛叶深部。其内部被两个白质板分成三部，外侧部称为壳；内侧两部合称为苍白球。从种系发生上看，尾状核和豆状核的壳发生较晚，称之为新纹状体；苍白球较古老，称之为旧纹状体。纹状体是锥体外系的重要结构组成，其功能是维持肌张力，协调骨骼肌的运动。

（3）杏仁体：连于尾状核末端，它是边缘叶的一个皮质下中枢，与内脏活动有关。

（4）屏状核：位于豆状核与岛叶皮质之间的薄层灰质，其功能不明。屏状核与豆状核之间的白质称为外囊。

2. 大脑髓质 大脑髓质位于皮质深面，由大量神经纤维组成，主要包括联络纤维、连合纤维和投射纤维。

（1）联络纤维：联系同侧大脑半球各部皮质的纤维。

（2）连合纤维：联系两侧大脑半球的纤维，主要有胼胝体。

（3）投射纤维：大脑半球皮质与皮质下结构之间的上、下行纤维，这些纤维都经过内囊。

内囊在大脑水平切面上呈左、右开放的"＞＜"形。前部位于豆状核与尾状核之间，称为内囊前肢（脚），有下行的额桥束和上行到额叶的丘脑前辐射通过；后部位于豆状核与丘脑之间，称为内囊后肢（脚），有皮质脊髓束、丘脑中央辐射、视辐射和听辐射等通过；前、后脚相交处称为内囊膝，有皮质核束通过（图 6-40，图 6-41）。

3. 侧脑室 侧脑室位于大脑半球内，左、右各一，可分为 4 部（图 6-42）。中央部位于顶叶内，是一近似水平位的裂隙，由此发出 3 个角。前角向前伸入额叶内；后角伸入枕叶；下角最长，伸入颞叶内。侧脑室内有脉络丛，可产生脑脊液。

4. 边缘系统 边缘系统由边缘叶及其与之密切联系的皮质和皮质下结构（如杏仁体、下丘脑、丘脑前核等）共同组成。边缘系统与内脏活动、摄食、记忆、情绪反应和性活动等有关。

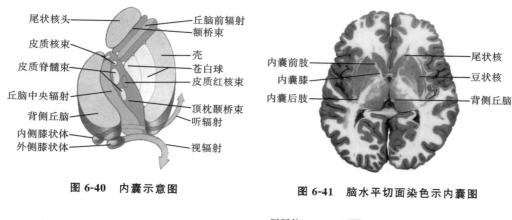

图 6-40　内囊示意图

图 6-41　脑水平切面染色示内囊图

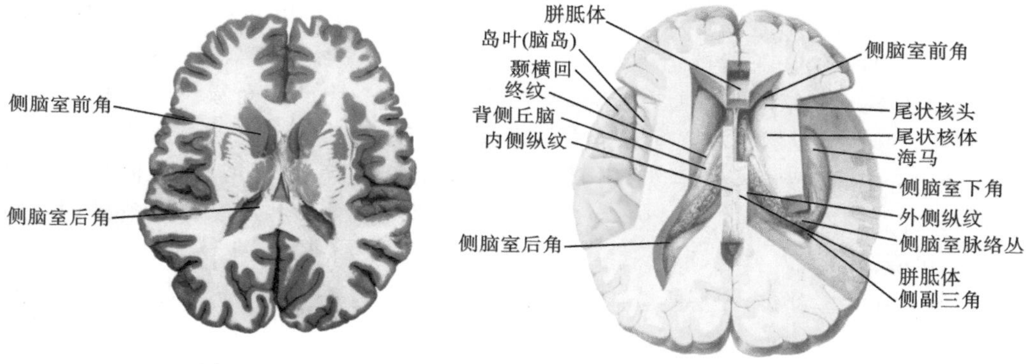

（a）

（b）

图 6-42　侧脑室

子任务三　脑和脊髓的被膜

脑和脊髓的表面包被有三层被膜，由外向内依次为硬膜、蛛网膜和软膜（图 6-43，图 6-44）。硬膜由厚而坚韧的结缔组织组成；蛛网膜为紧贴硬膜内面的半透明薄膜，与软膜之间有结缔组织相连；软膜薄而透明，富含血管，紧贴脑和脊髓的表面，并深入其沟裂中。它们对脑和脊髓具有保护、支持和营养作用。

一、硬膜

硬膜是一层坚韧的结缔组织膜，包被于脑的部分称为硬脑膜；包被于脊髓的部分称为硬脊膜。

1. 硬脊膜　硬脊膜上端附于枕骨大孔边缘，并与硬脑膜相延续，下端自第 2 骶椎以下包裹终丝，附于尾骨的背面。硬脊膜与椎管内面的骨膜及黄韧带之间的腔隙，称为硬膜外隙。硬膜外隙不与颅腔相通，略呈负压，内含疏松结缔组织、脂肪组织、淋巴管和

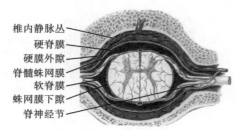

椎内静脉丛
硬脊膜
硬膜外隙
脊髓蛛网膜
软脊膜
蛛网膜下隙
脊神经节

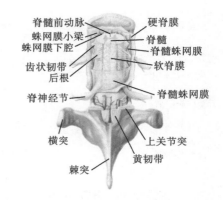

脊髓前动脉
蛛网膜小梁
蛛网膜下腔
齿状韧带
后根
脊神经节
横突
棘突
硬脊膜
脊髓
脊髓蛛网膜
软脊膜
脊髓蛛网膜
上关节突
黄韧带

图 6-43　脊髓被膜断面观　　　　　　**图 6-44　脊髓被膜整体观**

椎管内静脉丛,并有脊神经根通过。临床上的硬膜外麻醉是将麻醉药物注入此腔,以便阻断脊神经根内的上、下行神经传导。

2. 硬脑膜　硬脑膜坚厚而有光泽,它与硬脊膜不同,由两层合成。外层相当于颅骨内面的骨膜。硬脑膜两层之间有丰富的血管、神经走行。硬脑膜与颅盖诸骨连接较疏松,易于分离,当颅骨外伤导致硬脑膜血管破裂时,可在颅骨与硬脑膜之间形成硬脑膜血肿。硬脑膜在颅底处则与颅骨结合紧密,故颅底骨折时,易将硬脑膜与脑蛛网膜同时撕裂,脑脊液可流入鼻腔,形成脑脊液鼻漏。

硬脑膜在某些部位,内层折叠成板状结构伸入脑的某些裂隙中,形成硬脑膜隔,硬脑膜隔对脑有固定和承托作用,重要的有大脑镰和小脑幕。

(1)大脑镰:形似镰刀,伸入大脑纵裂内。

(2)小脑幕:呈半月状,于水平位伸入大脑半球枕叶和小脑之间的大脑横裂中,小脑幕的前内侧缘游离,呈一弧形切迹,称为小脑幕切迹,该切迹与鞍背之间形成一环形孔,内有中脑通过。小脑幕将颅腔不完全地分隔成上、下两部,当上部颅脑病变引起颅内压增高时,可使海马旁回和钩向下移位,嵌入小脑幕切迹,形成小脑幕切迹疝,压迫动眼神经根和大脑脚,产生同侧瞳孔散大、同侧动眼神经所支配的眼球外肌瘫痪致眼球外斜、对侧肢体瘫痪等相应症状。

硬脑膜在某些部位内、外两层分开,形成内含静脉血的腔隙,称为硬脑膜窦(图6-45)。硬脑膜窦内缺少瓣膜,窦壁无平滑肌,故无收缩性,因此其损伤后出血较多。主要的硬脑膜窦如下。

(1)上矢状窦:位于大脑镰的上缘内。

(2)下矢状窦:位于大脑镰的下缘内。

(3)直窦:位于大脑镰和小脑幕相接处,向后通窦汇。

(4)窦汇:由上矢状窦与直窦在枕内隆凸处共同汇合而成。

(5)横窦:成对,位于小脑幕的后缘,此窦向前下续乙状窦。

(6)乙状窦:成对,位于乙状窦沟内,向前下经颈静脉孔续颈内静脉。

(7)海绵窦:位于蝶骨体蝶鞍的两侧,为硬脑膜两层间的不规则腔隙,形似海绵,故

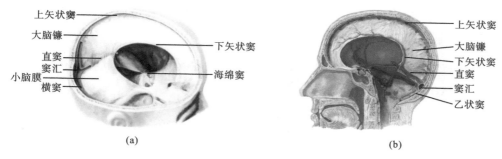

图 6-45 硬脑膜窦

而得名。海绵窦内有颈内动脉、展神经通过,在海绵窦外侧壁内,自上而下有动眼神经、滑车神经、眼神经和上颌神经通过(图 6-46)。海绵窦向后外通乙状窦或颈内静脉,前方借眼静脉与面静脉相交通,故面部感染可蔓延至海绵窦,引起海绵窦炎,并可累及上述神经,出现相应症状。

硬脑膜窦血液的流注关系如下:

上矢状窦 ⟶

下矢状窦 → 直窦 → 窦汇 → 横窦 → 乙状窦 → 颈内静脉

海绵窦 ⟶

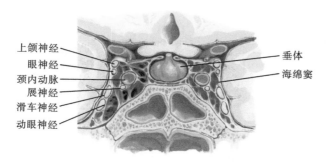

图 6-46 海绵窦(额状切面)

二、蛛网膜

蛛网膜薄而透明,缺乏血管和神经。按其所在部位可分为相互连续的两部分,即包被脑的蛛网膜和包被脊髓的蛛网膜。蛛网膜和软膜之间的腔隙,称为蛛网膜下隙,此隙内充满脑脊液。

蛛网膜下隙在某些部位扩大成池,如小脑和延髓之间的小脑延髓池及脊髓圆锥以下至第 2 骶椎水平扩大部分的终池。终池内只有马尾、终丝和脑脊液,故临床上常在第3、4 或第 4、5 腰椎间进行腰椎穿刺,抽取终池内脑脊液或注入药物,而不会伤及脊髓。蛛网膜在上矢状窦的两侧形成许多细小的突起,突入上矢状窦,称为蛛网膜粒。脑脊液

通过蛛网膜粒渗入上矢状窦内。

三、软膜

软膜薄而透明,含有丰富的血管,也可分为相互连续的两部,即软脑膜和软脊膜,分别贴于脑和脊髓的表面,并深入其沟裂。

子任务四 脑脊液及其循环

脑脊液是各脑室脉络丛产生的无色透明液体,充满于脑室系统、脊髓中央管和蛛网膜下隙。脑脊液对中枢神经系统起缓冲、保护、运送营养物质、运输代谢产物和维持正常颅内压等作用。成人脑脊液总量约为 150 mL,它处于不断产生、循环和回流的动态平衡状态(图 6-47)。

脑脊液流注途径如下:

左、右侧脑室脉络丛 $\xrightarrow{\text{室间孔}}$ 第三脑室脉络丛 $\xrightarrow{\text{中脑水管}}$ 第四脑室脉络丛 $\xrightarrow[\text{外侧孔}]{\text{正中孔}}$ 蛛网膜下隙 $\longrightarrow$

蛛网膜粒 $\longrightarrow$ 上矢状窦 $\longrightarrow$ 乙状窦 $\longrightarrow$ 颈内静脉

若脑脊液的循环通路发生阻塞,可导致脑脊液在脑室内潴留,造成脑积水或颅内压增高,临床上可通过腰椎穿刺抽取脑脊液进行检验以协助诊断神经系统疾病。

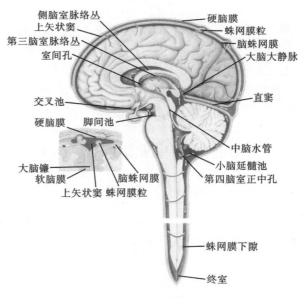

图 6-47 脑脊液循环模式图

子任务五　脑和脊髓的血管

一、脑的血管

脑是体内代谢最旺盛的器官,因而其血液供应非常丰富。脑血流量占心排血量的1/6,耗氧量占全身耗氧量的20%以上。氧气和葡萄糖在脑内的储存几乎为零,因此脑细胞对于缺血、缺氧非常敏感。脑血流阻断5 s即可引起意识丧失,阻断5 min可导致脑细胞不可逆的损害。随着人们物质生活水平的提高,由于不良的生活方式和饮食习惯等所导致的脑血管疾病已成为当今世界致残率、致死率最高的疾病之一。

(一)动脉

脑的动脉来自于颈内动脉和椎动脉(图6-48)。颈内动脉供应大脑半球前2/3和间脑前部,椎动脉供应大脑半球后1/3、间脑后部、脑干和小脑。

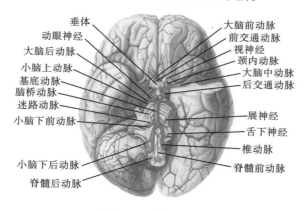

图 6-48　脑的动脉

1. 颈内动脉　颈内动脉起自颈总动脉,向上经颅底的颈动脉管入颅,向前穿过海绵窦后,在视交叉的外侧分为大脑前动脉和大脑中动脉等分支。颈内动脉在海绵窦内呈"S"状弯曲,位于蝶骨体外侧和上方的一段称为虹吸部,它是动脉硬化的好发部位。

(1)大脑前动脉:在大脑纵裂内沿胼胝体的背面向后走行,供应大脑半球的内侧面顶枕沟以前的部分及上外侧面的上缘。

(2)前交通动脉:左、右大脑前动脉进入大脑纵裂之前有横支相连,称为前交通动脉。

(3)大脑中动脉:沿外侧沟向后上走行,供应大脑半球上外侧面的大部和岛叶。

(4)后交通动脉:在视束下面后行,与大脑后动脉吻合。

2. 椎动脉　左、右椎动脉自锁骨下动脉发出,向上依次穿第6至第1颈椎的横突孔和枕骨大孔入颅腔,沿延髓腹侧面上行,至脑桥基底部合成一条基底动脉,至脑桥上缘分为左、右大脑后动脉两大终支,供应大脑半球的枕叶及颞叶的下面。此外基底动脉沿途还发出小脑下前、后动脉，小脑上动脉、脑桥动脉、迷路动脉等。

3. 大脑动脉环 大脑动脉环又称 Willis 环，围绕着视交叉、灰结节和乳头体，由前交通动脉、大脑前动脉、颈内动脉、后交通动脉和大脑后动脉互相吻合组成（图 6-49）。大脑动脉环将颈内动脉和椎动脉相互沟通，当某一处发育不良或被阻断时，通过大脑动脉环使血液重新分配和代偿，以维持脑的血液供应。

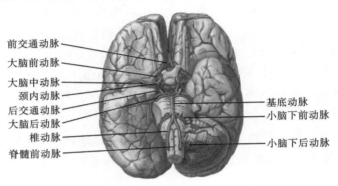

前交通动脉
大脑前动脉
大脑中动脉
颈内动脉
后交通动脉
大脑后动脉
椎动脉
脊髓前动脉

基底动脉
小脑下前动脉
小脑下后动脉

图 6-49 大脑动脉环

4. 大脑前、中、后动脉的分支类型

（1）皮质支：从大脑前、中、后动脉发出，由浅入深地分布于大脑皮质各层和髓质浅层。这类分支从脑的表面到较深的各层都有广泛的吻合。

（2）中央支：从大脑动脉环或大脑前、中、后动脉的起始段发出，垂直向上穿入脑实质内，分支分布于中脑、间脑、基底核和内囊等处（图 6-50）。

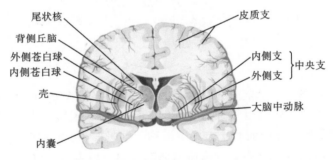

尾状核
背侧丘脑
外侧苍白球
内侧苍白球
壳
内囊

皮质支
内侧支 ┐
外侧支 ┘中央支
大脑中动脉

图 6-50 大脑动脉的皮质支和中央支

（二）静脉

脑的静脉一般不与动脉伴行，可分为浅、深静脉，最后都注入硬脑膜静脉窦。

1. 浅静脉 收集大脑髓质浅层和皮质各层的静脉血，汇合成大脑上、中、下静脉（图 6-51），分别注入上矢状窦、海绵窦和横窦等。

2. 深静脉 收集大脑髓质深层、基底核、间脑和各脉络丛的静脉血，汇合成大脑大静脉（Galen 静脉），向后注入直窦。

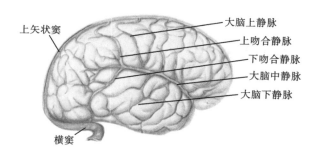

图 6-51 大脑浅静脉

二、脊髓的血管

(一)动脉

脊髓的动脉主要来自椎动脉、肋间后动脉和腰动脉的脊髓支(图 6-52)。椎动脉经枕骨大孔入颅后,发出脊髓前、后动脉。脊髓前动脉左、右各一,很快就合成一条动脉干,沿脊髓前正中裂下降;两条脊髓后动脉分别沿脊髓后外侧沟下降。脊髓前、后动脉在下降的过程中,先后与来自肋间后动脉和腰动脉的脊髓支吻合,共同营养脊髓。

(二)静脉

脊髓的静脉与动脉伴行,多数静脉注入硬膜外隙椎内静脉丛。

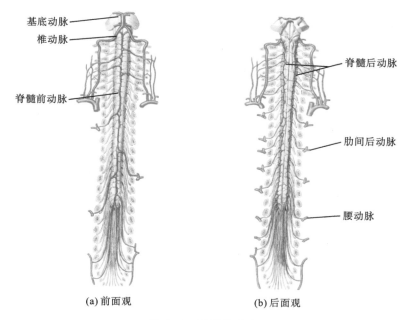

(a)前面观　　　　(b)后面观

图 6-52 脊髓的动脉

 综合能力训练

中枢神经系统的传导通路

中枢神经系统的传导通路分为感觉传导通路和运动传导通路（图6-53）。

图 6-53 中枢神经系统的传导通路示意图

一、感觉传导通路

（一）本体感觉传导通路

1. 躯干和四肢意识性本体感觉和精细触觉传导通路 见图6-54。

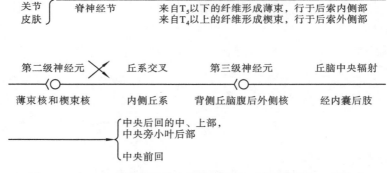

图 6-54 躯干和四肢意识性本体感觉和精细触觉传导通路示意图

2. 躯干和四肢非意识性本体感觉传导通路 见图6-55、图6-56。

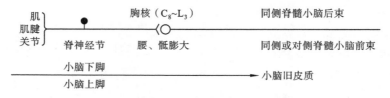

图 6-55 躯干和四肢非意识性本体感觉传导通路示意图

（二）痛觉、温度觉、粗触觉和压觉传导通路

1. 躯干和四肢的痛觉、温度觉、粗触觉和压觉传导通路 见图6-57、图6-58。

2. 头面部的痛觉、温度觉、粗触觉和压觉传导通路 见图6-59、图6-60。

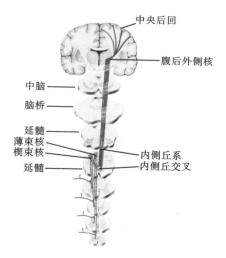

图 6-56 躯干和四肢的本体感觉和精细触觉传导通路

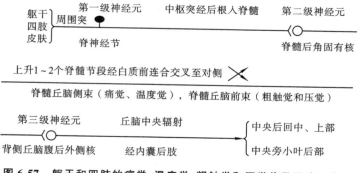

图 6-57 躯干和四肢的痛觉、温度觉、粗触觉和压觉传导通路示意图

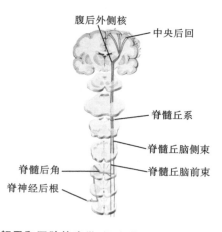

图 6-58 躯干和四肢的痛觉、温度觉、粗触觉和压觉传导通路

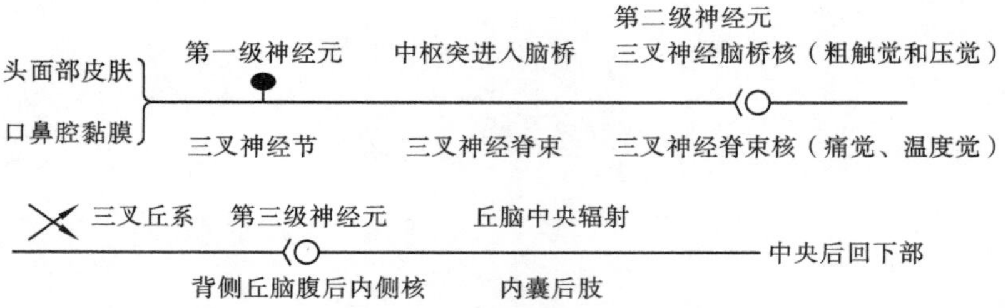

第二级神经元
头面部皮肤
口鼻腔黏膜
第一级神经元
中枢突进入脑桥
三叉神经脑桥核（粗触觉和压觉）
三叉神经节
三叉神经脊束
三叉神经脊束核（痛觉、温度觉）
三叉丘系
第三级神经元
丘脑中央辐射
中央后回下部
背侧丘脑腹后内侧核
内囊后肢

图 6-59　头面部的痛觉、温度觉、粗触觉和压觉传导通路示意图

中央后回
腹后内侧核
中脑
三叉神经脑桥核
三叉丘系
内侧丘系
脑桥
三叉神经节
延髓
三叉神经脊束核
三叉神经脊束
延髓
脊髓

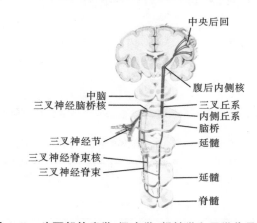

图 6-60　头面部的痛觉、温度觉、粗触觉和压觉传导通路

（三）视觉传导通路和瞳孔对光反射通路

1. 视觉传导通路　见图 6-61、图 6-62 和表 6-4。

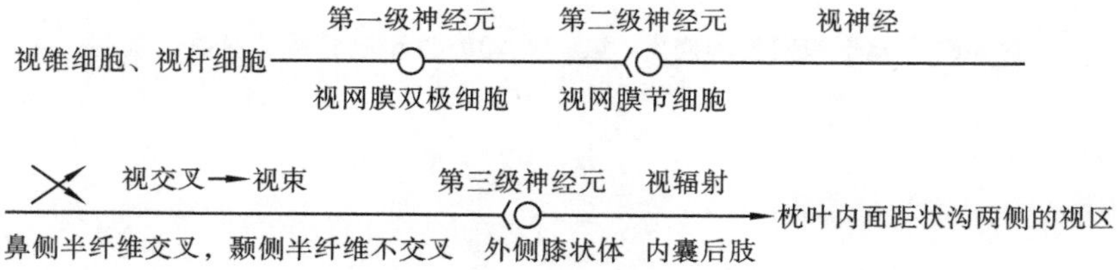

第一级神经元
第二级神经元
视神经
视锥细胞、视杆细胞
视网膜双极细胞
视网膜节细胞
视交叉→视束
第三级神经元
视辐射
枕叶内面距状沟两侧的视区
鼻侧半纤维交叉，颞侧半纤维不交叉
外侧膝状体
内囊后肢

图 6-61　视觉传导通路示意图

表 6-4　视觉传导通路损伤后的临床表现

损伤部位	临床表现
一侧视神经	该侧眼视野全盲
视交叉中央部交叉纤维	双眼视野颞侧半偏盲（桶状视野）
视交叉外侧部未交叉纤维	患侧视野鼻侧半偏盲
一侧视束（视辐射、视区皮质）	双眼病灶对侧视野同向性偏盲

2. 瞳孔对光反射通路　见图 6-63、图 6-64。

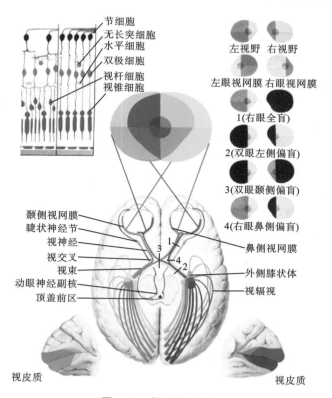

左视野 右视野

左眼视网膜 右眼视网膜

1(右眼全盲)

2(双眼左侧偏盲)

3(双眼颞侧偏盲)

4(右眼鼻侧偏盲)

节细胞
无长突细胞
水平细胞
双极细胞
视杆细胞
视锥细胞

颞侧视网膜
睫状神经节
视神经
视交叉
视束
动眼神经副核
顶盖前区

鼻侧视网膜

外侧膝状体
视辐视

视皮质

视皮质

图 6-62　视觉传导通路

光 ── 视网膜 ── 视神经 ── 视交叉 ── 双侧视束 ── 上丘臂

双侧动眼神经副核
瞳孔括约肌
睫状肌

顶盖前区
睫状神经节

图 6-63　瞳孔对光反射通路示意图

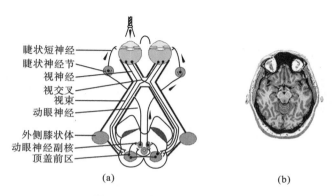

睫状短神经
睫状神经节
视神经
视交叉
视束
动眼神经
外侧膝状体
动眼神经副核
顶盖前区

(a)

(b)

图 6-64　瞳孔对光反射通路

（四）听觉传导通路

听觉传导通路见图6-65。

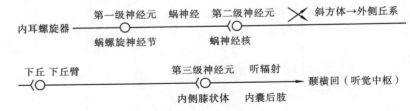

图 6-65　听觉传导通路示意图

主要的感觉传导通路小结见表6-5。

表 6-5　主要的感觉传导通路小结

传导通路名称	第一级神经元	第二级神经元	第三级神经元	纤维交叉部位	投射中枢
躯干和四肢意识性本体感觉和精细触觉传导通路	脊神经节	薄束核、楔束核	背侧丘脑腹后外侧核	延髓丘系交叉	中央后回中、上部，中央旁小叶后部及中央前回
躯干和四肢的痛温觉、粗触觉和压觉传导通路	脊神经节	脊髓后角固有核	背侧丘脑腹后外侧核	脊髓白质前连合	中央后回中、上部，中央旁小叶后部
头面部的痛温觉、粗触觉和压觉传导通路	三叉神经节	三叉神经脑桥核三叉神经脊束核	背侧丘脑腹后内侧核	三叉丘系	中央后回下部
视觉传导通路	视网膜双极细胞	视网膜节细胞	外侧膝状体	视交叉	枕叶内面距状沟两侧的视区

二、运动传导通路

运动传导通路包括锥体系和锥体外系。

（一）锥体系

锥体系是重要的下行传导通路，支配骨骼肌的随意运动，一般由上运动神经元和下运动神经元构成。上运动神经元由大脑皮质中央前回和中央旁小叶前部的锥体细胞及其轴突构成，发起运动，对下运动神经元有抑制作用。下运动神经元由脑神经运动核和脊髓前角运动神经元及其轴突构成，组成反射弧的传出部分，并对肌肉有营养作用。

上运动神经元的纤维下行经内囊、脑干至脊髓。在下行过程中，止于脑干内躯体运动神经核的纤维束，称为皮质核束；止于脊髓前角的纤维束，称为皮质脊髓束。

1. 皮质脊髓束　见图6-66、图6-67。

2. 皮质核束　见图6-68、图6-69、图6-70和图6-71。

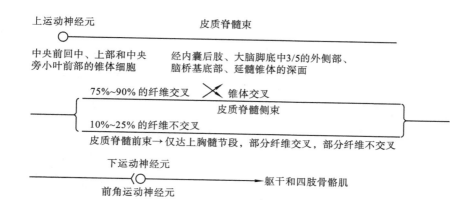

图 6-66　皮质脊髓束示意图

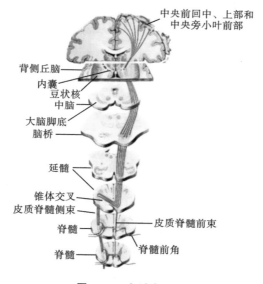

图 6-67　皮质脊髓束

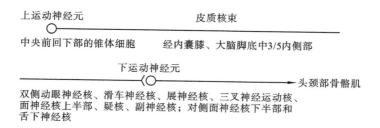

图 6-68　皮质核束示意图

（二）锥体外系

1. 组成　锥体系以外影响和控制躯体运动的神经传导通路总称为锥体外系。锥

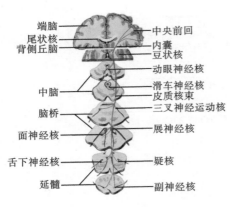

图 6-69 皮质核束

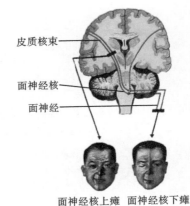

图 6-70 面神经核上瘫和下瘫

体外系结构复杂,包括大脑皮质、纹状体、背侧丘脑、底丘脑、中脑顶盖、红核、黑质、脑桥核、前庭神经核、小脑和脑干的网状结构等及它们之间的纤维联系。

2. 功能 锥体外系的主要功能是调节肌张力、协调肌肉运动、维持体态姿势平衡、支配习惯性和节律性动作等。

3. 主要传导通路 见图 6-72。

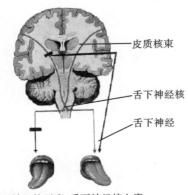

图 6-71 舌下神经核上、下瘫

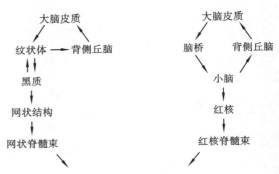

图 6-72 锥体外系的主要传导通路示意图

上运动神经元瘫痪和下运动神经元瘫痪的区别,见表 6-6。

表 6-6 上运动神经元瘫痪和下运动神经元瘫痪的区别

项目	上运动神经元瘫痪	下运动神经元瘫痪
损伤部位	大脑皮质运动区或锥体系	脑干躯体运动核或脊髓前角细胞
瘫痪的范围	较广泛,全肌群瘫痪	较局限,单一或数块肌瘫痪
瘫痪特点	痉挛性瘫痪(硬瘫)	迟缓性瘫痪(软瘫)

续表

项目	上运动神经元瘫痪	下运动神经元瘫痪
肌张力	增高	降低
反射	腱反射亢进,浅反射消失	腱反射减弱或消失,浅反射消失
病理反射	阳性(＋)	阴性(一)
肌萎缩	不明显,可有轻度的废用性萎缩	明显,且早期出现

 知识链接

常见的中枢神经系统损伤表现

(1) 脊髓半横断:损伤平面以下位置觉、振动觉和精细触觉丧失,同侧肢体硬瘫,损伤平面以下的对侧肢体痛温觉丧失,此表现称为布朗-色夸综合征。

(2) 脊髓全横断:脊髓与高位中枢突然横断后,横断面以下的脊髓暂时丧失反射活动能力,进入无反应状态,此现象称为脊髓休克。脊髓休克的主要表现:断面以下躯体感觉和运动功能丧失,骨骼肌肌张力消失,外周血管扩张,血压下降,发汗反射不出现,大小便潴留等。

(3) 脊髓前角受损:主要伤及前角运动神经元,所支配的骨骼肌表现为弛缓性瘫痪,肌张力低下,腱反射消失,肌萎缩,无病理反射,但感觉无异常,见于脊髓灰质炎(小儿麻痹症)患者。

(4) 中央灰质周围病变:若病变侵犯白质前连合,则阻断了脊髓丘脑束在此的交叉纤维,引起相应部位的痛温觉消失,而本体感觉和精细触觉无障碍(因后索完好),此现象称为感觉分离,见于脊髓空洞症或髓内肿瘤患者。

(5) 枕骨大孔疝:当颅内为高压或颅后窝有占位病变时,脑组织被挤压,从高压处向低压处移动,因此小脑扁桃体向椎管移位,嵌顿入枕骨大孔,致使延髓受压而形成枕骨大孔疝。延髓内有呼吸、心脏和血管的运动中枢(基本生命中枢),患者表现为剧烈头痛、反复呕吐、颈项强直和呼吸、循环障碍,甚至发生突然昏迷、呼吸骤停、血压下降、心跳骤停而危及生命。

(6) 小脑幕切迹疝:中脑位于小脑幕切迹内。小脑幕上方近切迹处为海马旁回和海马旁回沟,当小脑幕上有占位病变或脑水肿时,造成小脑幕上颅内压增高,使该部脑组织向压力低的部位移动,海马旁回沟进入小脑幕切迹内,从而压迫中脑、动眼神经,并使脑脊液循环受阻,形成小脑幕切迹疝。此疝压迫或牵拉动眼神经造成瞳孔散大;压迫大脑脚底使锥体束受累,致使对侧偏瘫;压迫中脑网状结构产生间歇性或持续性四肢伸

直性强直(去大脑强直);同时生命体征也发生改变,如呼吸加深加快、脉搏增快、血压升高和神志不清等。

(7) 小脑损伤:小脑蚓病变时,主要表现为平衡失调、站立不稳、步态蹒跚和静坐时摇晃等。小脑半球病变时,表现为同侧肌张力降低、腱反射减弱和共济运动失调,如指鼻实验阳性等。

(8) 下丘脑受损:可产生各种不同的内脏神经功能紊乱,如嗜睡症、体温调节紊乱和肥胖症,或厌食消瘦、月经失调、性欲减退、生殖器萎缩,或性功能亢进、性早熟,还可出现血压升高、脉快多汗、瞳孔散大或出现胃肠道出血、喘息样呼吸等。下丘脑视上核或漏斗受损可产生尿崩症。

(9) 丘脑受损:可出现丘脑综合征,常见症状是对侧半身感觉障碍、敏感或失常,有时可伴有模糊不清的自发性剧痛,对侧半身有舞蹈样或手足徐动样的不自主运动,哭笑时病灶对侧表情障碍,但随意运动不出现瘫痪。

(10) 脑血管疾病、脑外伤:常见中枢神经系统损伤最为突出的类型,也是康复工作岗位面对的常见病、多发病。脑血管疾病与心血管疾病一起成为世界人口中主要致死和致残的原因,已成为目前人类疾病的三大死亡原因之一,脑部病损主要是动脉系统的破裂或闭塞,导致脑出血、蛛网膜下隙出血或脑梗死,即脑卒中(中医称脑中风)。高血压是脑出血最常见的原因,高血压性脑出血常发生在50～70岁,目前还有年轻化趋势,男性略多见,冬、春季发病较多,有高血压病史患者在活动和情绪激动时易发生,病前无预兆,数分钟到数小时内达到高峰,表现为突发对侧偏瘫、偏身感觉障碍、同向性偏盲,以及主侧半球失语症甚至意识障碍等。脑外伤患者也可表现以上神经功能缺失症状。

(11) 锥体外系疾病:帕金森病又称震颤麻痹,是一种常见的中老年人神经系统变性疾病,病变部位主要在中脑黑质,它是黑质和黑质纹状体系统变性的一种慢性疾病。其主要临床表现是静止性震颤、运动迟缓、肌强直和姿势步态异常等。

(12) 内囊损伤综合征:在脑血管血液供应中,大脑中动脉的皮质支和中央支尤为重要。大脑中动脉的皮质支主要供应许多重要中枢,如躯体运动中枢、躯体感觉中枢和语言中枢。因此,若大脑中动脉皮质支的起始部被阻塞,可产生对侧面部和上肢的瘫痪及对侧相应部分的感觉障碍;如果阻塞发生在优势半球,还会累及运动性语言中枢,产生运动性失语症。大脑中动脉的中央支,主要供应内囊、纹状体和背侧丘脑,中央支出的部位常与原来的动脉构成直角,且这些分支较细,当高血压动脉硬化时,中央支较皮质支容易破裂出血而导致脑溢血,常累及内囊,出现对侧半身运动、感觉障碍及两眼视野对侧半偏盲等,即"三偏"综合征。

(黄拥军)

任务三 周围神经系统

情景设置

患者,男,34岁,2 d前跌倒后出现右手腕不能上抬。患者2 d前骑自行车时不慎摔倒,当时右侧身体着地,疼痛延及右上肢,右上肢不能活动。急诊X线检查未见骨折。体格检查:右前臂内侧可见局部淤血,压痛(+),屈肘、伸肘肌力5级,腕背伸肌力1~2级,伸指肌力2级,屈腕肌力5级,右前臂和手的桡侧痛觉减退,双侧肱二头肌、肱三头肌反射对称引出。

试分析该案例中相关肌运动功能障碍可能涉及的神经损伤原理。

周围神经系统是指中枢神经系统以外的神经部分,由神经和神经节构成。根据其发出的部位,周围神经系统分为与脑相连的脑神经和与脊髓相连的脊神经(图6-73)。根据其分布的区域,又可分为躯体神经和内脏神经,由于两者都经脑神经和脊神经与神经中枢相连,故脊神经和某些脑神经均含有躯体神经和内脏神经。为叙述方便,一般把周围神经系统分为脑神经、脊神经和内脏神经。

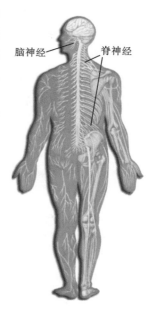

图 6-73 周围神经系统

子任务一 脊 神 经

脊神经共31对,每对脊神经借前根和后根与脊髓两侧相连。前根由运动神经纤维组成,后根由感觉神经纤维组成,两者在椎间孔处汇合,形成脊神经。在椎间孔附近,后根有一椭圆形膨大,称为脊神经节。31对脊神经中有8对颈神经、12对胸神经、5对腰神经、5对骶神经和1对尾神经。第1对颈神经通过寰椎与枕骨之间穿出椎管,第2~7对颈神经都通过相同序数颈椎上方的椎间孔穿出椎管,第8对颈神经通过第7颈椎下方的椎间孔穿出,12对胸神经和5对腰神经都通过相同序数椎骨下方的椎间孔穿出,第1~4对骶神经通过相同序数的骶前、后孔穿出,第5对骶神经和尾神经由骶管裂孔穿出。腰、骶、尾神经根行程较长,在椎管内形成马尾(图6-74)。

脊神经都是混合神经,含有感觉神经纤维和运动神经纤维。根据脊神经分布范围和功能的不同,又将脊神经所含的神经纤维成分分成四种(图6-75)。

（1）躯体感觉（传入）纤维：分布于皮肤、骨骼肌、肌腱和关节，将皮肤的浅感觉及骨骼肌、肌腱和关节的深感觉神经冲动传入感觉中枢。

（2）内脏感觉（传入）纤维：分布于内脏、心血管和腺体，传导这些结构的感觉神经冲动，它是内脏神经的组成部分。

（3）躯体运动（传出）纤维：分布于骨骼肌，支配骨骼肌的运动。

（4）内脏运动（传出）纤维：分布于平滑肌、心肌、腺体，支配肌肉的运动和腺体的分泌。

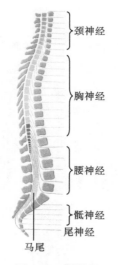

图 6-74　脊神经

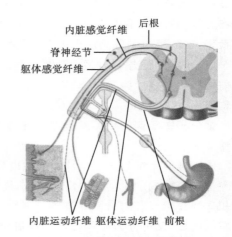

图 6-75　脊神经的神经纤维成分

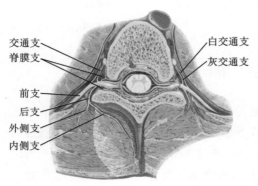

图 6-76　脊神经的分支

脊神经干很短，出椎间孔后立即分成 4 支：脊膜支、交通支、后支、前支（图 6-76）。

（1）脊膜支为极小的分支，发出后返回椎管，分布于脊膜、椎骨、椎骨的韧带及脊髓的血管。

（2）交通支发出后在椎体两侧前行，与交感干相连，由内脏运动和感觉神经纤维组成。

（3）后支较细，呈阶段性分布于躯干背侧。后支发出后，穿过相邻椎骨的横突之间向后行（骶神经后支从骶后孔穿出），分为内侧支和外侧支（图 6-77），主要分布于躯干背侧的皮肤及深层的肌肉。

（4）前支粗大，分布于躯干前面和外侧、四肢。除第 2～11 对胸神经前支保持着明显的节段性，直接分布于躯干外，其余脊神经前支节段性不明显，分别交织成脊神经丛，形成颈丛、臂丛、腰丛和骶丛（图 6-78）。由脊神经丛发出分支到头颈、上肢和下肢。

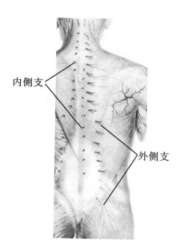

图 6-77　脊神经的后支分布概况

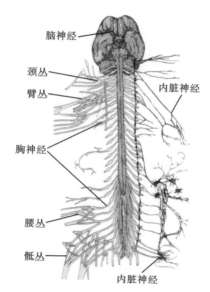

图 6-78　脊神经丛

一、颈丛

（一）颈丛的组成和位置

颈丛由第 1～4 颈神经的前支构成,位于胸锁乳突肌上部的深面、中斜角肌和肩胛提肌的前方,主要分布于颈部的肌肉和皮肤(图 6-79)。

（二）颈丛的分支

颈丛的分支有浅支和深支。

1. 浅支　颈丛的浅支为数小支,自胸锁乳突肌后缘中点的附近穿过深筋膜浅出,分别走向颈侧部、头后外侧、耳廓、肩部及胸壁上部,分布于相应区域的皮肤。颈丛的主要分支如下(图 6-80)。

（1）枕小神经:沿胸锁乳突肌表面行向后上方,分布于枕部及耳廓背面上部的皮肤。

（2）耳大神经:沿胸锁乳突肌表面行向前上方,分布于耳廓及其附近的皮肤。

（3）颈横神经:向前横过胸锁乳突肌浅面,分布于颈部皮肤。

（4）锁骨上神经:有 2～4 条,行向外下方,分布于颈侧部、胸壁上部和肩部的皮肤。

2. 深支　颈丛的深支除发出分支支配颈部深肌、肩胛提肌、舌骨下肌群外,主要分支有膈神经(图 6-81)。

膈神经为混合性神经,是颈丛的重要分支,先经前斜角肌上端的外侧,继而沿该肌前面下降至其内侧,在锁骨下动、静脉之间经胸廓上口进入胸腔,然后经肺根前方,紧贴

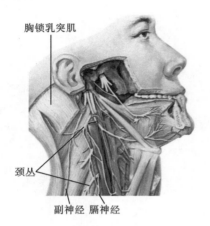

图 6-79 颈丛

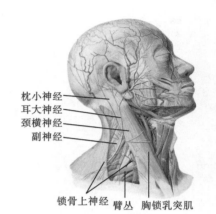

图 6-80 颈丛的主要分支

心包下行至膈。其运动神经纤维支配膈肌的运动,感觉神经纤维分布于心包、膈肌中心腱附近的胸膜和腹膜。右膈神经的感觉神经纤维一般认为还分布到肝和胆囊表面的腹膜。

二、臂丛

(一)臂丛的组成和位置

臂丛由第 5~8 颈神经前支和第 1 胸神经前支的大部分纤维组成,从前、中斜角肌间隙穿出,经锁骨后方进入腋窝。臂丛 5 个神经根的纤维经过反复分支、组合后,在胸小肌的后方围绕腋动脉形成内侧束、外侧束及后束(图 6-82)。由此三束再分出若干长、短神经,分布到上肢肌和皮肤。

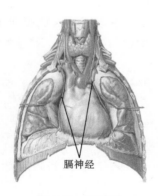

图 6-81 膈神经

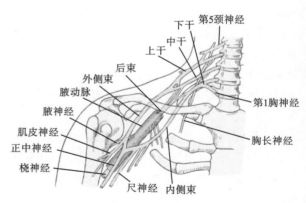

图 6-82 臂丛的组成

在锁骨中点后方,臂丛各分支较集中,位置较浅,此处为进行臂丛阻滞麻醉的部位。

（二）臂丛的分支

臂丛的主要分支如下（图 6-83）。

1. 胸长神经 胸长神经起自神经根，由第 5～7 颈神经前支组成，从臂丛后方进入腋窝，沿前锯肌表面下降，并支配此肌。胸长神经常因肩部担负过重的压力或颈部受重击而损伤，引起前锯肌瘫痪，患肢臂外展至水平位后，不能再向上举起，出现梳头等动作困难；上肢做前推动作时，患侧肩胛骨内侧缘和下角离开胸廓而翘起，形成"翼状肩"。

2. 肩胛上神经 肩胛上神经由第 5、6 颈神经前支组成，经肩胛上切迹行至肩胛骨背侧，分布于冈上肌、冈下肌和肩关节。肩胛上神经在肩胛上切迹处易受损，出现冈上肌和冈下肌无力、肩关节疼痛等。

3. 肩胛背神经 肩胛背神经在肩胛骨和脊柱之间下行，支配菱形肌和肩胛提肌。

4. 胸背神经 胸背神经沿肩胛骨外侧缘下行，支配背阔肌。

5. 胸前神经 胸前神经由第 5～8 颈神经前支和第 1 胸神经前支组成，从臂丛发出后，分支支配胸大肌和胸小肌。

6. 腋神经 腋神经由第 5、6 颈神经前支组成，在腋窝发自臂丛后束，绕肱骨上端外科颈的后上方至三角肌深面。由腋神经发出的肌支支配三角肌和小圆肌；发出的皮支分布于肩部和臂外侧上部的皮肤。

腋杖压迫、肱骨头或颈的骨折等，可能损伤腋神经而导致三角肌及小圆肌瘫痪，臂不能外展至水平高度，三角肌区皮肤感觉丧失。倘若三角肌发生萎缩，肩部骨突耸出，失去圆隆的外貌，则可形成"方肩"。

7. 肌皮神经 肌皮神经（图 6-83，图 6-84）自外侧束发出后斜穿喙肱肌，经肱二头肌和肱肌之间下降，发出肌支支配这三块肌，终支在肘关节上方穿出深筋膜，延续为前臂外侧皮神经，分布于前臂外侧的皮肤。肱骨骨折可损伤肌皮神经，出现肱二头肌萎

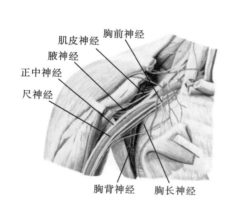

图 6-83 臂丛的主要分支

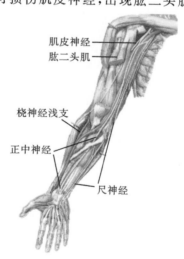

图 6-84 上肢前面的神经

缩、反射消失、屈肘及旋后力减弱，以及前臂外侧的皮肤感觉障碍。

8. 正中神经 正中神经（图 6-83，图 6-84）由第 6 颈神经前支至第 1 胸神经前支组成，臂丛内、外侧束分别发出内、外侧两根，两根夹持着腋动脉，向下汇合成正中神经干，沿肱二头肌内侧沟，伴肱动脉下行到肘窝。从肘窝向下穿旋前圆肌后，在前臂指浅、深屈肌之间沿前臂正中线下行，经腕管至手掌，发出 3 支指掌侧总神经，再各分为 2 支指掌侧固有神经，至 1～4 指相对缘。正中神经在臂部无分支，在前臂发出肌支，支配除肱桡肌、尺侧腕屈肌和指深屈肌尺侧半以外的前臂肌前群；在手掌部，正中神经发出肌支，支配除拇收肌外的鱼际肌及第 1、2 蚓状肌。皮支分布于手掌桡侧及桡侧 3 个半指掌面的皮肤。在腕部正中神经损伤的机会较多。

9. 尺神经 尺神经（图 6-83，图 6-84）由第 8 颈神经前支、第 1 胸神经前支组成，发自臂丛内侧束，在肱二头肌内侧随肱动脉下降，行至肱骨内上髁后方的尺神经沟。在此处，尺神经的位置浅表又贴近骨面，隔着皮肤可触摸到，也容易损伤。向下穿尺侧腕屈肌起始端至前臂前面内侧，在尺侧腕屈肌和指深屈肌之间、尺动脉的内侧下降至腕部，经屈肌支持带的浅面和掌腱膜的深面，在豌豆骨的外侧进入手掌，并在桡腕关节上方发出手背支。

尺神经在臂部无分支，在前臂发出肌支，支配尺侧腕屈肌和指深屈肌的尺侧半。在手掌，尺神经肌支支配手肌内侧群、中间群的骨间肌和第 3、4 蚓状肌，以及外侧群的拇收肌。尺神经皮支，在手掌分布于尺侧一个半指及相应的手掌皮肤，在手背分布于尺侧两个半指及相应的手背皮肤（图 6-85，图 6-86）。

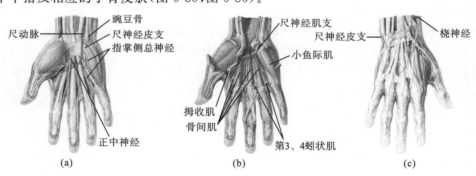

图 6-85　手的神经

10. 桡神经 桡神经由第 8 颈神经前支、第 1 胸神经前支组成，是后束发出的一条粗大的神经，在腋窝内位于腋动脉的后方，并与肱深动脉一同行向外下方，先经肱三头肌长头与内侧头之间，然后沿桡神经沟绕肱骨中段背侧旋向外下方，在肱骨外上髁上方至肱桡肌与肱肌之间，分为浅、深两支（图 6-85，图 6-87）。

（1）浅支：即皮支，经肱桡肌深面，至前臂桡动脉的外侧下行，转至手背，桡神经浅支分布于前臂的背面、手背桡侧和桡侧两个半指背面的皮肤。

（2）深支：穿旋后肌至前臂后面，在前臂肌后群浅层肌和深层肌之间下行至腕关节，支配臂和前臂所有伸肌和旋后肌及肱桡肌。

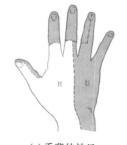 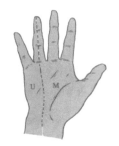

(a) 手背的神经　　　　　(b) 手掌侧的神经

图 6-86　手的神经分布区域

□ R:桡神经；▨ U:尺神经；▩ M:正中神经

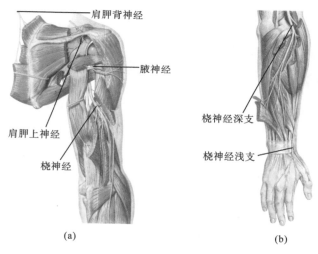

(a)　　　　　　　　　　　(b)

图 6-87　上肢后侧的神经

桡神经在经过桡神经沟时,紧贴骨面,因此,肱骨中段骨折,容易同时损伤桡神经。

三、胸神经前支

胸神经前支共 12 对,除第 1 对和第 12 对胸神经前支的部分纤维分别参加臂丛和腰丛外,其余各对均不成丛。第 1~11 对胸神经前支各自位于相应的肋间隙,称为肋间神经(图 6-88),第 12 对胸神经前支因位于第 12 肋的下方,称为肋下神经。肋间神经在肋间内、外肌之间,在肋间血管的下方,沿各肋沟前行,在腋前线附近开始离开肋骨下缘,行于肋间隙中,并在胸、腹壁侧面发出外侧皮支,本干继续前行。上 6 对肋间神经到达胸骨侧缘穿至皮下,称为前皮支。下 5 对肋间神经和肋下神经斜向下内,行于腹内斜肌与腹横肌之间,并进入腹直肌鞘,前行至腹白线附近穿出至皮下,成为前皮支。肋间神经和肋下神经的肌支分布于肋间肌和腹前外侧壁诸肌,皮支分布于胸、腹壁皮肤,其分支分布于壁胸膜和相应的壁腹膜。

正常人体结构

胸神经前支在胸、腹壁皮肤的分布呈明显的节段性（图 6-89）。如第 2 胸神经前支分布于胸骨角平面，第 4 胸神经前支分布于乳头平面，第 6 胸神经前支分布于剑突平面，第 8 胸神经前支分布于肋弓平面，第 10 胸神经前支分布于脐平面，第 12 胸神经前支分布于耻骨联合与脐连线中点平面。临床上常以胸骨角、肋弓、剑突、脐等为标志，检查感觉障碍的平面，借以推断病变所在的脊髓节段。

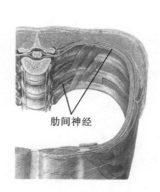

图 6-88　肋间神经

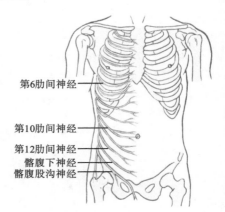

图 6-89　胸神经前支的节段性分布

四、腰丛

（一）腰丛的组成和位置

腰丛由第 12 胸神经前支的小部分、第 1～3 腰神经前支和第 4 腰神经前支的一部分组成，位于腰大肌的后方；第 4 腰神经的其余部分和第 5 腰神经前支，共同组成腰骶干，参与骶丛（图 6-90，图 6-91）。

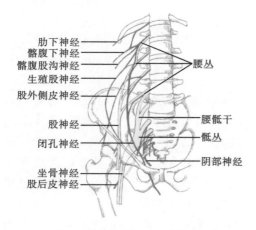

图 6-90　腰丛和骶丛的组成

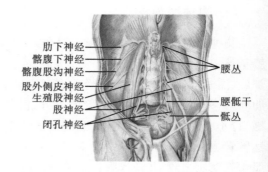

图 6-91　腰丛及其分支和骶丛

（二）腰丛的分支

腰丛的主要分支如下（图6-90,图6-91）。

1. 髂腹下神经及髂腹股沟神经 两者均由第1腰神经前支纤维和第12胸神经前支纤维组成,经腰方肌前面行向外下方,至髂嵴上方,进入腹横肌与腹内斜肌之间向前内侧走行。髂腹下神经终支在腹股沟管皮下环上方穿腹外斜肌腱膜至皮下,皮支分布于臀外侧、腹股沟区及下腹部皮肤,肌支支配腹壁诸肌。髂腹股沟神经终支自皮下环浅出,分布于腹股沟和阴囊前部(或大阴唇前部)皮肤,肌支支配腹壁诸肌。

2. 生殖股神经 生殖股神经由第1、2腰神经前支纤维组成,贯穿腰大肌,沿此肌前面下降,分为生殖支和股支。生殖支进入腹股沟管,随精索前行(在女性则随子宫圆韧带前行),支配提睾肌,并分支至阴囊(或大阴唇)的皮肤;股支分布于腹股沟韧带下方隐静脉裂孔附近的皮肤。

3. 股外侧皮神经 股外侧皮神经由第2、3腰神经前支纤维组成,由腰大肌外侧缘斜向外下方,经腹股沟韧带的深面至股部,分布于大腿外侧的皮肤。

4. 股神经 股神经(图6-92)是腰丛中最大的分支,在腰大肌与髂肌之间下行,经腹股沟韧带的深面,于股动脉的外侧进入股三角,分为数支。

（1）肌支:支配耻骨肌、股四头肌和缝匠肌。

（2）皮支:分布于大腿和膝关节前面的皮肤,最长的皮支称为隐神经,它是股神经的终支,伴股动脉入收肌管下行,在膝关节内侧浅出至皮下后,伴大隐静脉沿小腿内侧面下降到足内侧缘。隐神经分布于髌下、小腿内侧面和足内侧缘的皮肤。

5. 闭孔神经 闭孔神经于腰大肌内侧缘穿出,沿骨盆侧壁前行,穿闭膜管出骨盆至大腿内侧。其肌支支配闭孔外肌、大腿内侧肌群,皮支分布于大腿内侧的皮肤。

五、骶丛

（一）骶丛的组成和位置

骶丛由腰骶干及全部的骶神经、尾神经的前支组成。骶丛位于盆腔内,梨状肌的前方,其分支布于盆壁、会阴、臀部、股后部、小腿及足(图6-93)。

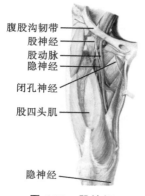

腹股沟韧带
股神经
股动脉
隐神经
闭孔神经
股四头肌
隐神经

图6-92 股神经

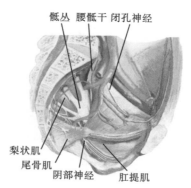

骶丛 腰骶干 闭孔神经
梨状肌
尾骨肌
阴部神经
肛提肌

图6-93 骶丛

（二）骶丛的分支

骶丛的主要分支如下（图 6-93，图 6-94，图 6-95）。

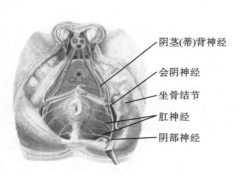

图 6-94　阴部神经分支分布

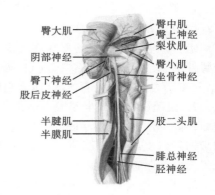

图 6-95　骶丛的分支

1. 臀上神经　臀上神经经梨状肌的上方出盆腔，支配臀中肌、臀小肌及阔筋膜张肌。

2. 臀下神经　臀下神经经梨状肌下孔出盆腔，至臀大肌深面，支配臀大肌。

3. 阴部神经　阴部神经从梨状肌下孔出盆腔，绕坐骨棘经坐骨小孔入坐骨直肠窝，向前的分支分布于会阴部和外生殖器的肌肉和皮肤。

4. 坐骨神经　坐骨神经是全身最粗大的神经，在梨状肌下方出盆腔，行于臀大肌深面，经坐骨结节和大转子连线的中点，在大腿后群肌内下行，至腘窝上角，分为胫神经和腓总神经两个终支。坐骨神经在股后部发出肌支支配大腿后群诸肌。

坐骨结节和股骨大转子连线的中点到股骨内、外侧髁之间中点的连线为坐骨神经的体表投影，当坐骨神经痛时，在此投影线上可出现压痛。

（1）胫神经：为坐骨神经本干的直接延续，沿腘窝中线下降，在小腿经比目鱼肌深面伴胫后动脉下降，经过内踝后方，在屈肌支持带深面分为足底内侧神经和足底外侧神经两个终支（图 6-96），入足底。胫神经肌支支配足底诸肌，皮支分布于足底的皮肤。胫神经在腘窝及小腿发出肌支支配小腿后群诸肌。

（2）腓总神经：沿腘窝的上外侧缘下降，绕至腓骨头下方，分为腓浅神经和腓深神经（图 6-97）。

① 腓浅神经：在腓骨长、短肌和趾长伸肌间下行，分出肌支支配腓骨长、短肌；在小腿下 1/3 浅出为皮支，分布于小腿外侧、足背和趾背面的皮肤。

② 腓深神经：穿腓骨长肌和趾长伸肌起始部，至小腿前部与胫前动脉伴行，分布于小腿肌前群、足背肌及第 1、2 趾相对缘的皮肤。

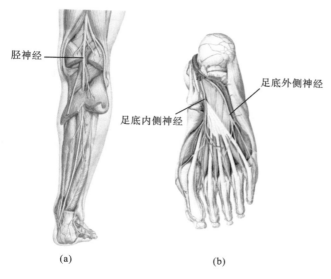

胫神经

足底外侧神经

足底内侧神经

(a)   (b)

图 6-96　胫神经

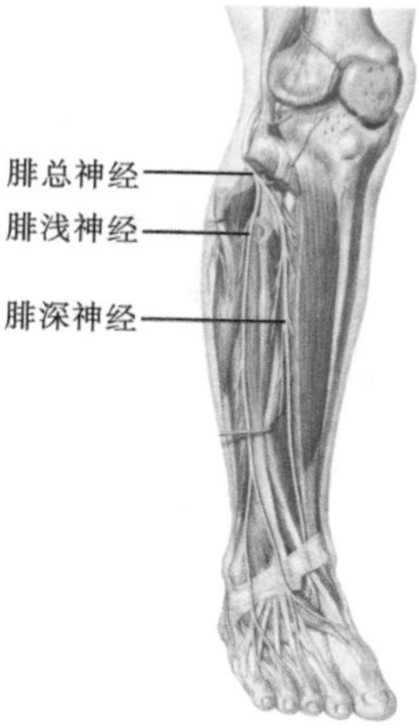

腓总神经

腓浅神经

腓深神经

图 6-97　腓总神经

子任务二　脑　神　经

脑神经是与脑相连的周围神经,共 12 对(图 6-98)。

脑神经的纤维成分较脊神经复杂,含有以下四种纤维成分。

(1)躯体感觉纤维:分布于头面部、口腔、鼻黏膜、耳等。

(2)内脏感觉纤维:分布于头、颈、胸、腹的脏器及味蕾和嗅器等。

(3)躯体运动纤维:分布于眼球外肌、舌肌、头肌、部分颈肌和咽喉肌等。

(4)内脏运动纤维:分布于平滑肌、心肌和腺体。

根据脑神经所含的纤维成分和功能不同,可将其分为运动性神经、感觉性神经和混合性神经,它们的排列顺序以罗马数字Ⅰ~Ⅻ表示,12 对脑神经的顺序和名称如下(表6-7)。

表 6-7　脑神经的名称、性质、连脑部位和进出颅腔的部位

顺序	名称	性质	连脑部位	进出颅腔的部位
Ⅰ	嗅神经	感觉性神经	端脑	筛孔
Ⅱ	视神经	感觉性神经	间脑	视神经管
Ⅲ	动眼神经	运动性神经	中脑	眶上裂
Ⅳ	滑车神经	运动性神经	中脑	眶上裂
Ⅴ	三叉神经	混合性神经	脑桥	第 1 支眼神经经眶上裂
				第 2 支上颌神经经圆孔
				第 3 支下颌神经经卵圆孔

续表

顺序	名称	性质	连脑部位	进出颅腔的部位
Ⅵ	展神经	运动性神经	脑桥	眶上裂
Ⅶ	面神经	混合性神经	脑桥	内耳门→面神经管→茎乳孔
Ⅷ	前庭蜗神经	感觉性神经	脑桥	内耳门
Ⅸ	舌咽神经	混合性神经	延髓	颈静脉孔
Ⅹ	迷走神经	混合性神经	延髓	颈静脉孔
Ⅺ	副神经	运动性神经	延髓	颈静脉孔
Ⅻ	舌下神经	运动性神经	延髓	舌下神经管

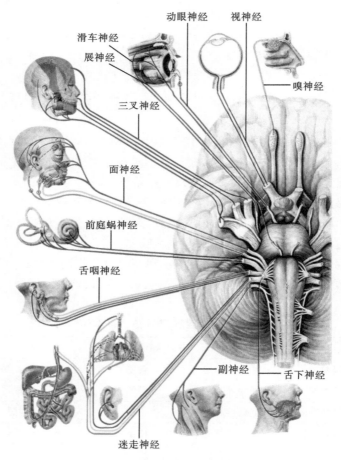

图 6-98　脑神经的分布

一、嗅神经

嗅神经（图6-99）为感觉性神经，传导嗅觉冲动，由鼻腔嗅区黏膜内的嗅细胞发出多条嗅丝组成，穿筛孔入颅，进入嗅球。颅前窝骨折累及筛板时，可损伤嗅神经，引起嗅觉障碍。

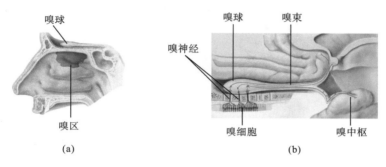

图 6-99 嗅神经

二、视神经

视神经（图6-100，图6-101）为感觉性神经，传导视觉冲动。视网膜中的节细胞发出纤维穿入巩膜构成视神经。视神经离开眼球向后穿视神经管入颅中窝，连于视交叉，再经视束连于间脑。

三、动眼神经

动眼神经（图6-100，图6-101）含有两种纤维：躯体运动纤维，起自中脑的动眼神经核；内脏运动纤维，起自中脑眼神经副核。动眼神经自脚间窝出脑后，向前穿过海绵窦，经眶上裂入眶。躯体运动纤维支配眼球上直肌、下直肌、内直肌、下斜肌和提上睑肌；内脏运动纤维支配瞳孔括约肌和睫状肌，使瞳孔缩小和调节晶状体的屈度加大。动眼神经损伤，可出现患侧除外直肌、上斜肌外的全部眼外肌瘫痪，引起上睑下垂、眼外斜视、瞳孔散大和患侧对光反射消失等。

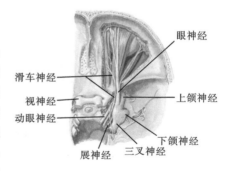

图 6-100 眶内神经（上面观）

四、滑车神经

滑车神经（图6-100，图6-101）由滑车神经核发出的躯体运动纤维组成。该神经自中脑背侧下方出脑，绕大脑脚的外侧前行，穿海绵窦，经眶上裂入眶，支配上斜肌。滑车神经损伤，可出现上斜肌瘫痪，眼球不能转向外下方，无法向下方侧视，以及自高处下行困难（如下楼梯）。患者常采取头向前倾、下颏内收、颜面转向健侧的头位作为代偿。

上斜肌 动眼神经 滑车神经 动眼神经核 动眼神经副核 滑车神经核

上颌神经 视神经 眼神经 外直肌 展神经 下颌神经 展神经核

图 6-101 眶内神经(外侧观)

五、三叉神经

三叉神经含有躯体感觉纤维和躯体运动纤维。躯体感觉纤维分别止于三叉神经脊束核、三叉神经脑桥核和三叉神经中脑核,躯体运动纤维起自脑桥三叉神经运动核,三叉神经根在脑桥基底部和小脑中脚交界处与脑桥相连。躯体感觉纤维的胞体集中在三叉神经节,此节位于颞骨岩部前面。三叉神经节发出的纤维形成三条神经,即眼神经、上颌神经和下颌神经(图 6-102,图 6-103),三叉神经的躯体运动纤维加入下颌神经。

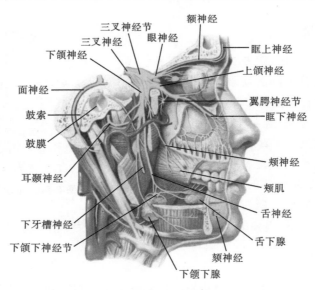

图 6-102 三叉神经及其分支

(一)眼神经

眼神经传导感觉冲动,自三叉神经节发出后,向前穿过海绵窦,经眶上裂入眶,分支

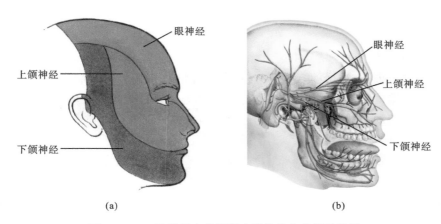

图 6-103　三叉神经在头面部皮肤的分布范围示意图

分布于眶、泪腺、结膜、硬脑膜、部分鼻黏膜、额顶部、上睑和鼻背的皮肤。眼神经的主要分支有鼻睫神经、泪腺神经、额神经。

额神经在上睑提肌的上方前行,分为 2~3 支,其中眶上神经较大,经眶上切迹出眶,分布于额顶部及上睑皮肤。

（二）上颌神经

上颌神经传导感觉冲动,自三叉神经节发出后,向前穿过海绵窦,经眶下裂入眶,分支分布于上颌牙、牙龈、口腔及鼻腔黏膜、眼裂与口裂之间的皮肤,主要分支有眶下神经、上牙槽神经和颧神经。

眶下神经为上颌神经的终支,由眶下孔浅出,分布于下睑、鼻翼和上唇的皮肤和黏膜。

（三）下颌神经

下颌神经由躯体感觉纤维和躯体运动纤维组成,自卵圆孔出颅后,发出的肌支主要支配咀嚼肌,其感觉支主要分布于口裂以下和耳颞区的皮肤,以及下颌牙、牙龈、舌前 2/3 及口腔底部的黏膜等。下颌神经主要分支有耳颞神经、颊神经、舌神经和下牙槽神经。

舌神经在下颌支内侧下降,经下颌下腺上方向前至舌,分布于口腔底部及舌前 2/3 的黏膜,接受一般感觉冲动。舌神经在行程中与来自面神经的鼓索(含有味觉纤维和支配下颌下腺及舌下腺分泌的副交感神经纤维)相结合。

三叉神经损伤,可出现同侧面部皮肤、眼结膜、角膜、口腔和鼻腔黏膜的一般感觉消失;角膜反射消失;同侧咀嚼肌瘫痪和萎缩,张口时下颌偏向患侧。

六、展神经

展神经(图 6-100,图 6-101)为运动性神经,由脑桥展神经核发出的躯体运动纤维组成,自延髓脑桥沟出脑,向前穿经海绵窦,经眶上裂入眶,支配外直肌。

七、面神经

面神经由脑桥面神经核发出的躯体运动纤维、上泌涎核发出的内脏运动纤维及止于孤束核的部分内脏感觉纤维组成。面神经自延髓脑桥沟展神经的外侧出脑,经内耳门入中耳鼓室壁内的面神经管(图6-104)。内脏运动纤维分布于下颌下腺、舌下腺、泪腺及口腔和鼻腔的黏液腺,支配腺体的分泌。内脏感觉纤维分布于舌前2/3的味蕾,传导味觉冲动;躯体运动纤维经茎乳孔出面神经管至颅外,向前下方穿入腮腺交织成丛,于腮腺前缘分为颞支、颧支、颊支、下颌缘支及颈支,支配面肌及颈阔肌;面神经在面神经管内的主要分支有鼓索和岩大神经(图6-105,图6-106)。

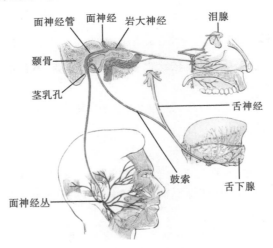

图6-104 面神经的行程与分布

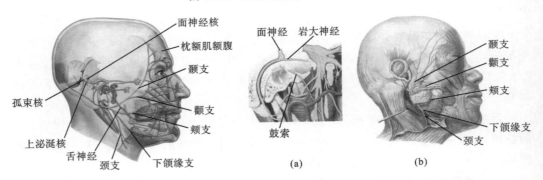

图6-105 面神经在面部的分支

图6-106 面神经管内、外的分支

八、前庭蜗神经

前庭蜗神经为感觉性神经,由前庭神经和蜗神经组成。前庭神经传导平衡觉冲动,分布于内耳球囊斑、椭圆囊斑和壶腹嵴;蜗神经传导听觉冲动,分布于内耳螺旋器。前庭蜗神经经内耳门于脑桥延髓沟入脑,分别止于脑干的前庭神经核和蜗神经核(图 6-107)。

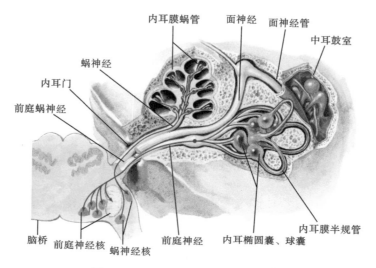

图 6-107 前庭蜗神经的行程与分布

九、舌咽神经

舌咽神经含有躯体运动纤维、内脏运动纤维、内脏感觉纤维和躯体感觉纤维。它从延髓发出,经颈静脉孔出颅腔,下行于颈内动、静脉之间,向前入舌根。其躯体运动纤维起自疑核,支配茎突咽肌;内脏运动纤维起自下泌涎核,支配腮腺的分泌;躯体感觉纤维止于三叉神经脊束核,分布于中耳;内脏感觉纤维止于孤束核,分布于咽、舌后 1/3 的黏膜和味蕾,传导黏膜的一般感觉和味觉冲动,此外可分布于颈动脉窦和颈动脉小球,反射性地调节血压和呼吸。舌咽神经的主要分支有鼓室神经、舌支和咽支(图 6-108)。

十、迷走神经

迷走神经是行程最长、分布范围最广的脑神经。其含有四种纤维成分:①内脏运动纤维,起于迷走神经背核,支配心肌、呼吸器官和消化器官的平滑肌腺体;②内脏感觉纤维,止于孤束核,主要分布于咽、喉、心脏、呼吸器官和部分消化器官的黏膜,传导内脏感觉冲动;③躯体感觉纤维,止于三叉神经脊束核,主要分布于外耳,传导一般感觉冲动;④躯体运动纤维,起于疑核,支配咽喉肌。

迷走神经在舌咽神经的下方,经延髓后外侧沟出脑后,穿过颈静脉孔至颈部,于颈内静脉和颈总动脉之间的后方下行入胸腔。左、右迷走神经向下分别于食管前、后穿过膈入腹腔,分布于肝、脾、胰、肾、胃及结肠左曲以上的肠管。迷走神经发出的主要分支有喉上神经和喉返神经(图 6-109,图 6-110),分布于喉黏膜和喉肌,传导黏膜感觉冲动,支配喉肌。

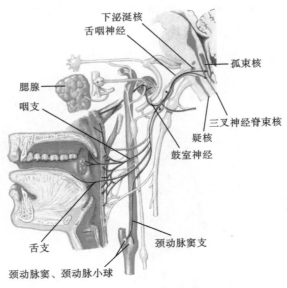

图 6-108　舌咽神经及其分支

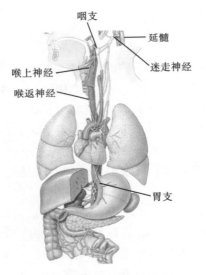

图 6-109　迷走神经及其分支

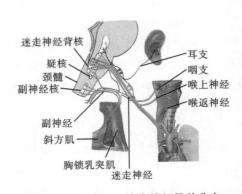

图 6-110　副神经、迷走神经及其分布

十一、副神经

副神经(图 6-110)为运动性神经,由延髓根和脊髓根组成。延髓根起自延髓的疑核,经颈静脉孔出颅腔,加入迷走神经,支配咽喉肌。脊髓根起自脊髓的副神经核,经枕骨大孔入颅腔,与延髓根汇合并出颅腔,经颈内动、静脉之间,向后外斜穿胸锁乳突肌,经此肌后缘上、中 1/3 交点处浅出,穿入斜方肌,支配胸锁乳突肌和斜方肌。

十二、舌下神经

舌下神经(图6-111,图6-112)为运动性神经,由舌下神经核发出,自延髓的前外侧沟出脑,经舌下神经管出颅腔,支配舌肌。一侧舌下神经损伤,可致同侧舌肌瘫痪,伸舌时,舌尖偏向患侧。

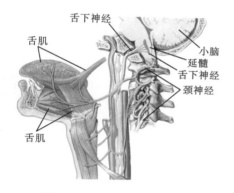

图 6-111 舌下神经及其分布

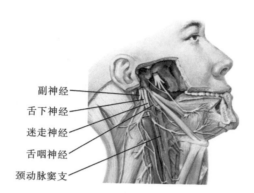

图 6-112 舌咽神经、迷走神经、副神经和舌下神经

子任务三 内 脏 神 经

内脏神经主要分布于内脏、心血管和腺体,可分为内脏运动神经和内脏感觉神经。前者支配平滑肌、心肌和腺体,在很大程度上不受意识支配,故又称其为自主神经或植物神经;后者则将内脏、心血管等处的感觉冲动传入中枢,通过反射调节内脏、心血管等器官的活动。

一、内脏运动神经

内脏运动神经和躯体运动神经相比较,在结构、功能、分布范围等方面存在较大的差异。

1. 支配的器官不同 躯体运动神经支配骨骼肌,受意识支配;内脏运动神经支配平滑肌、心肌和腺体,且不受意识支配。

2. 纤维成分不同 躯体运动神经只有一种纤维成分;内脏运动神经则分为交感和副交感两种纤维成分,而多数内脏器官又同时接受这两种神经的支配。

3. 分布形式不同 躯体运动神经自中枢发出后,不交换神经元直达骨骼肌;内脏运动神经自中枢发出后,需要在神经节交换神经元,才能到达平滑肌、心肌和腺体。

根据形态和功能特点,内脏运动神经(图6-113)分为交感神经和副交感神经两部分。

(一) 交感神经

交感神经的中枢位于脊髓第1胸段至第3腰段的侧角。周围部由交感神经节、交

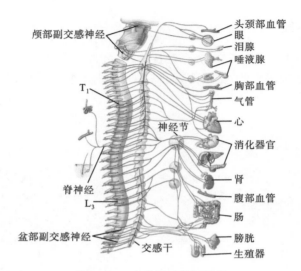

图 6-113　内脏运动神经概况

感干及交感神经纤维组成。

1. 交感神经节　交感神经节分为椎旁神经节和椎前神经节,前者位于脊柱两侧,每侧 19～24 个;后者位于脊柱的前方,包括腹腔神经节、主动脉肾神经节及肠系膜上、下神经节,分别位于同名动脉的附近。

2. 交感干　交感干位于脊柱两侧,由椎旁神经节和节间支连接而成,有交通支与脊神经相连。

3. 交感神经纤维　交感神经纤维分为节前纤维和节后纤维。节前纤维由脊髓第 1 胸段至第 3 腰段的侧角发出,经脊神经、交通支,止于相应的神经节;节后纤维可加入脊神经,随其分布至躯干和四肢的血管、汗腺和竖毛肌等,或形成神经丛,由神经丛分支分布到所支配的脏器,或直接分支分布到所支配的脏器。

（二）副交感神经

副交感神经也可分为中枢部和周围部。其中枢部为脑干的 4 对副交感神经核和脊髓第 2～4 骶髓节段的骶副交感神经核,周围部包括副交感神经节、节前纤维和节后纤维。副交感神经节多位于其所支配的器官附近或器官壁内,分别称为器官旁节或壁内节。

1. 颅部副交感神经

（1）随动眼神经走行的副交感神经节前纤维,起自中脑的动眼神经副核,节后纤维支配瞳孔括约肌和睫状肌。

（2）随面神经走行的副交感神经节前纤维,起自脑桥的上泌延核,节后纤维分布于泪腺、下颌下腺和舌下腺、鼻腔、口腔及腭黏膜的腺体。

（3）随舌咽神经走行的副交感神经节前纤维,起自延髓的下泌涎核,节后纤维分布于腮腺。

（4）随迷走神经走行的副交感神经节前纤维,起自延髓的迷走神经背核,节后纤维分布于胸腔、腹腔脏器（除降结肠、乙状结肠和盆腔脏器外）。

2. 盆部副交感神经

节前纤维起自脊髓第 2～4 骶髓节段的骶副交感神经核,随骶神经出骶后孔,离开骶神经,加入盆丛,随盆丛分支分布到盆部脏器附近或在壁内交换神经元,节后纤维分布于结肠左曲以下的消化管、盆腔脏器及外生殖器。

（三）交感神经和副交感神经的区别

交感神经和副交感神经在形态结构和分布范围等各方面有许多不同之处（表 6-8）。

表 6-8　交感神经与副交感神经的比较

	交感神经	副交感神经
低级中枢	脊髓第 1 胸髓节段至第 3 腰髓节段的侧角	脑干的内脏运动神经核和脊髓第 2～4 骶髓节段的骶副交感神经核
神经节	椎旁节和椎前节	器官旁节和壁内节
节前纤维、节后纤维	节前纤维短,节后纤维长	节前纤维长,节后纤维短
分布范围	全身的血管及内脏平滑肌、心肌、腺体、皮肤的汗腺和竖毛肌	胸腔、腹腔、盆腔内脏的平滑肌、心肌、腺体（肾上腺髓质除外）及瞳孔括约肌、睫状肌

交感神经和副交感神经对同一器官所起的作用既互相拮抗,又互相统一。例如,当机体处于剧烈运动或愤怒激动时,交感神经活动加强,副交感神经活动减弱,出现心跳加快、血压升高、支气管扩张、消化活动抑制等;相反,当机体处于安静或睡眠状态时,副交感神经活动加强,而交感神经活动减弱,从而出现心跳减慢、血压下降、消化活动增强等。机体通过交感神经和副交感神经作用的对立统一（表 6-9）,保持了机体内部各器官功能的动态平衡,从而使机体更好地适应内、外环境的变化。

表 6-9　交感神经与副交感神经对各器官的作用比较

器官	交感神经	副交感神经
心	心率加快、收缩力增强	心率减慢、收缩力减弱
支气管	气管平滑肌舒张	气管平滑肌收缩
胃肠道	肠平滑肌蠕动减弱、腺体分泌减少	肠平滑肌蠕动增强、腺体分泌增加
膀胱	膀胱壁的平滑肌舒张、括约肌收缩	膀胱壁的平滑肌收缩、括约肌舒张
瞳孔	瞳孔散大	瞳孔缩小

二、内脏感觉神经

内脏感觉神经由内感受器接受来自内脏的刺激,并将内脏感觉性冲动传导到中枢,中枢可直接通过内脏运动神经或间接通过体液调节各内脏器官的活动。

（一）内脏感觉的特点

（1）内脏器官的一般活动不引起感觉,强烈的内脏活动可引起感觉,如内脏痉挛性收缩可引起剧痛,胃的饥饿性收缩可引起饥饿感,直肠、膀胱的充盈可引起膨胀感等。

（2）对牵拉、膨胀、冷热和缺血等刺激敏感,对切割等刺激则不敏感。

（3）内脏感觉神经的传入途径比较分散,即一个脏器的感觉纤维,可经几条脊神经传入中枢,而一条脊神经可含有来自几个脏器的感觉纤维,因此,内脏痛往往定位不准确。

（二）牵涉性痛

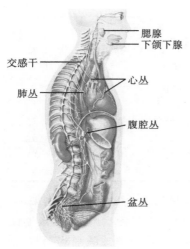

腮腺
下颌下腺
交感干
心丛
肺丛
腹腔丛
盆丛

图6-114　内脏神经丛

当某些内脏器官发生病变时,在体表的一定区域产生感觉过敏或疼痛的现象称为牵涉性痛。例如,心绞痛时,常在胸前区及左臂内侧皮肤感到疼痛;患肝胆疾病时,在右肩感到疼痛等。

牵涉性痛的发生机制目前并不完全清楚,一般认为传导病变脏器疼痛的神经和被牵涉区皮肤的感觉神经进入同一脊髓节段,因此,从病变脏器传来的冲动可以扩散到邻近的躯体感觉神经元,从而产生牵涉性痛。

三、内脏神经丛

交感神经、副交感神经和内脏感觉神经在分布于脏器的过程中,常常互相交织在一起,共同构成内脏神经丛,由内脏神经丛发出分支到所支配的器官。主要的内脏神经丛有心丛、肺丛、腹腔丛、盆丛等(图6-114)。

 知识链接

常见的周围神经系统损伤表现如下。

1. 颈神经根痛　颈椎病导致颈神经根痛,可向上肢放射。若第6颈神经根受累,则疼痛沿背面放射到拇指;若第7颈神经根受累,则疼痛沿背面放射到示指和中指;若第8颈神经根受累则疼痛沿背面放射到环指和小指。患侧上肢无力,手握力减弱,病程长者可出现肌萎缩,导致明显的运动障碍。

2. 正中神经损伤表现　前臂不能旋前,屈腕力减弱,拇指、示指及中指不能屈曲,拇指不能做对掌运动;手肌外侧群萎缩,手掌变平坦,称为"猿手"(图6-115);手掌桡侧部及桡侧三个半指掌面的皮肤感觉丧失。

3. **尺神经损伤表现** 尺侧腕屈肌瘫痪，屈腕力减弱；小鱼际肌，骨间肌，第3、4蚓状肌，拇收肌瘫痪，各指不能内收，2～5指不能外展；小鱼际肌萎缩，变平坦，骨间肌和部分蚓状肌萎缩，掌骨间隙出现深沟，各掌指关节过伸，第4、5指的指骨间关节屈曲，形成"爪形手"（图6-115）；手内侧缘和尺侧一个半指的皮肤感觉丧失。

4. **桡神经损伤表现** 前臂伸肌瘫痪，不能伸腕、伸指，抬前臂时，出现"垂腕"（图6-115）；前臂旋后功能减弱；前臂的背面、手背桡侧面和桡侧两个半指背面的皮肤感觉发生障碍，尤其第1、2掌骨间背面"虎口区"的皮肤感觉丧失明显。

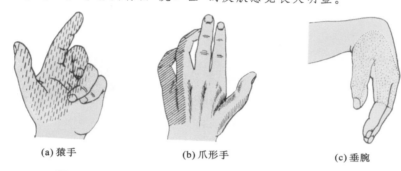

(a) 猿手　　　　　(b) 爪形手　　　　　(c) 垂腕

图6-115 正中神经、尺神经、桡神经损伤时手的功能障碍

5. **股神经损伤表现** 骨盆或股骨骨折、盆腔肿瘤等可损伤股神经。患者股四头肌和缝匠肌瘫痪，出现行走困难，行走步伐小，先伸出健足，再拖曳病足前行；屈髋力减弱，于坐位时不能伸小腿，膝跳反射消失；大腿和膝关节前面的皮肤、小腿内侧面和足内侧缘的皮肤发生感觉障碍。

6. **坐骨神经损伤表现** 椎间盘突出、骨盆或股骨骨折、股骨头脱位或臀部肌内注射等均可损伤坐骨神经。坐骨神经损伤后沿其路径有压痛，股后肌群、小腿及足部肌肉瘫痪，不能屈膝，足及足趾运动丧失；小腿后区、外侧及足部发生感觉障碍。

7. **胫神经损伤表现** 腘窝的外伤常伤及胫神经。胫神经损伤后出现小腿屈肌及足底肌肉瘫痪，足不能跖屈，内翻力减弱，不能以足尖站立。由于小腿前外侧肌群过度牵拉，致使足呈背屈及外翻位，出现"钩状足"（图6-116）；小腿后区、足背外侧缘和足底皮肤发生感觉障碍。

8. **腓总神经损伤表现** 股骨髁上骨折、腓骨头骨折等易伤及腓总神经。腓总神经损伤后表现为足不能背屈，足下垂且内翻，足趾不能伸，出现"马蹄内翻足"（图6-116）。感觉障碍在小腿外侧面和足背较为明显。

9. **面神经损伤表现** 面神经管外损伤：同侧的所有面肌瘫痪；额纹消失，闭眼困难，角膜反射消失，不能鼓腮、露齿，笑时口角偏向健侧（图6-117）。

面神经管内损伤：除有上述面肌瘫痪症状外，还出现听觉过敏，舌前2/3味觉障碍，下颌下腺和舌下腺分泌障碍等症状。

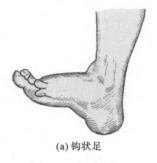

(a) 钩状足

(b) 马蹄内翻足

图 6-116　胫神经、腓总神经损伤时足的功能障碍

图 6-117　面神经损伤表现

 综合能力训练

分析针刺手指迅即缩手的神经反射通路

　　针头刺激手指皮肤感受器，手指感觉神经将感觉冲动经臂丛的分支（正中神经、尺神经或桡神经的皮支）传入脊髓的颈髓节段后角，更换神经元后通过对侧脊髓丘脑束到达丘脑腹后外侧核，更换神经元后发出的纤维经内囊后肢投射到大脑皮层躯体感觉中枢产生痛觉。躯体感觉中枢与躯体运动中枢联络，躯体运动中枢发出神经冲动，神经冲动由皮质脊髓束向下传导，经过内囊、脑干、延髓锥体交叉到对侧后下行到达脊髓颈髓节段前角，由前角发出的神经纤维通过臂丛分支（正中神经、尺神经或桡神经的肌支）到达前臂和手部肌肉，引起肌肉收缩，产生缩手动作。

 项目小结

　　神经系统划分为中枢神经系统和周围神经系统，神经组织是组成神经系统的基本组织，神经元是神经系统结构和功能的基本单位。

　　中枢神经系统包括脑和脊髓。脊髓位于椎管内，呈前后稍扁的圆柱形，全长粗细不等，外形可见两处膨大（颈膨大、腰骶膨大），一个圆锥（脊髓圆锥），一根细丝（终丝），表面有 6 条纵行的沟裂（前正中裂、后正中沟各一条，前、后外侧沟各两条）。脊髓划分为

31个节段(颈髓节段8个、胸髓节段12个、腰髓节段5个、骶髓节段5个、尾髓节段1个)。脊髓内部结构包括灰质、白质,灰质分为前角、后角,T_1～L_3节段的前角和后角间有侧角,前角内含运动神经元,后角内含联络神经元,侧角内含交感神经元。脊髓的功能有传导和反射功能。

脑位于颅腔内,分为端脑、间脑、小脑和脑干四部分,脑干自上而下分为中脑、脑桥和延髓三部分,脑干连有第3～12对脑神经。脑干内部结构较脊髓复杂,由灰质、白质和网状结构组成。脑干内存在各种功能活动的反射中枢,生命中枢(即呼吸中枢和心血管运动中枢)位于延髓,角膜反射中枢位于脑桥,瞳孔对光反射中枢位于中脑。小脑位于颅后窝,从种系发生上可分为古小脑、旧小脑和新小脑三部分,脑桥、延髓和小脑中的室腔为第四脑室。小脑是躯体运动调节的基本中枢,参与维持躯体姿势平衡、调节肌张力、协调肌群运动。间脑分为背侧丘脑、下丘脑等几部分,下丘脑是调节内脏活动的较高级中枢。两侧间脑中的矢状位裂隙称为第三脑室。端脑由左、右两大脑半球组成,每侧大脑半球从外形上分为3个面(上外侧面、内侧面和下面)、3条沟(中央沟、外侧沟和顶枕沟)和5个叶(额叶、顶叶、枕叶、颞叶和岛叶),大脑半球每一个面上又分布有不同的沟、回。大脑半球的内部结构由表层的皮质、深部的髓质组成,大脑皮质是中枢神经系统发育最复杂的部位,是管理人体运动、感觉功能的最高中枢,也是思维、语言、学习、记忆、意识活动的物质基础。大脑皮质上分布有躯体运动中枢、躯体感觉中枢、视觉中枢、听觉中枢及语言中枢等。埋藏于大脑半球内部髓质中的灰质核团为基底核,包括尾状核、豆状核、杏仁体和屏状核。基底核对运动功能具有重要的调节作用。内囊是大脑半球髓质内最重要的投射纤维,它位于尾状核、背侧丘脑和豆状核之间,分为内囊前肢、内囊后肢和内囊膝三部分,其内分别有与感觉、运动、视听觉等功能有关的上、下行纤维通过。每侧大脑半球内部的室腔为侧脑室。脑和脊髓的表面从内向外有软膜、蛛网膜、硬膜等三层被膜,它们对脑、脊髓起保护、支持和营养作用。供应脑和脊髓的血管来源于颈内动脉和椎动脉。分布于大脑的动脉分支有皮质支和中央支,脑是对体内缺血、缺氧最为敏感的器官。脑脊液是由各脑室的脉络丛组织产生的无色透明液体,经各脑室流通渗入蛛网膜下隙,经脑膜静脉窦回流入颈内静脉。

中枢神经系统的传导通路分为上行的感觉传导通路和下行的运动传导通路。感觉传导通路的特点为三级传导、两次接替、一次交叉和对侧管理;运动传导通路分为锥体系、锥体外系两部分,锥体系包括皮质脊髓束和皮质核束。

周围神经系统包括31对脊神经、12对脑神经。脊神经都是混合性神经,既传导躯体感觉冲动,又支配躯体肌肉运动。脊神经与脊髓相连,穿出椎管后,立即分出前、后支。后支细小,呈节段性分布于躯干背侧;前支除第2～11对胸神经保持节段性分布外,其余前支分别交织成丛,形成颈丛、臂丛、腰丛、骶丛,主要分布于躯干和四肢。脑神经与脑相连,由颅底的孔、裂进出颅腔,主要分布于头颈部和胸、腹腔部分脏器。脑神经纤维成分较复杂,传导躯体和内脏感觉冲动,支配骨骼肌、心肌和内脏平滑肌。内脏神经是脊神经和脑神经之中分布于内脏、心血管及腺体的神经纤维成分,包括内脏运动神

经和内脏感觉神经。内脏运动神经分为交感神经和副交感神经，它们对同一器官往往起相反的支配作用。

通过本项目学习，将周围神经系统和中枢神经系统、常见的神经损伤表现综合联系起来，对以后学习康复相关职业技术课程、开展康复治疗工作、分析治疗技术的原理等均将奠定坚实的基础

能力检测

1. 患者，男，6岁。在一次高烧后出现左下肢活动障碍。两个月后检查发现：①头、颈、两上肢和右下肢活动良好；②左下肢瘫痪，关节活动障碍，肌张力下降，肌萎缩；③左膝跳反射消失，病理反射阴性；④全身浅、深感觉存在。请以小组为单位分析患者的病变部位、损伤结构，并解释出现上述表现的原因。（提示：左腰骶髓节段前角受损。）

2. 患者，男，46岁，半年前背部曾受外伤，现检查发现：①右下肢瘫痪，肌张力增高，无肌萎缩；②右膝跳反射亢进，右侧病理反射阳性；③右下肢本体感觉消失；右半身自乳头以下精细触觉消失；④左半身剑突水平以下痛温觉消失；⑤其他未见异常。请以小组为单位分析患者的病变部位、损伤结构，并解释出现上述表现的原因。（提示：右脊髓第4胸髓节段半横断损伤。）

3. 患者，男，34岁。自述夜间行走困难，检查发现：①黑暗中行走或闭目行走时如踩棉花；在光亮处行走时须看脚步；②两下肢无肌萎缩，肌张力正常；③两下肢本体感觉或精细触觉消失；④其他未见异常。请以小组为单位分析患者的病变部位、损伤结构，并解释上述症状的原因。（提示：脊髓后索损伤。）

4. 患者，女，54岁，自述"半身不遂"，检查发现：①右上、下肢瘫痪，无肌萎缩，肌张力增高；②右侧腱反射亢进，腹壁反射消失，病理反射阳性；③伸舌时偏向左侧，左半舌肌萎缩；④右半身除头面部外，各种感觉均消失；⑤其他无明显异常。请以小组为单位分析患者的病变部位、损伤结构，并解释出现上述表现的原因。（提示：左延髓平橄榄中部舌下神经出脑附近损伤，损伤结构有左锥体束、左舌下神经根、左内侧丘系、左脊髓丘脑束。）

5. 患者，男，46岁，自述"半身不遂"，看事物有两个像，检查发现：①左侧上、下肢瘫痪，肌张力增高，腱反射亢进，无肌萎缩；②左侧腹壁反射消失，病理反射阳性；③右眼向内侧偏斜，不能外展，左眼运动正常；④伸舌时偏向左侧，舌肌无萎缩；⑤全身感觉正常，未见其他异常。请以小组为单位分析患者的病变部位、损伤结构，并解释出现上述表现的原因。（提示：右脑桥中下部展神经根出脑附近损伤，损伤结构有右锥体束和右展神经根。）

6. 患者，男，36岁，自述"半身不遂"，看事物有两个像，检查发现：①右侧上、下肢瘫

痪,肌张力增高,腱反射亢进,无肌萎缩;②右侧腹壁反射和提睾反射消失,病理反射阳性;③左眼向下方斜视,眼睑下垂;左眼瞳孔较右眼大;发笑时口角偏向左侧、面肌不萎缩;伸舌时舌尖偏向右侧,舌肌不萎缩;全身感觉及其他未见明显异常。请以小组为单位分析患者的病变部位、损伤结构,并解释出现上述症状的原因。(提示:左侧中脑上丘、大脑脚底及大脑脚损伤,损伤结构有左锥体束和左动眼神经根。)

7. 患者,女,58 岁,自述"半身不遂",检查发现:①左上、下肢瘫痪,肌张力增高,腱反射亢进,未见明显肌萎缩;②左侧腹壁反射消失,病理反射阳性;③左半身(包括头面部)各种感觉消失;④双眼左半视野偏盲(即左眼颞侧半视野和右眼鼻侧半视野偏盲);⑤发笑时口角偏向右侧,伸舌时舌尖偏向左侧,舌肌不萎缩;⑥其他无明显异常。请以小组为单位分析患者的病变部位、损伤结构,并解释出现上述临床表现的原因。(提示:右侧内囊出现病变。)

8. 患者,女,23 岁,数日前突然昏迷,意识不清,现在意识恢复,但不能说话,检查发现:①右上肢瘫痪,肌张力增高,腱反射亢进,无肌萎缩,病理反射阳性;②伸舌时舌尖偏向左侧,舌肌不萎缩;③发笑时口角偏向左侧;患者能听懂别人的话,不能识字,不能说话和写字;④患者平时习惯用右手;⑤其他无异常发现。请以小组为单位分析患者的病变部位,并解释出现上述临床表现的原因。(提示:左侧大脑半球中央前回中下部、额中回后部及额下回后部出现病变。)

9. 患儿,男,5 岁,因病于臀部双侧轮流注射青霉素 80 万 U,每日一次,历时 3 周。约 1 个月后发现患儿走路不便,右足易被地面绊住,因足尖总翘不起来。6 个月后出现足过屈、足内翻畸形,走路时须把右足提高以免足尖刮着地面。请分析:这是损伤了什么神经而导致哪些肌肉瘫痪?

(李泽良)

内分泌系统正常结构

内分泌系统（图 7-1）由身体不同部位和不同构造的内分泌腺和内分泌组织构成。它们在体内有三种不同的存在形式：①内分泌腺，如甲状腺、肾上腺等；②内分泌组织，这些内分泌组织分布在其他器官内，如胰腺中的胰岛等；③散在分布的内分泌细胞，如摄取胺前体脱羧细胞（APUD 细胞），散在分布于胃肠道、呼吸道、泌尿生殖道、中枢神经系统等处。

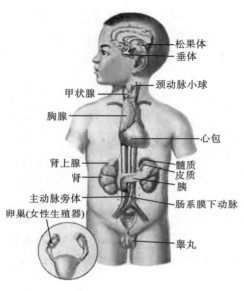

图 7-1　内分泌腺系统概观

内分泌腺的组织结构有以下特点：①内分泌腺无导管，又称无管腺；②腺细胞通常排列成索状、网状、团块状或围成滤泡状；③腺组织含有丰富的毛细血管和毛细淋巴管。

内分泌细胞合成分泌的高效能的生物活性物质称为激素。激素直接透入血液或淋巴，随血液循环运送到全身各处，作用于特定器官和组织产生效应。内分泌腺的血管及淋巴管丰富，典型的内分泌细胞位于分支成网的毛细血管中，最大限度地与毛细血管接触。人体的内分泌腺和内分泌组织有甲状腺、甲状旁腺、肾上腺、垂体、松果体、胸腺及胰内的胰岛等。

内分泌系统与神经系统关系密切。一方面内分泌系统受神经系统的控制和调节，另一方面内分泌系统也可以影响神经系统的功能，如甲状腺分泌的甲状腺素可影响脑的发育和正常功能。

任务一　甲　状　腺

一、甲状腺的形态和位置

甲状腺位于颈前区，呈"H"形，分为左、右两个侧叶，中间以峡部相连。其中侧叶贴于喉下部和气管上部的两侧，上达甲状软骨的中部，下抵第 6 气管软骨环；峡部一般位于第2~4气管软骨环的前方,其上方有时向上伸出一个锥状叶,长者可上至舌骨(图7-2)。甲状腺表面有纤维囊包裹,囊外有颈筋膜包绕,甲状腺借筋膜形成的韧带固定于喉软骨上,故吞咽时甲状腺可随喉软骨上下移动。

二、甲状腺的微细结构

甲状腺表面有一薄层结缔组织被膜,被膜中的结缔组织伸入甲状腺实质,将甲状腺分成许多分界不明显的小叶。每个小叶内含有许多甲状腺滤泡,甲状腺滤泡间有少量的结缔组织、丰富的毛细血管及滤泡旁细胞,构成甲状腺的间质。

甲状腺的实质主要由甲状腺滤泡构成,甲状腺滤泡是由单层上皮细胞围成的、大小不一的球形或椭圆形泡状结构(图7-3),滤泡腔内充满均质状的嗜酸性物质,HE染色呈红色。

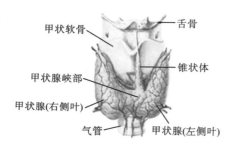

图 7-2　甲状腺

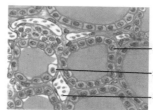

图 7-3　甲状腺的微细结构

1. 滤泡上皮细胞　滤泡上皮细胞为单层排列的立方形细胞,细胞界限清楚,细胞质略呈嗜碱性,细胞核圆形,位于中央。滤泡上皮细胞分泌甲状腺素,其主要功能为:①增进机体的新陈代谢,促进生长发育;②提高神经系统的兴奋性。若甲状腺功能低下,甲状腺素合成和分泌减少,在婴幼儿可引起身材矮小、智力低下,称为克汀病或呆小症,成人则可发生黏液性水肿;若甲状腺功能过强可致机体代谢旺盛,出现甲状腺功能亢进症,简称甲亢,可表现出突眼性甲状腺肿、心跳加速、神经过敏、体重减轻等症状。

2. 滤泡旁细胞　滤泡旁细胞也称降钙素细胞,位于滤泡上皮细胞之间和滤泡之间的结缔组织内,单个或成群分布,数量较少,细胞较大,呈卵圆形或多边形,在HE染色切片上,细胞质染色淡。滤泡旁细胞分泌降钙素,其主要作用是促进成骨细胞的活性,抑制破骨细胞的活动,从而降低血钙浓度。

任务二　甲　状　旁　腺

一、甲状旁腺的形态和位置

甲状旁腺(图7-4)是两对扁椭圆形的小体,呈棕黄色,形状大小似黄豆,表面有光

泽,通常有上、下两对,均贴附在甲状腺侧叶的后面。上一对甲状旁腺多位于甲状腺侧叶后面的上、中 1/3 交界处;下一对甲状旁腺常位于甲状腺下动脉附近。有时甲状旁腺可埋于甲状腺组织内,而使手术过程中寻找困难。甲状旁腺的功能是分泌甲状旁腺素,它能调节体内钙和磷的代谢,维持血钙平衡。

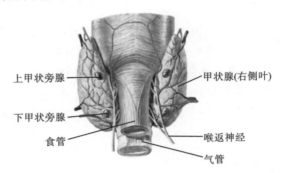

图 7-4 甲状旁腺

二、甲状旁腺的微细结构

甲状旁腺表面包有结缔组织被膜,被膜伸入甲状旁腺实质内形成小梁,小梁内含有神经、血管,这些成分构成间质。甲状旁腺的实质内的腺细胞排列成索团状,主要由主细胞和嗜酸性细胞组成。

1. 主细胞 主细胞是构成甲状旁腺的主要细胞,细胞体较小,呈圆形或多边形,细胞核位于细胞中央,HE 染色细胞质着色浅,细胞质内含有分泌颗粒。主细胞分泌甲状旁腺素,其主要功能为:促进破骨细胞生成,并增强破骨细胞的溶骨作用,使骨盐溶解,钙释放入血;同时促进肠和肾小管对钙的吸收,使血钙升高。

2. 嗜酸性细胞 嗜酸性细胞数量较少,呈多边形,体积较大,细胞质内含有嗜酸性颗粒,细胞核较小,HE 染色着色深。其功能目前尚不清楚。

任务三　肾　上　腺

一、肾上腺的形态和位置

肾上腺(图 7-5)是成对器官,位于腹膜之后,呈棕黄色,左肾上腺近似半月形,右肾上腺呈三角形。两侧肾上腺分别位于左、右肾的内上方,与肾共同包在肾筋膜内,但肾有独立的纤维囊和脂肪囊,故肾下垂时,肾上腺并不随肾下垂。

二、肾上腺的微细结构

肾上腺表面包有一层结缔组织被膜,结缔组织随血管和神经进入实质,分布在实质细胞团、索之间,构成间质。肾上腺实质包括周围的皮质和中央的髓质两部分。

1. 皮质 皮质占肾上腺的大部分,位于肾上腺的周围部。根据细胞的排列形态不同,皮质由外向内分成三个带(图 7-6)。

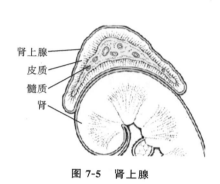

图 7-5 肾上腺

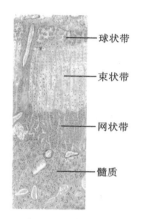

图 7-6 肾上腺的微细结构

(1)球状带:位于皮质的浅层,较薄,占皮质体积的 15%。多个细胞排列成球形,细胞较小,呈矮柱状或多边形,细胞质呈弱嗜酸性,细胞质内有少量脂滴,细胞核小,染色深。细胞团外有薄层基膜、少量结缔组织和窦状毛细血管。球状带细胞能分泌盐皮质激素,如醛固酮等,其主要作用是促进肾远曲小管及集合小管对钠离子的重吸收和钾离子的排出,从而调节体内的钾、钠和水的平衡。

(2)束状带:位于球状带的深面,最厚,约占皮质体积的 78%。细胞体积较大,界限清楚,呈多边形,经常是 1~2 行细胞排列成束。在 HE 染色切片中,由于细胞质内较多的脂滴被溶解,细胞呈空泡状。细胞核呈圆形或卵圆形,着色浅,位于中央,有少数细胞可有 2 个细胞核。束状带细胞分泌糖皮质激素,主要是皮质醇和皮质酮,对糖、蛋白质、脂肪的代谢都有作用,其中以对糖代谢的作用最为重要。

(3)网状带:位于皮质的最深面,与髓质相交界,约占皮质体积的 7%。细胞呈条索状,交错成网,细胞较小,形状不规则,界限不清楚,细胞质呈弱嗜酸性,细胞质内常有脂褐素。细胞核小,着色深,有时细胞核有固缩现象。网状带细胞分泌性激素,以雄激素为主,也有少量雌激素。

2. 髓质 髓质位于肾上腺的中央,占肾上腺体积的 10%~20%,主要由髓质细胞组成。髓质细胞体积较大,呈圆形或多边形,细胞质染色淡,细胞核大,圆形,核仁明显,排列成不规则的条索状。细胞内有许多易被铬盐染成棕黄色的颗粒,即嗜铬颗粒,故髓质细胞又称为嗜铬细胞,包括以下两种细胞。

(1)肾上腺素细胞:数量较多,约占肾上腺髓质嗜铬细胞数量的 80%,分泌肾上腺素,其主要作用是增强心肌收缩力,加快心率。

(2)去甲肾上腺素细胞:数量较少,在光镜下不能与肾上腺素细胞区分,分泌去甲

肾上腺素,其作用基本与肾上腺素相同,但对心的作用不如肾上腺素,对血管的收缩作用较强。

任务四 垂 体

一、垂体的形态和位置

垂体是不成对的器官,位于颅中窝垂体窝内,呈椭圆形,向上通过漏斗连于下丘脑。根据垂体的发生和结构功能的不同,可分为前方的腺垂体和后方的神经垂体(图7-7)。

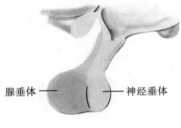

腺垂体 —— —— 神经垂体

图7-7 垂体

二、垂体的微细结构

(一)腺垂体

腺垂体是垂体的主要部分,约占垂体体积的75%,由腺细胞组成。腺细胞排列成索状或团状,其间有丰富的血窦。在HE染色切片上,根据其着色的不同分为以下三种细胞。

1. 嗜酸性细胞 数量较多,约占腺垂体远侧部细胞的40%。细胞体积较大,呈圆形或多边形,细胞质内充满着粗大的嗜酸性颗粒,细胞核圆,位于中央。嗜酸性细胞分为以下两种细胞。

(1)生长激素细胞:分泌生长激素(GH),主要作用为促进蛋白质合成和骨骼生长。该激素分泌过多,在幼年时期可引起巨人症,成年则发生肢端肥大症。儿童时期该激素分泌不足,可引起侏儒症。

(2)催乳素细胞:男、女性均可分泌催乳素,但女性的较多,特别是在妊娠期和哺乳期,细胞可增大、增多。催乳素可促进乳腺发育和乳汁分泌。

2. 嗜碱性细胞 数量较少,约占腺垂体远侧部细胞的10%。细胞大小不一,形态不规则,界限清楚,细胞质内有嗜碱性颗粒。嗜碱性细胞分为以下三种细胞。

(1)促性腺激素细胞:该细胞分泌两种激素。①卵泡刺激素,可促进女性卵泡的生长发育、成熟和男性精子的发生;②黄体生成素,可促进女性黄体的形成和男性睾丸间质细胞分泌雄激素。

(2)促甲状腺激素细胞:该细胞分泌促甲状腺激素,促进甲状腺滤泡上皮细胞合成、分泌甲状腺激素。

(3)促肾上腺皮质激素细胞:分泌促肾上腺皮质激素,可促进肾上腺皮质细胞分泌糖皮质激素。

3. 嫌色细胞 数量最多,约占腺垂体远侧部细胞的50%。细胞体积较小,细胞轮廓不清,细胞质着色很浅。该细胞可能是嗜酸性细胞和嗜碱性细胞的前体细胞,无内分泌功能。

（二）神经垂体

神经垂体由大量无髓神经纤维、垂体细胞和丰富的毛细血管构成。垂体细胞即神经胶质细胞，形态多样，细胞内常含褐色的色素颗粒。垂体细胞具有支持和营养神经纤维的作用。神经垂体无内分泌功能，只能储存和释放下丘脑视上核和室旁核合成分泌的两种激素。

1. 血管加压素 血管加压素又称抗利尿激素（ADH），其主要作用是：①促进肾远曲小管和集合小管对水的重吸收，减少尿量；②增加小动脉和毛细血管壁平滑肌的收缩力，从而使血压增高。

2. 催产素 其主要作用是：①增强子宫平滑肌的收缩力，加速分娩过程；②促进乳腺的分泌。

目前一般认为，下丘脑视上核和室旁核同时具有合成并分泌血管加压素和催产素的功能。

 知识链接

其他内分泌结构

一、松果体

松果体（图 7-1）位于丘脑的后上方，两上丘间的浅凹内，以细柄附于第三脑室顶的后部，为椭圆形小体，形似松果而得名，颜色呈灰红色。松果体在儿童时期比较发达，一般自 7 岁以后开始退化。成年后松果体部分钙化形成钙斑，称为脑砂，可在 X 线片上见到，临床上根据其位置的改变，将其作为颅内病变诊断的参考。

松果体可以合成和分泌褪黑激素等多种活性物质。这些激素的生理作用并不十分清楚。已有实验证明：这些激素可以影响机体的代谢活动、性腺的发育和月经周期等。松果体因病变破坏而功能不足时，可出现性早熟或生殖器官过度发育。相反，若分泌功能过盛，则可导致青春期延迟。松果体的内分泌活动与环境的光照有密切关系，呈明显的昼夜周期变化。

二、胸腺

胸腺（图 7-1）位于胸骨柄的后方，上纵隔的前部，分为不对称的左、右两叶。在新生儿及幼儿时期，胸腺相对较大，随年龄增长继续发育，至青春期达到高峰，以后逐渐萎缩、退化，胸腺组织大部分被脂肪组织所代替。

胸腺的功能较为复杂，除了具有内分泌功能，可分泌胸腺素和促胸腺生长素等具有激素作用的活性物质外，还可产生参与机体细胞免疫反应的 T 淋巴细胞。

三、弥散神经内分泌系统

机体内的一些内分泌细胞并不一定存在于特殊的内分泌腺内，且这些细胞都具有

摄取胺前体并进行脱羧的作用,统称为摄取胺前体脱羧细胞(APUD 细胞),它们主要分布于消化道、呼吸道等处;另外还发现,某些脑内神经元也具有同样的内分泌功能,称之为分泌性神经元。所以,把提取胺前体脱羧细胞和分泌性神经元统称为弥散神经内分泌系统,该系统将内分泌系统和神经系统协调起来构成一个整体,共同调节和控制机体的生理活动。

项目小结

　　内分泌系统包括甲状腺、甲状旁腺、肾上腺、垂体、松果体、胰腺内的胰岛、松果体、胸腺、弥散神经内分泌系统等。甲状腺位于颈部,呈"H"形,分为左、右两个侧叶,中间以峡部相连,滤泡上皮细胞分泌的甲状腺素,具有增进机体的新陈代谢、促进生长发育、提高神经系统兴奋性的作用。甲状旁腺分为上、下两对,贴附在甲状腺侧叶的后面,其功能是调节体内钙的代谢,维持血钙平衡。肾上腺位于左、右肾的上方,其实质可分为皮质和髓质,皮质内分泌的激素有盐皮质激素、糖皮质激素、性激素,髓质内分泌的激素有肾上腺素和去甲肾上腺素。垂体位于颅中窝垂体窝内,呈椭圆形,向上通过漏斗连于下丘脑,可分为腺垂体和神经垂体,腺垂体分泌生长激素、催乳素、促甲状腺激素、促肾上腺皮质激素等,神经垂体储存和释放下丘脑视上核和室旁核分泌的血管加压素、催产素等。

能力检测

　　1. 在活体上触摸甲状腺所在的部位,简要分析甲状腺肿大患者为何会出现声音嘶哑和吞咽、呼吸、说话等功能障碍。

　　2. 患者,女,65 岁,1 年来体重减少 15 kg,怕热多汗,身体无力,步态不稳,上肢运动笨拙,人易激动。检查发现:患者双上肢平伸时有明显的震颤,步态有些失调,四肢反射迟钝,运动幅度较大,眼睑萎缩。诊断为甲状腺功能亢进,试分析患者出现上述症状和体征的原因。

(刘启雄)

附录

知识、能力、素质要求

学好正常人体结构,对于康复和临床实践具有重要的意义。作为一门形态学特征较强的课程,学习者需要掌握基本甚至深厚的人体结构知识,具备相应的实践和分析解决问题的能力,具有人文及综合的素质要求,并在以后的职业生涯中不断学习和提高。

对于人体九大系统的各个器官的形态结构、位置、毗邻及相互之间的关系都要熟悉和掌握,形成自己基本的知识学习目标;对于人体微细的细胞及四大基本组织结构特征需要熟悉和了解,并将其用于对相关生理机能、病理诊断和康复评估的分析判断工作之中;对于各项目学习任务中涉及的具有重要临床意义的知识点要重点掌握,特别是神经系统、运动系统、呼吸系统和心血管系统等的相关知识,并善于将各系统的知识相互联系起来理解。

根据各系统、各器官的形态结构特点,学习者应善于应用相关知识分析其生理功能,并具备初步判断病理异常的能力,提出初步的诊断、治疗技法;对主要器官在人体上的位置应具有准确的定位能力,熟悉人体体表标志,并能正确指示;能够应用所学知识开展科学的卫生、康复和保健宣传教育,并能全面应用于后续课程、社会和个人日常生活之中。

通过学习正常人体结构,学习者应该培养和具备基本甚至优良的个人和团队素质。热爱医学事业、热爱患者、积极进取、开拓创新等是基本的素质要求,同时还应具有崇尚科学的辩证思维能力,具有敢于实践、勇于操作的胆识,具有很好的医患沟通和团队协作精神等。

俗话说:"学好正常人体结构,等于当好了半个医生"。作为康复治疗师,也属同理。正常人体结构的知识、能力和素质领域,博大精深,需要我们终身学习,还要结合工作实践针对性地重点学习,以期能够更深入、更全面地掌握相关知识,更好地为广大伤、病、残者服务。全书知识、能力、素质的要求见附表1。

附表1 知识、能力、素质要求一览表

项目名称	知识要求	能力要求	素质要求
项目一 正常人体结构初步认知	1. 掌握人体基本结构组成,熟悉人体分布概况 2. 了解细胞、基本组织的基本概念及分类 3. 了解常用的解剖和组织技术	1. 能运用正常人体细胞、基本组织概念,解剖学姿势,方位术语等正确描述正常人体结构 2. 能够应用常用技术知识认识学习中见到的各种标本和模型,培养学习兴趣	

项目名称	知识要求	能力要求	素质要求
项目二 运动系统正常结构	1. 掌握运动系统骨的主要结构及骨性标志；关节的结构组成、特点及运动方式 2. 掌握全身主要肌的名称、位置、起止点、作用及肌性标志，熟悉深层肌的体表投影 3. 熟悉运动系统关节活动范围，肌定位的体表标志及结构	1. 能运用运动系统基本结构及功能判定正常与异常结构 2. 能运用运动系统体表标志，对人体主要关节、肌等准确定位，为患者的运动功能评定奠定必要的形态学基础 3. 能综合运用运动结构及功能相结合的知识对患者及家属做好卫生宣教工作，并提出注意事项 4. 能初步分析运动系统结构异常的矫正方法	1. 热爱康复事业，具有较强的康复服务意识 2. 具有尊重关爱服务对象、同情患者、爱心助残、慈善为本的职业道德 3. 具有认真负责的工作态度和严谨细致的工作作风 4. 具有良好的心理素养
项目三 内脏	1. 熟悉内脏组成及功能，消化器官、呼吸器官、泌尿器官、生殖器官的位置、外形结构及功能 2. 掌握部分内脏器官的体表投影 3. 熟悉常见的内脏器官疾病的临床知识 4. 了解主要内脏器官的微细结构	1. 能运用内脏基本结构及功能判定正常与异常结构 2. 能运用内脏结构知识，对内脏位置进行准确定位，为患者内脏功能评定奠定必需的形态学基础 3. 能综合分析内脏系统中相关的流通途径，合理解释人体相关的生理机能 4. 能综合运用内脏结构及功能相结合的知识对患者及家属做好卫生宣教工作，并提出注意事项	
项目四 脉管系统正常结构	1. 掌握心血管系统的组成及功能，大、小循环途径；心脏位置、外形及心腔的主要结构、营养血管和心脏的体表投影 2. 熟悉全身主要动、静脉分布概况，表浅动脉压迫止血点，深部动脉体表投影 3. 熟悉淋巴系统组成及功能 4. 熟悉全身各部血管主干的体表投影 5. 了解心脏、血管的微细结构	1. 能运用心血管系统基本结构及功能判定正常与异常结构 2. 能综合运用心血管系统知识解释社会生活和临床中常见的循环途径 3. 能综合运用心血管结构及功能相结合的知识对患者及家属做好卫生宣教工作，并提出注意事项 4. 能将心血管系统与运动系统及内脏部分相关的知识和能力结合起来	

项目名称	知 识 要 求	能 力 要 求	素 质 要 求
项目五 感觉器 正常结构	1. 熟悉感觉器的基本结构组成，包括视器和前庭蜗器的形态、位置、结构特点 2. 了解相关的组织学结构其功能	1. 能运用感觉器的基本结构判定正常与异常结构，并能对感官进行准确定位，为患者感官功能评定奠定必需的形态学基础 2. 能正确描述视网膜的感光途径，分析常见视觉异常的原理 3. 能正确理解声波传导途径，理解常见的听觉异常 4. 能综合运用感觉器结构及功能相结合的知识对患者及家属做好卫生宣教工作，并提出注意事项	5. 具有有效的人际沟通和医患沟通技巧 6. 具有高度的团队协作精神 7. 具有较强的独立发现问题、判断分析并解决问题的能力 8. 具有较强的创新思维和辩证灵活运用知识的能力 9. 具有较强的自主学习、终身学习和创新学习的能力
项目六 神经系统 正常结构	1. 掌握神经系统组成及功能，脊髓、脑的主要外形结构及功能；熟悉中枢神经内部结构；掌握大脑皮层的机能定位 2. 熟悉脊髓与脊柱椎骨的对应关系，以及脊髓节段划分 3. 熟悉中枢神经内部结构感觉核团、运动核团的组成及功能 4. 掌握脑血管、脑室系统组成；熟悉脑血管分布概况，及脑血管的体表投影 5. 熟悉中枢传导通路的基本路径 6. 掌握周围神经、脊神经的组成、神经丛的位置、主要分支的行程及分布；脑神经的组成、性质、行程及主要分布 7. 了解神经组织中神经元、神经胶质细胞的结构及功能；了解突触、神经末梢、运动终板等基本概念 8. 熟悉头颈、四肢、躯干主要神经的体表投影	1. 能运用神经系统基本结构及功能判定正常与异常结构 2. 能运用运动、神经系统结构知识，对神经进行准确定位，为患者神经功能评定奠定必需的形态学基础 3. 能描述中枢神经系统常见的神经传导通路，并善于将感觉通路和运动通路串联起来 4. 能够结合中枢传导通路和周围神经走行、分布分析日常生活的反射通路 5. 能够正确分析常见的中枢和周围神经损伤的表现 6. 能综合运用神经结构及功能相结合的知识对患者及家属做好卫生宣教工作，并提出注意事项	

项目名称	知识要求	能力要求	素质要求
项目七 内分泌系统 正常结构	1. 熟悉内分泌器官组成及功能,特别是甲状腺、甲状旁腺、垂体、肾上腺、胰岛等 2. 了解各内分泌器官的微细结构	1. 能运用内分泌器官的正常结构和功能分析常见的内分泌异常 2. 能合理解释常见内分泌异常与康复疾病之间的关系 3. 能运用内分泌器官基本结构及功能指导患者康复,并做好卫生宣教工作	

（张　烨　黄拥军　王本锋）

中英文对照[*]

A

| 鞍状关节 | sellar joint |

B

包含物	inclusion
扁骨	flat bone
不规则骨	irregular bone
髌骨	patella
白细胞	white blood cell
鼻	nose
鼻旁窦	paranasal sinuses
白质	white matter
布朗-色夸综合征	Brown-Sequard syndrome
薄束	fasciculus gracilis
薄束结节	gracile tubercle
薄束核	gracile nucleus
背侧丘脑	dorsal thalamus
边缘叶	limbic lobe
边缘系统	limbic system

C

垂直轴	vertical axis
长骨	long bone
车轴关节	trochoid joint
耻骨	pubis
尺骨	ulna
耻骨联合	pubic symphysis

---

[*] 按中文汉字首字拼音序列,以及该名词在教材中出现的先后顺序排列。

成纤维细胞 fibroblast
侧支循环 collateral circulation
侧角 lateral horn
侧脑室 lateral ventricle
苍白球 globus pallidus
垂体 hypophysis

D

单位膜 unit membrane
短骨 short bone
顶骨 parietal bone
蝶骨 sphenoid bone
骶骨 sacrum
骶髂关节 sacroiliac joint
单核细胞 monocyte
大肠 large intestine
胆总管 common bile duct
动脉 artery
窦房结 sinuatrial node
动脉韧带 arterial ligament
第四脑室 fourth ventricle
大脑脚 cerebral peduncle
动眼神经核 oculomotor nucleus
动眼神经副核 accessory nucleus of oculomotor nerve
底丘脑 subthalamus
第三脑室 third ventricle
端脑 telencephalon
大脑皮质 cerebral cortex
大脑沟 cerebral sulci
大脑回 cerebral gyri
顶枕沟 parietooccipital sulcus
顶叶 parietal lobe
岛叶 insula
豆状核 lentiform nucleus
大脑镰 cerebral falx
窦汇 confluence of sinuses

大脑前动脉	anterior cerebral artery
大脑中动脉	middle cerebral artery
大脑动脉环	cerebral arterial circle
大脑大静脉	great cerebral vein

E

额骨	frontal bone
腭	palate
腭垂	uvula
腭舌弓	palatoglossal arch
腭咽弓	palatopharyngeal arch
腭扁桃体	palatine tonsil
二尖瓣复合体	mitral complex
额叶	frontal lobe

F

分化	differentiation
腓骨	fibula
跗骨	tarsal bones
跗跖关节	tarsometatarsal joints
跗骨间关节	intertarsal joints
肥大细胞	mast cell
腹膜	peritoneum
肺	lung
肺泡	alveolus
附睾	epididymis
房水	aqueous humor
反射	reflection
反射弧	reflex arc
副交感神经	parasympathetic nerve

G

冠状轴	coronal axis
冠状面	coronal plane
高尔基复合体	Golgi complex

过氧化氢酶体	peroxisome
骨	bone
骨干	diaphysis
骨膜	periosteum
骨质	bony substance
骨髓	bony marrow
骨连结	articulation
骨性结合	synostosis
关节	joint
关节面	articular surface
关节囊	articular capsule
关节腔	articular cavity
关节盘	articular disc
关节唇	articular labrum
关节突关节	zygapophysial joints
骨性鼻腔	bony nasal cavity
肱骨	humerus
肱桡关节	humeroradial joint
肱尺关节	humeroulnar joint
股骨	femur
骨盆	pelvis
骨组织	osseous tissue
骨细胞	osteocyte
骨单位	osteon
固有层	lamina propria
肛管	anal canal
肛门	anus
肝	liver
肝索	hepatic cord
肝总管	common hepatic duct
肝胰壶腹	hepatopancreatic ampulla
睾丸	testis
肝门静脉	hepatic portal vein
感觉器	sensory organs
巩膜	sclera
橄榄	olive

孤束核	nucleus of solitary tract
膈神经	phrenic nerve
股神经	femoral nerve

H

后	posterior
核糖体	ribosome
核膜	nuclear membrane
核仁	nucleolus
核基质	nuclear matrix
环转	circumduction
滑膜关节	synovial joint
滑膜襞	synovial fold
滑膜囊	synovial capsule
寰椎	atlas
横突间韧带	intertransverse ligaments
黄韧带	ligamenta flava
后纵韧带	posterior longitudinal ligament
后囟	posterior fontanelle
踝关节	ankle joint
环骨板	circumferential lamella
哈佛系统	Haversian system
红细胞	red blood cell,RBC
后正中线	posterior median line
恒牙	permanent teeth
呼吸系统	respiratory system
喉	larynx
喉腔	laryngeal cavity
虹膜	iris
灰质	gray matter
后角	posterior horn
后索	posterior funiculus
滑车神经核	trochlear nucleus
红核	red nucleus
黑质	substantia nigra
后丘脑	metathalamus

海马旁回	parahippocampal gyrus
横窦	transverse sinus
海绵窦	cavernous sinus
后交通动脉	posterior communicating artery

J

解剖学姿势	anatomical position
近侧	proximal
颈椎	cervical vertebra
脊柱	vertebral column
棘上韧带	supraspinal ligament
棘间韧带	interspinal ligament
肩胛骨	scapula
肩关节	shoulder joint
肩锁关节	acromioclavicular joint
胫骨	tibia
距小腿关节	talocrural joint
结缔组织	connective tissue
基质	ground substance
胶原纤维	collagenous fiber
间骨板	interstitial lamellae
浆细胞	plasma cell
肌层	muscularis
浆膜	serosa
肩胛线	scapular line
颊	cheek
角切迹	angular incisure
结肠	colon
精囊	seminal vesicle
静脉	vein
颈动脉窦	carotid sinus
颈动脉小球	carotid glomus
静脉角	venous angle
角膜	cornea
睫状体	ciliary body
脊髓	spinal cord

颈膨大	cervical enlargement
脊髓圆锥	conus medullaris
脊神经节	spinal ganglion
脊髓丘脑束	spinothalamic tract
基底沟	basilar sulcus
脚间窝	interpeduncular fossa
界沟	sulcus limitans
脊髓丘系	spinal lemniscus
间脑	diencephalon
基底核	basal nuclei
颈内动脉	internal carotid artery
脊神经	spinal nerves
交感神经	sympathetic nerve
激素	hormone
甲状腺	thyroid gland
甲状旁腺	parathyroid gland

K

眶	orbit
髋骨	hip bone
髋关节	hip joint
口腔	oral cavity
空肠	jejunum

L

隆椎	vertebra prominens
肋骨	costal bone
肋软骨	costal cartilage
颅盖	calvaria
颅囟	cranial fontanelles
颅前窝	anterior cranial fossa
颅中窝	middle cranial fossa
颅后窝	posterior cranial fossa
淋巴细胞	lymphocyte
梨状隐窝	piriform recess
阑尾	vermiform appendix

滤过屏障	filtration barrier
卵巢	ovary
卵泡	follicle
淋巴结	lymph node
螺旋器	spiral organ
菱形窝	rhomboid fossa

M

拇指腕掌关节	carpometacarpal joint of thumb
盲肠	caecum
麦氏点	McBurney point
泌尿系统	urinary system
毛细血管	capillary
马尾	cauda equina
面神经丘	facial colliculus
迷走神经三角	vagal triangle
面神经核	facial nucleus
迷走神经背核	dorsal nucleus of vagus nerve

N

内脏	viscera
内侧	medial
内	internal
内质网	endoplasmic reticulum
内收和外展	adduction and abduction
颞骨	temporal bone
颞下颌关节	temporomandibular joint
黏膜	mucosa
黏膜肌层	muscularis mucosa
黏膜下层	submucosa
尿道	urethra
尿道球腺	bulbourethral gland
内脏神经	visceral nervous
脑	brain
脑干	brain stem
脑桥	pons

内侧隆起　　　　　　　　　　　medial eminence
内脏运动核　　　　　　　　visceral motor nucleus
内脏感觉核　　　　　　　visceral sensory nucleus
内侧丘系　　　　　　　　　　medial lemniscus
内侧丘系交叉　　　decussation of medial lemniscus
颞叶　　　　　　　　　　　　　temporal lobe
内囊　　　　　　　　　　　　internal capsule
脑脊液　　　　　　　　　　cerebrospinal fluid
脑神经　　　　　　　　　　　cranial nerve
内分泌系统　　　　　　　　endocrine system

P

平面关节　　　　　　　　　　　plane joint
膀胱　　　　　　　　　　　　urinary bladder
膀胱三角　　　　　　　　　trigone of bladder
脾　　　　　　　　　　　　　　　　spleen
皮质脊髓束　　　　　　　　corticospinal tract
皮质脊髓侧束　　　　lateral corticospinal tract
皮质脊髓前束　　　　medial corticospinal tract
皮质核束　　　　　　　　corticonuclear tract
皮质　　　　　　　　　　　　　　　cortex
胼胝体　　　　　　　　　　corpus callosum
屏状核　　　　　　　　　　　　claustrum
帕金森病　　　　　　　　Parkinson's disease

Q

器官　　　　　　　　　　　　　　　organ
前　　　　　　　　　　　　　　　anterior
浅　　　　　　　　　　　　　　superficial
屈和伸　　　　　　　　flexion and extension
屈戌关节　　　　　　　　　　　hinge joint
球窝关节　　　　　　　　　spheroidal joint
前纵韧带　　　anterior longitudinal ligament
前囟　　　　　　　　　anterior fontanelle
前臂骨间膜　　interosseous membrane of forearm
髂骨　　　　　　　　　　　　　　　ilium

前正中线　　　　　　　　　anterior median line
气管　　　　　　　　　　　　　　　trachea
前列腺　　　　　　　　　　　prostate gland
前庭大腺　　　　　　greater vestibular gland
前庭蜗器　　　　vestibulocochlear organ
躯体神经　　　　　　　　somatic nerve
前角　　　　　　　　　　　anterior horn
前索　　　　　　　　anterior funiculus
前庭区　　　　　　　　vestibular area
躯体运动核　　　somatic motor nucleus
躯体感觉核　　somatic sensory nucleus
前庭神经核　　　　vestibular nucleus
躯体感觉中枢　somatic sensory centre
躯体运动中枢　　somatic motor centre
壳　　　　　　　　　　　　putamen
前交通动脉　anterior communicating artery

R

溶酶体　　　　　　　　　　lysosome
染色质　　　　　　　　　chromatin
染色体　　　　　　　　chromosome
软骨连结　　　　cartilaginous joints
韧带　　　　　　　　　ligament
软骨　　　　　　　　　cartilage
桡骨　　　　　　　　　radius
桡尺近侧关节　proximal radioulnar joint
桡尺远侧关节　distal radioulnar joint
桡腕关节　　　radiocarpal joint
软骨组织　　　　cartilage tissue
软骨细胞　　　　chondrocyte
人中　　　　　　　　philtrum
乳牙　　　　　deciduous teeth
软膜　　　　　　　pia mater

S

上　　　　　　　　　　　　upper

深	profundal
矢状轴	sagittal axis
矢状面	sagittal plane
水平面	horizontal plane
生物膜	biological membrane
枢椎	axis
髓核	nucleus pulposus
锁骨	clavicle
筛骨	ethmoid bone
上颌骨	maxillary bone
手骨	bones of hand
疏松结缔组织	loose connective tissue
嗜酸性粒细胞	eosinophilic granulocyte
嗜中性粒细胞	neutrophilic granulocyte
嗜碱性粒细胞	basophilic granulocyte
锁骨中线	midclavicular line
腮腺管乳头	papilla of parotid duct
舌	tongue
舌系带	frenulum of tongue
舌下阜	sublingual caruncle
舌下襞	sublingual fold
腮腺	parotid gland
舌下腺	sublingual gland
食管	esophagus
十二指肠大乳头	major duodenal papilla
十二指肠悬韧带	suspensory ligament of duodenum
上皮组织	epithelial tissue
肾	kidney
肾区	renal region
肾单位	nephron
输尿管	ureter
生殖系统	genital system
输精管	ductus deferens
射精管	ejaculatory duct
输卵管	uterine tube
三尖瓣复合体	tricuspid valve complex

视器　　　　　　　　　　　　　　　　　visual organ
视神经盘　　　　　　　　　　　　　　　　optic disc
神经系统　　　　　　　　　　　　　　nervous system
神经组织　　　　　　　　　　　　　　nervous tissue
神经细胞　　　　　　　　　　　　　　　nerve cell
神经元　　　　　　　　　　　　　　　　　neuron
神经原纤维　　　　　　　　　　　　　　neurofibril
髓质　　　　　　　　　　　　　　　　　medulla
神经核　　　　　　　　　　　　　　　　nucleus
神经节　　　　　　　　　　　　　　　　ganglion
神经　　　　　　　　　　　　　　　　　　nerve
上丘　　　　　　　　　　　　　　superior colliculus
舌下神经三角　　　　　　　　　　hypoglossal triangle
三叉神经运动核　　　motor nucleus of trigeminal nerve
舌下神经核　　　　　　　　　　hypoglossal nucleus
上泌涎核　　　　　　　　superior salivatory nucleus
三叉神经感觉核　　　sensory nuclei of trigeminal nerve
三叉丘系　　　　　　　　　　trigeminal lemniscus
上丘脑　　　　　　　　　　　　　　epithalamus
视觉中枢　　　　　　　　　　　　　visual centre
视觉性语言中枢　　　　　　　　visual speech area
书写中枢　　　　　　　　　　　　　writing area
上矢状窦　　　　　　　　　　superior sagittal sinus
肾上腺　　　　　　　　　　　　suprarenal gland

T

体表标志　　　　　　　　　　　body surface symbol
椭圆关节　　　　　　　　　　　　ellipsoid joint
弹性纤维　　　　　　　　　　　　　elastic fiber
透明软骨　　　　　　　　　　　hyaline cartilage
弹性软骨　　　　　　　　　　　elastic cartilage
同源细胞群　　　　　　　　　　isogenous group
唾液腺　　　　　　　　　　　　　salivary gland
听结节　　　　　　　　　　　acoustic tubercle
听觉中枢　　　　　　　　　　　auditory centre
听觉性语言中枢　　　　　　auditory speech area

W

外侧	lateral
外	exterior
微体	microbody
尾骨	coccyx
腕骨	carpal bones
腕骨间关节	intercarpal joint
腕关节	wrist joint
腕掌关节	carpometacarpal joint
网状纤维	reticular fiber
网状组织	reticular tissue
未分化的间充质细胞	undifferentiated mesenchymal cell
外膜	adventitia
胃	stomach
胃底腺	fundic gland
胃酶细胞	zymogenic cell
网状结构	reticular formation
外侧索	lateral funiculus
蜗神经核	cochlear nuclei
外侧丘系	lateral lemniscus
外侧沟	lateral sulcus
纹状体	corpus striatum
尾状核	caudate nucleus

X

系统	system
下	lower
细胞	cell
细胞膜	cell membrane
细胞质	cytoplasm
细胞核	nucleus
线粒体	mitochondria
细胞骨架	cytoskeleton
纤维连结	fibrous joints
旋前	pronation

旋转	rotation
旋后	supination
纤维环	annulus fibrosus
胸椎	thoracic vertebrae
胸骨	sternum
胸廓	thoracic cage
胸锁关节	sternoclavicular joint
下颌骨	mandible
膝关节	knee joint
纤维软骨	fibrous cartilage
纤维细胞	fibrocyte
血液	blood
血浆	plasma
血清	serum
血细胞	blood cell
血小板	blood platelet
血红蛋白	hemoglobin，Hb
消化系统	digestive system
消化管	alimentary canal
消化腺	alimentary gland
纤维膜	fibrosa
胸骨线	sternal line
下颌下腺	submandibular gland
小肠	small intestine
胸膜	pleura
心	heart
心尖切迹	cardiac apical incisure
心包	pericardium
胸导管	thoracic duct
纤维束	fasciculus
楔束	fasciculus cuneatus
小脑中脚	middle cerebellar peduncle
楔束结节	cuneate tubercle
小脑下脚	inferior cerebellar peduncle
下丘	inferior colliculus
下泌涎核	inferior salivatory nucleus

楔束核	cuneate nucleus
小脑	cerebellum
小脑蚓	vermis
小脑半球	cerebellar hemisphere
下丘脑	hypothalamus
杏仁体	amygdaloid body
小脑幕	tentorium of cerebellum
下矢状窦	inferior sagital sinus

Y

远侧	distal
运动系统	locomotor system
腰椎	lumbar vertebrae
翼点	pterion
腋前线	anterior axillary line
腋后线	posterior axillary line
腋中线	midaxillary line
咽峡	isthmus of fauces
牙	teeth
牙冠	crown of tooth
牙根	root of tooth
牙颈	neck of tooth
牙质	dentine
牙釉质	enamel
牙骨质	cement
牙髓	dental pulp
牙周膜	periodontal membrane
牙槽骨	alveolar bone
牙龈	gingiva
咽	pharynx
咽隐窝	pharyngeal recess
胰岛	pancreas islet
胰岛素	insulin
阴茎	penis
月经周期	menstrual cycle
阴道	vagina

眼球	eyeball
咽鼓管	auditory tube
腰骶膨大	lumbosacral enlargement
延髓	medulla oblongata
延髓脑桥沟	bulbopontine sulcus
疑核	nucleus ambiguus
运动性语言中枢	motor speech area
硬膜	dura matter
硬脑膜	cerebral dura mater
硬脊膜	spinal dura mater
硬膜外隙	epidural space
硬脑膜窦	sinuses of dura mater
乙状窦	sigmoid sinus

Z

正常人体结构	normal structure of human body
组织	tissue
中心体	centrosome
籽骨	sesamoid bone
椎骨	vertebrae
椎弓	vertebral arch
椎体	vertebral body
椎间盘	intervertebral disc
枕骨	occipital bone
肘关节	elbow joint
掌骨	metacarpal bone
掌指关节	metacarpophalangeal joint
指骨	phalanges bones
指骨间关节	interphalangeal joint
坐骨	ischium
跖骨	metatarsal
趾骨间关节	interphalangeal joints of foot
跖趾关节	metatarsophalangeal joints
趾骨	phalanges
足弓	arch of foot
致密结缔组织	dense connective tissue

脂肪组织	adipose tissue
脂肪细胞	fat cell
中央乳糜管	central lacteal
直肠	rectum
纵隔	mediastinum
子宫	uterus
中枢神经系统	central nervous system
周围神经系统	peripheral nervous system
自主神经	autonomic nervous
植物神经	vegetative nervous
终丝	filum terminale
中央管	central canal
锥体	pyramid body
锥体交叉	decussation of pyramid
中脑	midbrain
中脑水管	mesencephalic aqueduct
正中沟	median sulcus
展神经核	abducens nucleus
锥体束	pyramidal tract
中央沟	cental sulcus
枕叶	occipital lobe
中央旁小叶	paracentral lobule
直窦	straight sinus
蛛网膜	arachnoid mater
蛛网膜下隙	subarachnoid space
椎动脉	vertebral artery
锥体系	pyramidal system
锥体外系	extrapyramidal system
坐骨神经	sciatic nerve

参 考 文 献

[1] 窦肇华,吴建清. 人体解剖学与组织胚胎学[M]. 6版. 北京:人民卫生出版社,2009.

[2] 申社林,王玉孝,熊水香. 正常人体形态结构[M]. 武汉:华中科技大学出版社,2010.

[3] 杨壮来. 人体结构学[M]. 北京:高等教育出版社,2004.

[4] 李忠华,王兴海. 解剖学技术[M]. 北京:人民卫生出版社,1997.

[5] 邢贵庆. 解剖学及组织胚胎学[M]. 3版. 北京:人民卫生出版社,2010.

[6] 夏武宪,陈文福. 解剖生理学[M]. 郑州:郑州大学出版社,2009.

[7] 赵凤臣. 人体结构与功能[M]. 郑州:郑州大学出版社,2003.

[8] 李恩,王志安,王耐勤. 基础医学问答[M]. 2版. 北京:人民卫生出版社,2000.

[9] 高英茂. 组织学与胚胎学[M]. 北京:高等教育出版社,2004.

[10] 戴敏,罗军. 骨科运动康复[M]. 北京:人民卫生出版社,2008.

[11] 张长杰. 肌肉骨骼康复学[M]. 北京:人民卫生出版社,2008.

[12] 柏树令. 系统解剖学[M]. 7版. 北京:人民卫生出版社,2009.

[13] 王怀生,李召. 解剖学基础[M]. 北京:人民卫生出版社,2008.

[14] 刘文庆. 人体解剖学[M]. 北京:人民卫生出版社,2006.

[15] 程辉龙,涂腊根. 正常人体结构[M]. 北京:科学出版社,2010.

[16] 邹仲之,李继承. 组织学与胚胎学[M]. 7版. 北京:人民卫生出版社,2008.

[17] 涂腊根,夏克言,郑德宇. 人体解剖学[M]. 武汉:华中科技大学出版社,2010.

[18] 程田志. 人体解剖学[M]. 西安:第四军医大学出版社,2006.

[19] 李炳宪. 正常人体结构[M]. 郑州:河南科学技术出版社,2008.

[20] 邹锦慧,刘树元. 人体解剖学[M]. 3版. 北京:科学出版社,2009.

[21] 王滨,甘泉涌. 解剖组胚学(上册)[M]. 2版. 北京:科学出版社,2008.

[22] 于频. 系统解剖学[M]. 4版. 北京:人民卫生出版社,1996.

[23] 王维治. 神经病学[M]. 4版. 北京:人民卫生出版社,2001.

[24] 郭光文. 人体解剖彩色图谱[M]. 北京:人民卫生出版社,2006.

[25] 刘恒兴. 全彩人体解剖学图谱[M]. 北京:军事医学科学出版社,2007.

[26] 汪华侨. 功能解剖学[M]. 北京:人民卫生出版社,2008.

[27] 张朝佑. 人体解剖学[M]. 3版.北京:人民卫生出版社,2009.

[28] 王宁华,黄真. 临床康复医学[M]. 北京:北京大学医学出版社,2006.